PREFACE 前言

寫作背景

　　我想先從自己第一次接觸設計模式說起，這段回憶並不美好。

　　在畢業後的第二年，我在一次面試中被問到設計模式。當時的我甚至沒有聽說過設計模式，鎩羽而歸後，我便下定決心要攻克它。首先，我閱讀的是《設計模式：可重複使用物件導向軟體的基礎》，但很快便敗下陣來。這本被奉為「設計模式聖經」的著作，由於偏學術的行文風格，以及理論化的講解，使像我這樣的初學者難以理解。此外，書中的例子用 C++ 和 Smalltalk 語言撰寫，對像我這樣的 Java 程式設計師來說更是雪上加霜。當然，《設計模式：可重複使用物件導向軟體的基礎》一書是無可撼動的經典。時至今日，每次翻閱它時，我都會有新的感悟。只是對當時的我來說，它的學習門檻有些高。

　　之後，我又找了幾本適合初學者的設計模式圖書，在系統學完後，可以說，設計模式顛覆了我對軟體開發的認知。那些枯燥的程式，變得鮮活起來；那些抽象的程式，變得具象起來。曾經被「奴役」於程式之中的我，現在卻像一位「造物主」，在軟體世界中「呼風喚雨」。

　　在體會到設計模式的美妙之後，我開始向身邊的朋友推薦，朋友也驚歎道：「程式竟然還能這麼寫！」在工作中，我開始「刻意」使用設計模式，現在回想起來，屬實有過度設計之嫌，但大量的設計經驗也是在此過程中累積下來的。

　　在近幾年的工作中，我更加追求程式的重複使用性、複雜度及開發成本的平衡。合理的選擇同樣少不了設計模式的知識做支撐。

　　誠然，市面上已經存在很多優秀的設計模式圖書，但以漫畫形式撰寫的設計模式圖書還很少。我兒時喜愛畫畫，也曾在少年宮學習，但由於和奧數課衝突，只能遺憾作罷。可是誰又能想到，在命運的齒輪轉動 30 年後，我能將愛好與專業相結合，寫了一本書。

我第一次嘗試漫畫形式的技術寫作是在 2018 年。此後，我寫作的一篇名為《圖文徹底搞懂非對稱加密》的漫畫技術文章，累計閱讀量超 10 萬次，並收穫了很多正面的評價。我發現，在講解枯燥技術的文章中適當穿插幽默、風趣的漫畫，不但有助讀者理解，而且能調動讀者的閱讀興趣。從此，我更加堅定地以漫畫形式創作技術文章。

在本書中，我用「在情景對話中穿插漫畫」的形式講解設計模式，希望本書能帶給讀者一種全新的學習體驗。如果讀者在深入技術學習時還能開心一笑，我會倍感欣慰。

學習建議

在閱讀本書前，首先，需要具備 Java 語言或其他物件導向語言的程式設計基礎。為了降低閱讀門檻，書中程式盡可能使用最基本的語法，對程式設計水準的要求並不高。其次，需要了解物件導向的特性——封裝、繼承、多態。書中有大量的程式結構圖，只要具備基礎的 UML 知識，便可以讀懂。

我建議，設計模式的初學者先閱讀本書的前兩章，在對設計模式有了一定程度的認知，並了解設計原則後，再開始學習各種設計模式。若在學習之初難以完全理解設計原則也不必擔心，在後面的章節中，我會結合設計模式多次講到常見的設計原則。書中對每種設計模式的講解獨立成章，讀者既可以按順序閱讀，也可以按照自己的需要選擇閱讀。

本書從生活中常見的例子切入，展開對每種設計模式的講解。讀者可以跟隨這些例子拓展思維，思考這樣設計帶來了什麼收益、涉及哪些主體、主體間如何配合、各自的職責是什麼。設計模式是一種思想，學習設計模式重在悟透設計思想，而非急於用程式實現。

書中有大量的範例程式，建議讀者在閱讀的同時動手實踐，以便加深記憶和理解。在工作中，如果想使用某種設計模式，可以參考這些程式，但真實的場景遠比書中的例子複雜得多。讀者可以先從形式上開始模仿，當能夠靈活運用設計思想解決問題時，形式反而沒那麼重要了。大膽應用，是真正掌握設計模式的必經之路。

本書特色

本書採用老師與學生對話的形式進行講解，為此我虛構了兩個人物：學生是初入職場的程式設計師——兔小白，老師是有著多年經驗的開發經理——熊小貓。

本書的寫作特色如下。

（1）模擬一對一教學場景。技術圖書通常是作者以第一人稱進行講解的，給我的閱讀感受像是在聽一位老師講課。本書模擬一對一教學場景：我先站在老師的角度講解，透過提問啟發學生；然後切換身份，想像自己作為學生，在聽完這段講解後會提出什麼問題。本書試圖為讀者營造身臨其境地接受一對一教學的感受，在一問一答中探索設計模式的奧秘。

（2）從熟悉的生活場景切入。從日常生活中的小故事開始對每種設計模式進行講解，讓讀者透過身邊熟悉的事物來聯想並了解設計模式。

（3）重現程式設計的演變過程。本書在提出問題後，並不立即使用設計模式解決問題，而是先從直覺化的程式設計開始，逐步演變到如何使用設計模式開發。熊小貓啟發兔小白重構程式的過程正是開發者設計程式時的思考過程。

（4）大量的手繪插畫。在講解關鍵概念時，配以漫畫輔助理解。人腦更樂於接收影像資訊，對影像的記憶長度要遠超文字。幽默風趣的漫畫不僅可以加深印象，而且可以緩解學習時的枯燥感。

（5）獨有的設計手法。設計原則是程式設計的理論基石，設計模式是特定問題的方案總結。二者之間其實還有很多設計小技巧，我稱之為「設計手法」。設計手法不針對特定問題，而是達成設計原則的小技巧，不同的設計模式使用同樣的設計手法。這好比在足球運動中，踢出弧線球是一種技巧，弧線球既可以用在傳球的場景中，也可以用在射門的場景中。

本書內容

軟體需要架構，圖書同樣需要架構。本書的內容架構分為 3 個部分。

第一部分為開篇，在正式講解設計模式之前，簡介設計模式和設計原則。

第 1 章「設計模式從何而來」，主要介紹設計模式產生的背景。

第 2 章「一體式電源與組合式電源——軟體設計原則」，透過設計電腦電源的案例引出六大設計原則。

第二部分進入正題，講解 23 種設計模式。

第 3 章「想吃漢堡，自己做還是去漢堡店？——簡單工廠模式」，透過兔小白如何取得一個漢堡的例子，引出簡單工廠模式。簡單工廠模式雖然簡單且不在 23 種設計模式中，但是表現了多種設計原則。

第 4 章「座座工廠平地起——工廠方法模式」，以專精程度更高的廚房為例，引出工廠方法模式。

第 5 章「工廠品類要豐富——抽象工廠模式」，透過便利商店更換關東煮供應商的例子，引出抽象工廠模式，並對 3 種工廠模式進行比較。

第 6 章「組裝電腦的學問——生成器模式」，透過總監負責電腦組裝流程、工人負責具體步驟的例子，講解生成器模式。

第 7 章「還記得複製羊桃莉嗎？——原型模式」，透過複製羊的例子，引出原型模式。

第 8 章「幹活全靠我一人——單例模式」，透過專案經理身兼數職的例子，講解單例模式。

第 9 章「電源插座標準再多也不怕——轉接器模式」，透過電源轉接頭的例子，講解轉接器模式。

第 10 章「一橋飛架南北，天塹變通途——橋接模式」，透過遊戲主機和遊戲卡分離的例子，講解橋接模式。

第 11 章「樹狀結構也是一種設計模式？——組合模式」，透過公司人力地圖的例子，講解組合模式。

第 12 章「人靠衣裝佛靠金裝——裝飾模式」，以美顏相機為例，講解裝飾模式。

第 13 章「為什麼加盟速食店越來越多？——面板模式」，透過以加盟模式開速食店的例子，講解面板模式。

第 14 章「棋類遊戲中的設計模式——享元模式」，以在消消樂遊戲中如何避免生成大量棋子實例為例，講解享元模式。

第 15 章「辦事不必親自出面——代理模式」，以代理辦理簽證為例，講解代理模式。

第 16 章「誰來決定需求變更的命運？——職責鏈模式」，以專案的一次需求變更審核為例，講解職責鏈模式。

第 17 章「操作再多，也不必手忙腳亂——命令模式」，以專案上線時團隊成員如何配合為例，講解命令模式。

第 18 章「點菜也需要翻譯——解譯器模式」，透過飯店點菜終端將鍵盤輸入轉化為點選單的例子，講解解譯器模式。

第 19 章「地鐵安檢，誰都逃不掉——迭代器模式」，以地鐵排隊安檢為例，講解迭代器模式，並介紹 Java 中的迭代器實現。

第 20 章「房產仲介的存在價值——仲介者模式」，以房產仲介在租房業務中的作用為例，講解仲介者模式。

第 21 章「管委會通知，每戶必達——觀察者模式」，以管委會發佈通知為例，講解觀察者模式，並介紹 Java 中的觀察者模式實現。

第 22 章「甲方要求改回第一版——備忘錄模式」，以數次改版演唱會海報設計為例，講解備忘錄模式。

第 23 章「狀態改變行為——狀態模式」，以將立體車庫的行為綁定在運行狀態上為例，講解狀態模式。

第 24 章「購買手機選項多，如何選購是難題——策略模式」，以根據不同的策略選購手機為例，講解策略模式。

第 25 章「遵循策略，不走彎路——範本方法模式」，以自排和手排汽車的起步操作為例，講解範本方法模式。

第 26 章「尊重個體差異，提供個性化服務——存取者模式」，以不同等級員工的年終獎計算差異為例，講解存取者模式。

第三部分總結 23 種設計模式，提煉設計手法。

第 27 章「設計模式總結」，總結了物件導向、設計原則、設計模式三者的關係，並講解從 23 種設計模式中提煉出來的 10 種設計手法。

建議和回饋

寫書的工作極其瑣碎、繁重，雖然我已盡力確保書中內容的準確性，但由於個人能力有限，難免出現疏漏和瑕疵，歡迎讀者批評指正。

致謝

首先，感謝我的父母。我的父親高中畢業5年後，在恢復學測的第二年考入大學，從此，知識改變命運的道理深植於他的心中。他非常重視對我的教育，沒有他的培養，就不可能有這本書。我的母親是一位很有耐心的慈母，做任何事情都一絲不苟、追求極致。她的這種品質也一直影響著我，支撐我完成一次次對書稿的修改。

特別感謝我的妻子，沒有她的理解和支持，我不可能完成本書。我寫書的這半年，她承擔起家庭的重任，讓我能專注於寫作。

特別感謝我的兩個孩子，他們時常會關注我的寫作進度，翻看我畫的漫畫，和我說：「等到出版了，送我們一本。」孩子們每天開心的笑容，也是我寫作的動力。

特別感謝我的朋友張龍對我從事技術寫作的影響。感謝 Thoughtworks 洞見主編張凱峰在技術寫作和建構影響力上給予我的指導和幫助。

特別感謝在網路上給予我鼓勵的朋友們。沒有你們，我不可能在技術寫作的道路上堅持這麼久。

最後，特別感謝我的編輯張爽。記得那是一個炎熱的下午，我在微信上收到了她的出書邀約。我欣然接受，彷彿看到另一扇門向我敞開。她給予了我很多寫作建議，在她的幫助下，這本書才能順利完成。

感謝每一位幫助過我的家人、朋友和同事……

我由衷地希望本書能夠給讀者帶來一些幫助，以反應你們的支持！

李一鳴

CONTENTS 目錄

第 1 章　設計模式從何而來
- 1.1　當我們談論設計模式時，我們在談論什麼 1-2
- 1.2　身邊隨處可見的設計模式 1-5
- 1.3　學懂不等於會用 1-7

第 2 章　一體式電源與組合式電源 —— 軟體設計原則
- 2.1　需求又變更？——設計為變化而生 2-1
- 2.2　優秀軟體設計的特徵 2-4
- 2.3　程式設計原則 2-5
- 2.4　手拿錘子，眼裡都是釘子 2-11

第 3 章　想吃漢堡，自己做還是去漢堡店？ —— 簡單工廠模式
- 3.1　速食店中的簡單工廠 3-1
- 3.2　商品推薦功能初版程式 3-5
- 3.3　實現開閉原則和單一職責原則 3-9
- 3.4　推薦器工廠實現依賴倒置 3-11
- 3.5　簡單工廠模式的適用場景 3-14

第 4 章　座座工廠平地起——工廠方法模式
- 4.1　打造工廠標準——工廠再抽象 4-1
- 4.2　多種廚房，各盡其責 4-4
- 4.3　多種工廠，切換自如 4-7
- 4.4　需求膨脹，工廠也膨脹 4-11
- 4.5　工廠的工廠？抽象要適度 4-15
- 4.6　工廠方法模式的適用場景 4-15

第 5 章　工廠品類要豐富——抽象工廠模式

5.1　供應商不靠譜？直接換掉 5-1

5.2　商品詳情頁的程式實現 5-3

5.3　一鍵切換不同主題的元件 5-6

5.4　抽象工廠模式的適用場景 5-11

5.5　簡單工廠、工廠方法、抽象工廠模式的比較 5-14

第 6 章　組裝電腦的學問——生成器模式

6.1　職級制度的利與弊 6-1

6.2　只有組裝工人的電腦公司 6-3

6.3　聘用了總監的電腦公司 6-8

6.4　生成器模式的適用場景 6-13

第 7 章　還記得複製羊桃莉嗎？——原型模式

7.1　像複製綿羊一樣寫程式 7-1

7.2　按部就班，一張一張建立節目單 7-3

7.3　如何高效建立 100 張節目單 7-6

7.4　深拷貝和淺拷貝 7-7

7.5　原型模式的適用場景 7-12

第 8 章　幹活全靠我一人——單例模式

8.1　異常忙碌的專案經理 8-1

8.2　懶漢式實現單例模式 8-3

8.3　餓漢式實現單例模式 8-6

8.4　單例模式的適用場景 8-7

第 9 章　電源插座標準再多也不怕——轉接器模式

9.1　出國旅遊遇難題 9-1

9.2	轉接器模式程式實現	9-4
9.3	拓展轉接器模式，實現雙向可抽換	9-7
9.4	轉接器模式的適用場景	9-9

第 10 章　一橋飛架南北，天塹變通途——橋接模式

10.1	將手臂改造為兵器，聰明還是愚蠢	10-1
10.2	只能玩一個遊戲的遊戲主機	10-3
10.3	一台插卡遊戲主機，玩遍天下遊戲	10-9
10.4	橋接模式的適用場景	10-12

第 11 章　樹狀結構也是一種設計模式嗎？——組合模式

11.1	人力地圖中的設計模式	11-1
11.2	只有內部員工的人力地圖	11-2
11.3	外協員工也要一視同仁	11-5
11.4	組合模式的適用場景	11-9

第 12 章　人靠衣裝佛靠金裝——裝飾模式

12.1	功能強大的美顏相機	12-1
12.2	不可以隨意組合美顏效果的美顏相機	12-2
12.3	可以隨意組合美顏效果的美顏相機	12-6
12.4	裝飾模式的優缺點及適用場景	12-10

第 13 章　為什麼加盟速食店越來越多？——面板模式

13.1	如何開一家飯店	13-1
13.2	獨立開店，我的店面我做主	13-2
13.3	加盟開店，輕鬆自如	13-5
13.4	面板模式的適用場景	13-9

第 14 章　棋類遊戲中的設計模式——享元模式

14.1　五子棋需要多少枚棋子 14-1
14.2　一枚棋子一個實例 14-3
14.3　一類棋子一個實例 14-6
14.4　享元模式的優缺點及適用場景 14-11
14.5　享元模式與單例模式的比較 14-13

第 15 章　辦事不必親自出面——代理模式

15.1　辦理簽證是件麻煩事 15-1
15.2　自己辦理簽證 15-2
15.3　代理人協助辦理簽證 15-4
15.4　代理模式的適用場景 15-8
15.5　代理模式與裝飾模式的比較 15-10

第 16 章　誰來決定需求變更的命運？——職責鏈模式

16.1　專案臨近上線，需求又變更 16-1
16.2　被指派的審核人 16-2
16.3　掌握主動權的審核人 16-7
16.4　職責鏈模式的優缺點及適用場景 16-12

第 17 章　操作再多，也不必手忙腳亂——命令模式

17.1　專案上線前的準備 17-1
17.2　專案經理獨攬大權 17-2
17.3　開發經理加入專案 17-4
17.4　開發經理掌控全域 17-9
17.5　命令模式的優缺點及適用場景 17-11

第 18 章　點菜也需要翻譯——解譯器模式

18.1　記憶力驚人的服務員 18-1
18.2　解析點菜命令的原理 18-3
18.3　使用解譯器模式實現點菜系統 18-5
18.4　解譯器模式的適用場景 18-11
18.5　解譯器模式與組合模式的比較 18-12

第 19 章　捷運安檢，誰都逃不掉——迭代器模式

19.1　兔小白上班遲到 19-1
19.2　迭代只是寫 for 迴圈嗎 19-2
19.3　迭代不只有 for 迴圈 19-4
19.4　詳解迭代器模式 19-7
19.5　淺析 Java 中的迭代器 19-9

第 20 章　房產仲介的存在價值——仲介者模式

20.1　仲介的價值有幾何 20-1
20.2　讓仲介出局會怎樣 20-2
20.3　仲介協調，多方受益 20-4
20.4　仲介者模式的優缺點及適用場景 20-9

第 21 章　管委會通知，每戶必達——觀察者模式

21.1　沒有送達的停水通知 21-1
21.2　將房主和房客分開通知 21-2
21.3　對房主和房客一視同仁 21-5
21.4　觀察者模式的優缺點及適用場景 21-12
21.5　Java 內建的觀察者模式實現 21-15

第 22 章　甲方要求改回第一版——備忘錄模式

22.1　來自設計師的無奈 22-1
22.2　「複製」實現海報設計存檔 22-3
22.3　存檔「瘦身」，只留資料 22-6
22.4　備忘錄模式的適用場景 22-10

第 23 章　狀態改變行為——狀態模式

23.1　立體停車場如何運轉 23-1
23.2　停車場的狀態決定行為實現 23-2
23.3　為停車場的狀態綁定行為 23-6
23.4　狀態模式的優缺點及適用場景 23-9

第 24 章　購買手機選項多，如何選購是難題——策略模式

24.1　如何挑選一部手機 24-1
24.2　用簡單工廠模式實現手機推薦程式 24-2
24.3　加入推薦人的手機推薦程式 24-7
24.4　策略模式的適用場景 24-10
24.5　策略模式與簡單工廠模式的比較和結合 24-11

第 25 章　遵循策略，不走彎路——範本方法模式

25.1　自駕草原行，意外出事故 25-1
25.2　程式出 Bug，不掛擋也能開車 25-2
25.3　汽車起步操作範本化 25-5
25.4　範本方法模式的適用場景 25-8
25.5　範本方法模式與策略模式的比較和結合 25-10

第 26 章　尊重個體差異，提供個性化服務——存取者模式

  26.1 如何計算年終獎 26-1

  26.2 循規蹈矩的程式實現 26-2

  26.3 行為可擴充的程式實現 26-5

  26.4 存取者模式的優缺點及適用場景 26-9

第 27 章　設計模式總結

  27.1 回到設計模式的起點 27-1

  27.2 10 種常用的設計手法 27-3

  27.3 實踐是唯一出路 27-10

  27.4 尾　聲 27-10

第1章

設計模式從何而來

大家好，我是兔小白，今年剛剛畢業，還是一名初級軟體工程師。雖然我的程式設計經驗有限，但癡迷於技術，一鑽研起技術來可以說廢寢忘食。最近我正在跟熊小貓學習設計模式。原本令我覺得枯燥、難懂的設計模式，在他的講解下變得生動有趣，我不但學得快，記得也牢。

大家好，我是兔小白的技術經理熊小貓，已經工作5年多，程式設計經驗比較豐富。我平時喜歡鑽研技術，每當學習了新技術或有了心得體會，都會和同事們分享、交流。指導兔小白，幫助初級程式設計師成長，也是我的工作職責。最近我在替兔小白講解設計模式，如果你也感興趣，歡迎加入進來，一起學習！

1.1　當我們談論設計模式時，我們在談論什麼

今天 Code Review[*] 結束後，兔小白在座位上盯著電腦，悶悶不樂。熊小貓看在眼裡，決定去關心一下這位小兄弟。

🐼　早就到了下班時間，你怎麼還沒走？看你這一臉「生無可戀」的樣子，想什麼呢？

🐰　哎，剛才 Code Review 給我提了好多問題……

🐼　我剛工作的時候也一樣，不用太過沮喪。Code Review 是很好的學習機會，同事們給你提的每一個問題其實都在幫助你成長。

🐰　我倒不是發愁問題多，主要是有些問題我不知道從何下手。你看看這個問題，「計算商品價格的程式耦合度高，負責計算的類別邏輯過於複雜，不具備擴充性」，但是計算商品價格的業務就是非常複雜，沒辦法把程式邏輯寫得更簡單呀！

---

[*] Code Review 是一種開發實踐，指開發團隊一起審查每位成員提交的程式，辨識問題，提出修改建議。

這個問題確實經常出現在新手的程式中，但最佳化的重點並不是在邏輯上最佳化，而是程式設計最佳化！手機的功能是不是很強大？但手機並不是一塊鐵板，而是由幾十個大元件和成百上千個小零件組成的。你可以將每個零組件都比作程式中的類別，比如攝影機類別、話筒類別、主機板類別、CPU類別。開發一款手機並不是在主機板上不斷堆砌功能，而是要做好設計。首先辨識出主要元件，設計好各元件相互之間的通訊介面，然後分元件開發，最後組裝到一起。寫程式也是一樣，不要一頭紮進具體的邏輯之中，應該先設計出合理的程式結構。

我有最佳化想法了！可以先把負責計算商品價格的類別拆解成多個類別，每個類別實現部分功能，然後把這些類別組合在一起，就像組裝手機一樣。

沒錯，封裝是物件導向語言的特性之一，類別的封裝是其中一種。但封裝只是軟體設計的具體手段，類別怎麼拆、按什麼力度拆、怎麼組合，還需要深入了解軟體設計思想才能做出合理的決策，不能只憑感覺。

我之前寫程式時，主要關注業務邏輯的實現，確實沒有多考慮設計問題。軟體設計有什麼規則可以遵循嗎？我可不想今天改完，明天又被提出好多新問題。

其實前輩們早就總結好了。你聽說過設計模式吧？設計模式就是前輩們總結出來的軟體設計思想。

我聽說過，但了解不多。我感覺不了解設計模式並不影響我寫程式呀！你看我的程式品質一直都很好，很少出現Bug。

Bug數量少只是程式品質的基本要求。良好的可讀性、重複使用性、擴充性、可維護性等，同樣是重要的品質指標。只有當你具備了超強的軟體設計能力，才能全面考慮這些特性，而不會顧此失彼。學習設計模式絕對是程式設計師必不可少的一課。

🐰　其實我也嘗試過學習設計模式，但是感覺不太好理解就放棄了，看來我要重視起來。

🐼　我們就從今天開始學習設計模式吧！我先提出一個直擊靈魂的問題——設計模式從何而來？

🐰　你不是說設計模式是前輩們總結出來的嗎？

🐼　沒錯，不過我們剛才討論的是軟體中的設計模式，但其實設計模式早就存在於各行各業和我們的生活中了，我們先來理解什麼是模式。

建築學家 Christopher Alexander[*] 說過：每種模式描述了一個在我們周圍不斷發生的問題，以及該問題的解決方案的核心。這樣，你就可以一次又一次地使用該方案，而不必做重複的勞動。

這句話放到軟體領域也完全適用！模式是對問題的解決方案的總結。無論什麼行業——軟體還是硬體，只要問題相似，那麼解決問題的方案就是相似的。

GoF[**] 對其著作《設計模式：可重複使用物件導向軟體的基礎》的介紹是——它描述了在物件導向軟體設計過程中，針對特定問題的簡潔而優雅的解決方案。

🐰　這裡的「簡潔」和「優雅」該如何理解呢？

🐼　「簡潔」很好理解，解決方案針對特定問題，要圍繞該問題的核心制定方案，不要使問題發散，避免設計出過於複雜的方案。

---

[*]　Christopher Alexander 是 20 世紀著名的建築家，著有《建築模式語言》。他在建築領域的設計思想對物件導向軟體的設計影響深遠。

[**]　GoF 為 Gang of Four 的縮寫，意為四人組。《設計模式：可重複使用物件導向軟體的基礎》的四位作者 Erich Gamma、Richard Helm、Ralph Johnson 和 John Vlissides，通常被稱為 GoF。

「優雅」是一種和諧的表現，蘊含著明確、合理、適度、克制和平衡。解決方案需要合理且明確地解決特定問題，同時兼顧複雜度、成本、性能、可讀性等因素。在制定解決方案的過程中，需要克制在某一方面的過度考慮，平衡全域。

想要做到優雅可不容易呀！

沒錯，優雅追求的是合理的平衡。如果設計人員沒有足夠的經驗，那麼制定的解決方案很難達到優雅的水準。好在設計模式脫胎於現實世界，並且已經在軟體行業中經過了數十年的驗證，因此，每種設計模式在面對適合的場景時都足夠優雅。

1.2 身邊隨處可見的設計模式

你以前在學習設計模式時，感覺不好理解就放棄了，其實設計模式並不難理解，在生活中隨處可見。

真的嗎？我怎麼沒有發現？

與軟體世界相比，現實世界中有著更多的問題，也有著更多的應對方案。平平淡淡的一天其實蘊藏了各種模式，只不過你已經習以為常。下面我說到的這些場景其實都涉及某種設計模式。

早上，你挑選一件漂亮衣服「裝飾」自己。捷運站裡，工作人員「迭代」安檢每位乘客。到公司後，你取出筆記型電腦，插上「轉接器」（電源），再接上滑鼠、鍵盤、顯示器，「組合」成你的工作站。中午，透過叫外賣「代理」購買午餐。下午有點睏，你想要睡一會兒，讓同事幫忙「觀察」經理。下午，你使用公司提供的「範本」製作方案匯報幻燈片。晚上，回家打幾局遊戲，試試新學的「策略」好不好用⋯⋯

這一天中有裝飾模式、迭代器模式、轉接器模式、組合模式、代理模式、觀察者模式、範本方法模式、策略模式……你再仔細想想，還能想出更多的模式呢！

🐰 哈哈，確實是充滿了設計模式的一天！

🐼 可別再說設計模式難以理解啦！你每天都在實踐各種設計模式。

想要在軟體開發中重複使用現實世界幾千年累積下來的模式，最好的做法就是用軟體模擬現實世界。可以說，物件導向語言就是為此而生的。我們在使用物件導向語言時，可以在軟體世界中建構出和現實世界一一映射的物件，從而很自然地參考現實世界中的解決方案。

🐰 這麼說，設計模式和物件導向語言是同時出現的？

🐼 並不是，設計思想建立在工具之上。雖然有了物件導向語言這個利器，但設計思想還需要經歷一段時間的孕育。

從 20 世紀 70 年代出現比較完整的物件導向語言到 20 世紀 90 年代設計模式為大眾所知，中間經歷了二十多年。在這期間，軟體工程師在不斷總結、提煉解決方案，雖然沒有將其公佈於眾，但其實早已有了智慧的結晶。當 C++、Java 等物件導向語言迎來輝煌之日，設計模式也隨著 GoF 的《設計模式：可重複使用物件導向軟體的基礎》一書的出版而站在了世人面前。

我有一個問題，你一直在說物件導向語言和設計模式的關係，那麼面向過程語言有設計模式嗎？

這是個好問題！設計模式指可以被重複使用的解決方案。過程語言一定也有可重複使用導向的解決方案，只不過這些方案沒有集結成書而已。隨著程式語言的發展向物件導向語言傾斜，人們更加關注物件導向語言的設計模式。如無特殊說明，現在我們所說的設計模式特指「物件導向語言的設計模式」。

1.3　學懂不等於會用

經典的設計模式有 23 種。我們一天學一個，不出一個月就學完了。

這麼說，一個月後我就可以用設計模式大展拳腳了！

嗯……恐怕我得給你潑潑冷水。學習設計模式並不難，但想做到靈活運用，還需要大量的實踐。

還記得「優雅」二字嗎？想做到優雅談何容易。軟體設計的過程是做取捨、找平衡的過程，需要考慮靈活性、可維護性、性能、未來演化等因素。在某個問題場景下，是否用設計模式、用哪種設計模式，需要平衡各種相關因素。

你可以想想選購手機的過程。如果有一部手機的功能、外形、性能完全滿足你的要求，那麼價格一定不「美麗」。在有限的預算內，你很難找到一部 100% 滿足自己要求的手機。

軟體設計也是如此，我們需要在有限的時間和資源下完成專案。面對大量的變數和約束，如何均衡設計，僅聽我講理論和經驗是學不透徹的，只有身經百戰，才能運籌帷幄。在實踐中，設計模式的運用非常靈活，既可以對某個模式進行裁剪，也可以將多種模式搭配使用。我們學完設計模式後，可以按圖索驥，但不能生搬硬套。

不管怎樣，都要邁出第一步。我們先學完 23 種設計模式，再在實踐中參透設計模式的思想，一步步成為優秀的軟體工程師。

第 2 章

一體式電源與組合式電源
—— 軟體設計原則

2.1 需求又變更？——設計為變化而生

與熊小貓討論完設計模式後，兔小白回到家中，結合自己這幾個月的工作經驗，他還在反覆思考設計模式，有一個問題慢慢地在他的腦海中浮現出來……

第二天一早，兔小白找到熊小貓，想要解開自己心中的疑惑。

昨天聽你講了設計模式的重要性，當時我非常認可，但是回到家後，我回顧了自己這幾個月寫的程式，發現我並沒有刻意做設計，寫出來的程式也不錯。Bug 不多，也沒有遇到因設計導致開發困難的問題。我感覺設計模式並沒有你說的那麼重要呀！

你有這種感覺很正常，主要有以下幾種原因。

（1）架構師已經做好底層架構設計，開發人員只需專注於業務邏輯實現，所以不用過多考慮程式設計。從工程角度看，這樣分工能夠提升開發效率和品質，但會讓開發人員遠離程式設計，忽視設計的重要性。

（2）程式使用了多種框架，這些框架又使用了大量設計模式。舉例來說，Spring*中的依賴倒置、AOP**等。如果你不了解設計模式，會認為自己只是按照框架的使用規範進行程式設計而已，但其實你已經在使用設計模式了。

（3）你剛剛工作幾個月，開發的功能上線時間不長，可能還沒有遇到較大的需求變更。需求變更是程式設計品質的試金石，當你的程式設計能夠從容應對需求變更時，才能說明你的程式設計足夠優秀。

原來我是因為站在別人的優秀設計之上，才能如此從容。

確實如此。你可以想一想，良好的設計能帶來什麼呢？就以你入職時發的新電腦為例，研究一下你的電腦電源。這個電源由3部分組成：插頭、電源主體和電腦連接線，我們稱之為「組合式電源」吧。我剛參加工作時，大部分的電腦電源是一個整體，我們稱之為「一體式電源」。

當電源插頭或電腦介面標準發生變化時，一體式電源只有透過整體改造才能調配；而組合式電源的主體可以重複使用，只需要替換插頭或電腦連接線。

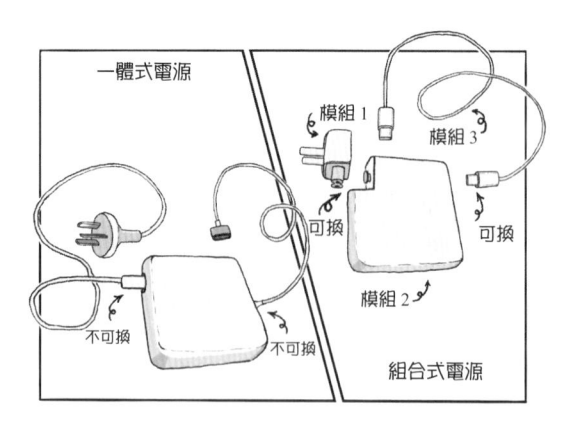

---

* Spring是一種被廣泛使用的Java開發框架。
** AOP的全稱為Aspect Oriented Programming，即面向切面程式設計。

🐰 我之前一直覺得這個設計沒什麼用，多此一舉。

🐼 如果你經常去國外出差，會發現組合式電源能帶來很多便利。比如，不同國家的電源插頭標準不一樣，使用組合式電源，只需要更換插頭，而不必更換整個電源。

再比如，作為電腦廠商，由於某種原因，將原計劃在某國銷售的一批電源轉移到另一個國家銷售。此時只需要重新生產符合當地標準的電源插頭，而不用重新生產整個電源。

從使用角度看，插頭和電腦連接線會被經常抽換，屬於易損件，而電源主體的壽命更長。當連接線和插頭出現問題時，只需要更換相應的元件，這樣既不會造成整體維修上的困難，也不必報廢整個電源。

這些場景說明組合式電源有著更好的重複使用性和擴充性，能夠更靈活地應對變化。

🐰 既然組合式電源的優點這麼明顯，為什麼以前的電源會採用一體式設計呢？

🐼 一體式電源也有它的優點啊！一體式電源沒有模組間的介面，生產過程更簡單，使用的材料更少，成本更低。另外，每處介面都有潛在的問題點，一體式電源更不容易出問題。

🐰 那相比之下，到底哪一種電源設計更好呢？

🐼 **沒有更好的設計，只有更適合的設計。** 複雜的設計能夠帶來更好的擴充性，但同時也會帶來生產成本的上升。組合式電源更適合當今時代多樣化的使用需求，所以值得付出更高的生產成本。

近幾年，出國旅遊、工作已司空見慣。但在多年前，出國的機會比較少，因此電源並不需要這種靈活性。進入 21 世紀後，隨著全球化處理程序進一步加快，需要更靈活的產品設計來應對，科技的突飛猛進加速了介面標準的迭代。一體式電源很難應對這種變化，組合式電源逐漸成為主流。**更複雜的設計是為了提升產品的靈活性，以應對潛在的變化。**

在軟體行業中，變化也十分常見。最讓程式設計師頭疼的就是需求怎麼又變了！如何降低變化的修改成本，縮小改動程式的影響範圍，並且不影響主體功能呢？這就需要像組合式電源這樣的設計。軟體為了應對頻繁的需求變更，需要有良好的設計做底層支撐。

2.2　優秀軟體設計的特徵

差勁的設計各有各的問題，但優秀的設計是相似的。我們看看優秀的軟體設計都具備什麼特徵。

1. 可重複使用

組合式電源如需調配新的插座或電腦介面，只需要重新生產插頭或電腦連接線。電源的主體可以重複使用。

軟體設計也是如此，大多數的需求都是在原有基礎上做變化，主體功能並不改變。優秀的軟體設計讓軟體元件可以被重複使用，而非每次開發新需求都要從頭開始撰寫程式。

2. 可擴充

一體式電源的「一體」二字表現了它具有緊耦合性。3 個主要模組——兩端的插頭和電源主體耦合在一起，導致無法擴充，插座和電腦介面的變化都會造成電源無法使用。而組合式電源可以找到變化點，僅更換變化的模組即可繼續使用。

軟體設計也是如此，如果對程式進行合理的模組化設計，那麼只需要寫一個符合介面定義的新元件即可實現新需求，就像換電源插頭一樣簡單。

3. 易於維護

一體式電源沒有層次劃分，所有的零組件都在同一層。組合式電源將電源劃分為 3 個元件，這是第一層。第二層是每個元件的內部結構。元件的劃分表現了變化頻率的不同，電源主體更穩定，而插頭和電腦連接線更容易發生變化。變化頻率高的元件在發生變化時，影響範圍被限定在此元件內，不會影響到其他元件。

在排除電源問題時，可以快速定位組合式電源的哪個元件出了問題，但對於一體式電源，定位問題點會非常困難。

對軟體設計來說，適當的抽象和元件封裝不但有利於閱讀程式，而且在定位問題時，方便縮小範圍，加快排除速度；在修復問題時，使影響範圍可控，避免因修改引起新問題。

2.3　程式設計原則

人人都喜歡擁有優秀設計的產品，那麼如何設計出優秀的軟體呢？其實軟體設計是有原則可遵循的。下面我要講的軟體設計原則非常重要，設計模式無一不圍繞這些原則在做設計。一般來說，物件導向的軟體設計需要遵循以下 6 大原則。

1. 單一職責原則

顧名思義，一個類別只提供一種職責。單一職責原則為類別的封裝邊界提供指導，避免類別的職責不清、過於臃腫。

在實踐中，由於受到很多因素的限制，比如程式的複雜度、工期、人員水準等，類別的單一職責很難實現。開發人員通常在介面層面實現單一職責。在合理的範圍內，類別可以實現不止一個介面。過分追求類別的單一職責，不僅會造成類別的數量增加，而且類別之間的關係也會變得複雜，程式複雜度和開發成本都會上升。

類別的職責是否單一，需要考慮抽象力度、業務複雜度、業務發展等因素。這些因素的權衡存在較大的主觀性，因此職責單一並不絕對。此外，原來符合單一職責原則的類別，也可能隨著系統的演進而變得不再符合單一職責原則。我們應警惕邏輯變得越來越複雜的類別，需要在適當的時候對其進行重構。舉個例子，以前程式設計師這一職業並不區分前後端，需要負責從前端頁面到後端的所有開發工作。但隨著前端技術的快速發展，程式設計師要擁有更專業的知識和能力才能勝任前端開發工作。這導致程式設計師的職業分化為職責更單一的前端開發程式設計師和後端開發程式設計師。

2. 開閉原則

一個軟體實體（如類別、模組和函數）應該對擴充開放，但對修改關閉。

通俗來說，在實現新的需求時，不應該對已有類別進行修改，而是應該增加新的類別。組合式電源符合開閉原則，如果插頭的標準發生變化，那麼只需要重新生產一個插頭，而一體式電源需要改動整個電源。

遵循開閉原則，可以避免不斷修改一個類別來加入新功能。要想實現開閉原則，類別的職責自然也不能過於臃腫，需要同時實現單一職責原則。開閉原則可以提升程式的穩定性和元件的重複使用性。

3. 里氏替換原則

所有使用基礎類別實現功能的地方，都可以透明地使用其子類別物件。

「透明」是指在用子類別物件替換父類別物件時，程式的行為不會發生改變。里氏替換原則確保子類別能夠向上相容，可以看作對開閉原則的補充。只有實現了里氏替換原則，才能在物件導向的繼承系統下安全地實現開閉原則。

實現里氏替換原則，需要做到以下幾點。

（1）子類別不要重寫父類別的非抽象方法。重寫父類別方法會使得子類別和父類別的行為不一致，從而導致不能在使用父類別的地方透明地使用子類別。

（2）子類別的方法輸入參數類型不能強於父類別。這是為了確保在使用父類別方法的地方也能順利地使用子類別方法。

（3）子類別的方法輸出參數類型不能弱於父類別。這是為了確保在使用父類別的方法輸出參數的地方還能繼續向下執行。

後兩點在現代物件導向語言的繼承系統中已經做了限制，不用刻意考慮，因此我們特別注意第 1 點。

4. 依賴倒置原則

高層模組不應該依賴低層模組的實現，雙方都應該依賴於抽象（例如介面）。

需要注意的是，這裡的依賴倒置並不是將高層模組對低層模組的依賴顛倒過來，而是從具體模組之間的依賴轉為抽象之間的依賴。

依賴倒置原則就是我們常說的「面向介面程式設計」。介面程式設計讓程式具備了擴充導向的可能性。想一想組合式電源，正是因為模組之間定義了清晰的介面，才能做到擴充，只要符合介面標準，模組就可以隨意改變。

有一個非常好的例子——可換刀頭的螺絲刀。螺絲刀刀柄的製作不用考慮刀頭的具體樣子，只需考慮和刀頭連接的介面。刀頭的製作也一樣，只要符合與刀柄連接處的介面設計，刀頭的樣式就可以隨意改變。無論是刀柄還是刀頭，所依賴的都是介面。這樣的設計為擴充帶來了無限可能。

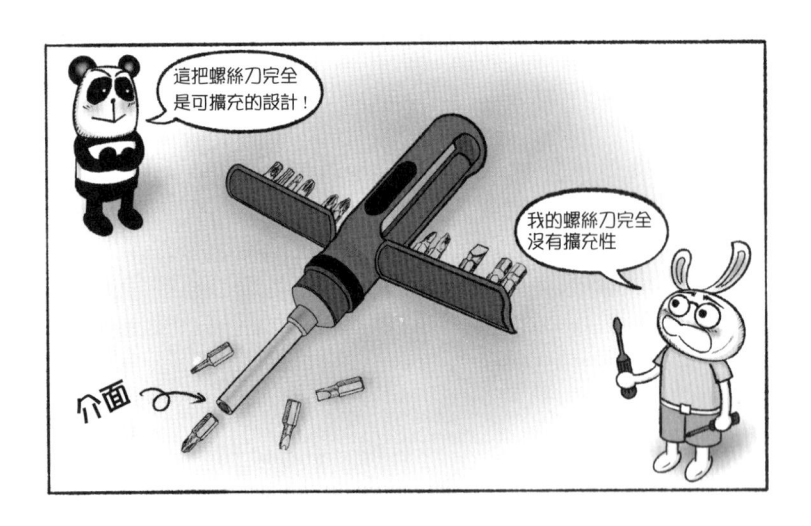

5. 迪米特法則

迪米特法則也稱最少知識原則，用於指導類別之間的鬆散耦合設計。

迪米特法則首先指出，每個類別都應該對其他類別了解有限。也就是說，每個類別應該做合理的隱藏，對外只暴露必要的屬性和方法，不暴露內部的具體實現。迪米特法則降低了類別之間產生依賴的可能性。當修改類別時，受影響的範圍自然會小很多。

此外，迪米特法則強調，如果兩個類別之間沒有必要直接通訊，那麼它們就不應該直接相互作用，也就是「不要和陌生人說話」。這樣做是為了減少類別之間的依賴，減小變動帶來的影響。

我們看一個例子吧。昨天晚上我們去餐廳吃飯，你提醒服務員別放辣椒。其實，放辣椒的執行者是廚師，但你並不需要和廚師直接對話，也能吃上按你的要求製作的飯菜。可以說，這是一家符合迪米特法則的鬆散耦合餐廳。

如果這家餐廳不符合迪米特法則，會怎麼樣呢？當你和服務員說不放辣椒時，服務員會回覆你：「對不起先生，我不支援這項服務，請你直接去找廚師。」此時你又不知道該找哪位廚師，於是你要了解餐廳後廚的安排。最後，你終於找到了對應的廚師，卻發現廚師旁邊站了一圈人在對他提要求，你根本擠不進去。廚師就更慘了，萬一炒菜過程中有什麼變化，他需要親自告訴所有被影響的顧客。

6. 介面隔離原則

介面隔離原則規定任何程式都不應該被強迫依賴自己不需要的方法。介面隔離原則旨在將非常大的介面拆分得更小，避免類別在實現介面時，被迫實現其中一些自己並不需要的方法。

到這裡，你有沒有覺得介面隔離原則和單一職責原則很像？

的確很像。如果某個介面實現了單一職責，是否也同時做到了介面隔離呢？

答案是否定的。首先，判斷介面職責是否單一，存在很大的主觀性。想要實現極端的單一職責，每個介面就只能定義一種方法，顯然在實踐中很少這樣做。只要介面中多於一種方法，它的職責是否單一就會存在爭議。一般來說，我們會以介面的名稱含義為它賦予職責範圍，並以此來判斷單一介面中定義的方法是否破壞了單一職責原則。但由於對介面名稱的含義認知不同，以及對介面抽象程度、所處抽象層次的理解不同，職責是否單一仍然存在爭議。

以上主觀因素會導致單一職責原則的執行不像我們想像的那麼完美。此外，隨著系統的發展，原來看似職責劃分合理的介面也會變得越來越臃腫，這時介面隔離原則就可以發揮作用了。是否符合介面隔離原則的判斷標準非常客觀，如果某個類別在實現某個介面時，不得不實現自己不需要的方法，那麼就違背了介面隔離原則。哪怕你覺得介面已經滿足單一職責原則，但還是要做進一步拆分，讓介面的職責進一步細化。

還是看一個例子。我們在定義一個檔案處理器介面時，一般會定義查看、修改、建立、刪除 4 種基本方法。現在有 3 種實現該介面的檔案處理器，分別用於操作 Word、Excel、PowerPoint 檔案。此時的程式設計沒有任何問題，職責也足夠單一。但當增加壓縮檔處理器時，問題就來了。壓縮檔無法被修改，導致壓縮檔處理器在實現檔案處理器介面時，被迫實現一個沒有意義的修改方法，違背了介面隔離原則。

此時，我們再來思考檔案處理器介面是否職責單一，就要打問號了。我們可以把更基礎的功能——查看、建立、刪除分離出來，得到一個職責更單一的檔案處理器基礎操作介面。壓縮檔處理器實現該介面，不用再被迫實現修改方法。

🐰　聽你說完，我似乎聽懂了，但還是不會用。我感覺這 6 點原則中的大多數都需要憑經驗去判斷。

🐼　確實如此，所以說要做好設計，理論只是基礎，後面的路還長著呢！還要記住很重要的一點，**這些原則是用來指導軟體設計的，而非限制軟體設計的**。設計原則給我們指明了設計方向，但具體做到什麼程度，需要權衡很多因素。我們的專案中也有一些程式違背了某點原則，但大多數是有原因的。迫於現實中的約束條件，在設計上可以做一定程度的妥協和合理的折中。但你一定要清楚知道哪個地方違背了什麼原則、原因是什麼、未來可能帶來什麼影響。

2.4　手拿錘子，眼裡都是釘子

🐰　設計原則是必須要遵守的嗎？

🐼　我給你舉個例子，你看檯燈的電源是不是很少採用組合式設計？

🐰　確實是這樣，說明檯燈的電源違背了設計原則，需要改造一下。

哈哈，你手裡有了設計原則這把「錘子」，眼裡都是「釘子」啊！檯燈電源根本不需要複雜的組合式設計。首先，帶檯燈出國的機會很少，不需要靈活的插頭；其次，檯燈不會被經常移動，因此電源插頭和連接線不容易損壞。顯然，檯燈更適合使用一體式電源。

同樣都是電源，因為使用場景不同，採用的設計想法會完全不同。你提醒的好，我剛學完總想著練練手，但也不能生搬硬套。

現在只是講了設計原則。當你學完 23 種設計模式時，施展拳腳的想法會更強烈，但一定要學會克制自己，客觀地看待和分析問題。雖然你的手中有了「十八般兵器」，但並不是所有問題都需要複雜的設計來解決。

就像檯燈的使用場景及未來變化的可能性決定了它不需要那麼複雜的電源設計，那麼保持簡單的設計就是最適合它的。

如此說來，有時刻意不去設計卻是最好的設計。

哈哈，這可別成為你偷懶的理由！要是被我發現，你得說清楚刻意不設計的原因，否則全部返工！

第 3 章
想吃漢堡，自己做還是去漢堡店？
—— 簡單工廠模式

3.1 速食店中的簡單工廠

傍晚，熊小貓和兔小白在「啃得起漢堡店」吃晚飯。

> 給你講個好玩的事情！之前我去面試，面試官問我什麼是工廠模式。我那時對設計模式一無所知，哪裡知道工廠模式！汗瞬間就流了下來。你猜我最後怎麼回答的？

> 如果不懂，當然要如實承認啦！

哎，其實我也算如實回答……

（你知道工廠模式吧？）
（我……最近一直在做銀行系統。對銀行模式比較了解。工廠的模式我不熟。）

哈哈，讓人笑掉大牙了！

其實面試官在替你挖坑，工廠模式有好幾種，後面還有更多問題等著問你呢！但誰知道你在起點就摔了一個大跟頭。

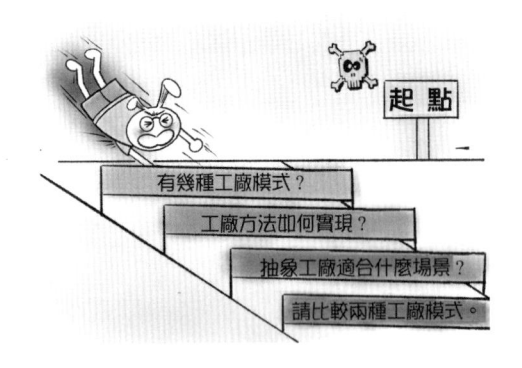

- 有幾種工廠模式？
- 工廠方法如何實現？
- 抽象工廠適合什麼場景？
- 請比較兩種工廠模式。

真是羞愧難當，我竟然一種都不知道。

告訴你一個最簡單的吧——簡單工廠模式！簡單到沒有資格入選 GoF 的 23 種設計模式。但在日常開發中，它卻非常實用，能夠應付很多不太複雜的場景。別看簡單，其中表現的設計原則可不少呢！

🐰 好啊，以我現在的水準，也只能從簡單的開始學起。

🐼 以我們剛才吃的漢堡為例，我吃的板燒雞腿堡，你吃的牛肉漢堡，款式雖然不一樣，但都在漢堡店的廚房中加工而成。廚房可以看作一間漢堡工廠，製作各式各樣的漢堡。物件導向的程式也是如此，每個物件都可以看作漢堡，建立物件就好比製作漢堡。那麼物件由誰來建立呢？程式也需要一個漢堡工廠！撰寫一個工廠類別，把建立物件的工作交給工廠去做。這就是簡單工廠模式。

🐰 這個例子我聽懂了，但簡單工廠模式能帶來什麼好處呢？

🐼 可以想像一下，如果沒有「啃得起漢堡店」，你想吃漢堡怎麼辦？

🐰 我可以去「麥當當漢堡店」呀！

🐼 可是假如沒有漢堡店，你就得自己做漢堡了。

🐰 那我寧可不吃，太麻煩了！我得先買漢堡坯子、牛肉、生菜、調味醬，然後自己動手一步步製作出來。去漢堡店的話，我只需要點單就搞定了，而且想吃什麼口味就買什麼口味。

哈哈，你已經把簡單工廠模式的好處說出來了！自己做漢堡需要關注製作漢堡的原料，你對肉、菜、醬都會產生依賴，還要學習製作漢堡的方法。但你的目的是吃漢堡，了解這些製作細節的意義不大，自己做還容易出錯。

於是，漢堡店出現了！它封裝了製作漢堡的細節。收銀員就是漢堡店對外提供的呼叫方法，你想要什麼漢堡告訴收銀員就可以了。現在你只依賴漢堡店，忘了那些肉、菜、醬吧！

漢堡店還會推出新品，你來店裡下單就可以吃到。但如果沒有漢堡店，所有想吃新品漢堡的人都得學習新的製作方法，要是嫌麻煩，那就吃不上！這樣是不是一點都不擁抱變化？

每個人都學習製作方法？那不就是用「Ctrl C + Ctrl V」來寫程式嘛！

不錯，不錯！你已經聯想到寫程式了。這樣做相當於複製程式，程式需要重複使用程式，並不提倡複製程式。把製作漢堡的能力封裝在漢堡店中，顧客購買後就可以大快朵頤，不必自己大費周折製作，這就是重複使用了漢堡店製作漢堡的能力。我再問問你，你的工作是什麼？

作為程式設計師，當然是寫程式了！

那你學習做漢堡是不是違反了單一職責原則？

我這不是平衡工作和生活嘛！

哈哈，這個理由我接受。不過電腦是沒有感情的工作機器，並不需要平衡，軟體設計要儘量符合單一職責原則。

聽你講完漢堡店這個例子，我理解了簡單工廠模式的優點。不過作為程式設計師，最重要的還是「Show me the code」！

走，去我家！其實簡單工廠模式的很多好處還沒講出來呢！我們直接上程式！

3.2　商品推薦功能初版程式

晚飯後，兔小白來到了熊小貓家，兩人繼續之前的話題——簡單工廠模式。

我先給你出一道題。我們公司開發的購物系統要增加一個推薦模組，不同的購物頻道推薦的商品不一樣，並且推薦的邏輯也有區別。你不用寫具體的推薦演算法，只列出推薦商品示意即可。目前，只有手機、電視、筆記型電腦購物頻道需要增加「商品推薦」功能。

請為手機、電視、筆記型電腦購物頻道增加 "商品推薦" 功能。圖中展示的是手機頻道的推薦商品。

這還不好辦，很快搞定！

10 分鐘後，兔小白完成了開發。

程式只需要一個類別，程式如下。因為是商品推薦器，所以類別名是 ProductRecommender。是不是非常符合物件導向程式設計？

```java
public class ProductRecommender {
    public List<String> recommend(String category) {
     List<String> products = new ArrayList<>();
     if ("phone".equals(category)) {
       products.add("huawei mate 60");
       products.add("iphone 14");
       products.add("xiaomi 15");
     } else if ("TV".equals(category)) {
       products.add("TCL T85");
       products.add("sony X75");
       products.add("samsung QA55");
     } else if ("notebook".equals(category)) {
       products.add("Lenovo R7000P");
       products.add("hp 9victus");
       products.add("dell g16");
     } else {
       products.add("huawei mate 60");
       products.add("TCL T85");
       products.add("dell g16");
     }
     return products;
```

    }
}

用戶端程式如下。

```
ProductRecommender productRecommender = new ProductRecommender();
List<String> phones = productRecommender.recommend("phone");
phones.forEach(phone -> System.out.println(phone));
```

程式邏輯很簡單，需要推薦哪一類商品，就走到相應的分支。如果商品不屬已知的 3 個品類，就隨便推薦幾個商品。

程式寫得……非常直觀。一個類別、一種方法，搞定了所有事情。但事實上，說到物件導向，你的程式除了類別名像一個物件，其實和物件導向一點關係也沒有。

你這話太打擊人了！

開個玩笑而已，你有沒有覺得 recommend 方法太長了？

確實有點長，因為推薦邏輯都在這個方法裡。嗯……我覺得可以這樣最佳化，把推薦邏輯按商品的品類封裝成方法。

可以去嘗試修改。另外，注意不要擅自加需求。如果商品不屬於已知的 3 個品類，就直接顯示出錯處理，不要隨便推薦商品。

沒問題，馬上改！

5 分鐘後，兔小白改好了程式。

```
public class ProductRecommender {
    public List<String> recommend(String category) throws Exception {
```

```java
        List<String> products = new ArrayList<>();

        if ("phone".equals(category)) {
            recommendPhone(products);
        } else if ("television".equals(category)) {
            recommendTelevision(products);
        } else if ("notebook".equals(category)) {
            recommendNotebook(products);
        } else {
            throw new Exception();
        }

        return products;
    }

    private void recommendPhone(List<String> products) {
        products.add("huawei mate 60");
        products.add("iphone 14");
        products.add("xiaomi 15");
    }

    private void recommendTelevision(List<String> products) {
        products.add("huawei mate 60");
        products.add("iphone 14");
        products.add("xiaomi 15");
    }

    private void recommendNotebook(List<String> products) {
        products.add("Lenovo R7000P");
        products.add("hp 9victus");
        products.add("dell g16");
    }
}
```

這版程式更有「層次感」。有句話叫**程式即文件**，我的程式便符合這一描述。透過提取方法，並且採用合理的方法名稱，程式的可讀性大大提升。

確實有進步，不過是不是優秀的程式，一測便知！聽好，需求變更來了！現在圖書購物頻道也需要「商品推薦」功能，你的程式要怎麼改呢？

3.3 實現開閉原則和單一職責原則

太容易了，只需加一個 recommendBook 方法，然後在 recommend 方法中增加 book 分支，呼叫 recommendBook。

看來昨天學的設計原則都被你忘光了！回憶一下開閉原則——**對擴充開放，對修改關閉**。如果每次增加推薦品類都要修改 ProductRecommender 類別，就違背了開閉原則。

這裡我有些糊塗。要加新功能，肯定要修改程式，否則怎麼加功能？

開閉原則的「修改」指修改已經存在的類別。**在實現新功能時，儘量不要修改已經存在的類別，而應增加新的類別。**

現在我更糊塗了。只有一個 ProductRecommender 類別，所有邏輯都在裡面，我必須修改這個類別才能實現新需求呀！

只有一個物件，怎麼能說符合物件導向程式設計呢？思考一下，是不是可以把每個商品品類的推薦邏輯封裝並提取出來？友情提醒：還記得既要寫程式，又要做漢堡的你嗎？

哦，**單一職責原則**！我有點想法了，這就去改程式。

半小時後，兔小白改完了程式。

我為每個商品品類都建立了一個 Recommender 類別，將推薦邏輯從 ProductRecommender 移到每個商品品類的 Recommender 中。每個 Recommender 類別只負責單一品類的產品推薦，這樣職責足夠單一，例如 PhoneRecommender。

```java
public class PhoneRecommender {
    public List<String> recommend() {
        List<String> products = new ArrayList<>();
        products.add("huawei mate 60");
        products.add("iphone 14");
        products.add("xiaomi 15");
        return products;
    }
}
```

類似的還有 TelevisionRecommender 類別和 NotebookRecommender 類別，就不一一展示程式了。

在 ProductRecommender 中實例化這 3 種推薦器，根據輸入的品類選擇匹配的推薦器進行推薦。

```java
public class ProductRecommender {
    private PhoneRecommender phoneRecommener = new PhoneRecommender();
    private TelevisionRecommender televisionRecommender =
            new TelevisionRecommender();
    private NotebookRecommender notebookRecommender =
            new NotebookRecommender();

    public List<String> recommend(String category) throws Exception {
        if ("phone".equals(category)) {
            return phoneRecommender.recommend();
        } else if ("television".equals(category)) {
            return televisionRecommender.recommend();
        } else if ("notebook".equals(category)) {
            return notebookRecommender.recommend();
        } else {
            throw new Exception();
        }
    }
}
```

現在增加圖書品類的推薦功能就很簡單了！只需要增加 BookRecommender 類別，封裝圖書品類的推薦邏輯。ProductRecommender 僅有少量改動，增加 book 條件分支，使用 BookRecommender 進行推薦。程式實現了**對擴充開放**。

不錯，這版程式滿足了**開閉原則**、**單一職責原則**，但還有很大的最佳化空間。回憶一下做漢堡的例子，漢堡是從哪裡來的？你的程式還缺點什麼？

哦，還缺漢堡工廠！不對……還缺推薦器工廠！

3.4　推薦器工廠實現依賴倒置

沒錯！下面這段實例化 Recommender 物件的程式應該被封裝到工廠類別中。

ProductRecommender 應該透過工廠獲取具體品類的 Recommender，而非自己建立。各種 Recommender 物件就好比各式各樣的漢堡，應該由工廠負責生產。

寫了這麼多版程式，終於見到了工廠！提醒你可以使用多型特性進行最佳化。這幾個 Recommender 的行為一樣，甚至名字都差不多，怎麼修改也就不言而喻了。

```
private PhoneRecommender phoneRecommender = new PhoneRecommender();
private TelevisionRecommender televisionRecommender =
        new TelevisionRecommender();
private NotebookRecommender notebookRecommender =
        new NotebookRecommender();
```

> 我大概懂你的意思，等我改完看看是不是你想要的。

10 分鐘後，兔小白為商品推薦程式加上了工廠。

> 程式寫完了，工廠需要傳回多種 Recommender。多虧你提示我使用多態，問題迎刃而解！

首先，增加 Recommender 介面。

```
public interface Recommender {
    List<String> recommend();
}
```

各種品類的 Recommender 實現該介面，例如 PhoneRecommender。

```
public class PhoneRecommender implements Recommender{
    public List<String> recommend() {
        List<String> products = new ArrayList<>();
        products.add("huawei mate 60");
        products.add("iphone 14");
        products.add("xiaomi 15");
        return products;
    }
}
```

重頭戲來了！工廠類別「千呼萬喚始出來」——RecommenderFactory。它負責建立各種品類的 Recommender 物件。由於使用了多態，createRecommender 方法可以傳回任意實現 Recommender 介面的物件。

```
public class RecommenderFactory {
    public Recommender createRecommender(String category)
            throws Exception {
        switch (category){
            case "phone":
```

```
            return new PhoneRecommender();
        case»television»:
            return new TelevisionRecommender();
        case "notebook":
            return new NotebookRecommender();
        default:
            throw new Exception();
    }
  }
}
```

建立 Recommender 物件的工作被移走後，ProductRecommender 的職責就僅剩使用從工廠獲得的 Recommender 物件來推薦商品了，進一步強化了單一職責。

```
public class ProductRecommender {
   private RecommenderFactory recommenderFactory =
            new RecommenderFactory();
   public List<String> recommend(String category) throws Exception {
       Recommender recommender =
                recommenderFactory.createRecommender(category);
       return recommender.recommend();
    }
}
```

ProductRecommender 不再依賴 3 個具體的 Recommender 類別，而是依賴 Recommender 介面。這符合依賴倒置原則，也就是我們常說的面向介面程式設計。

這樣做的好處是，一旦需要增加新的品類推薦，那麼只需要增加新的 Recommender 實現類別，為工廠類別增加相應的建立分支，而 ProductRecommender 不需要修改任何程式！

孺子可教也，正是我想看到的程式結構，這就是簡單工廠模式。我們看看這四版程式的最佳化過程。

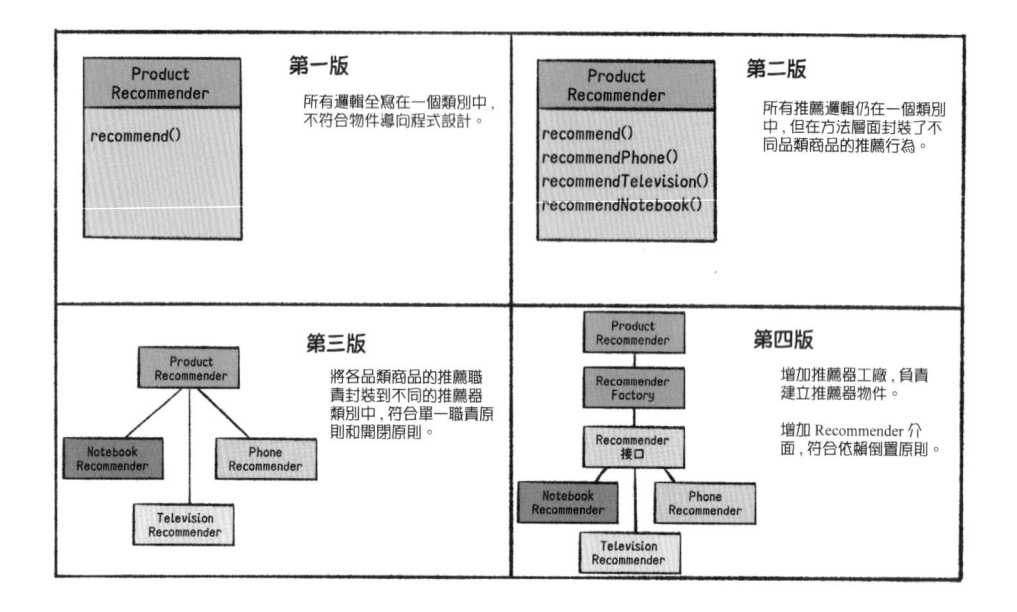

第一版	第二版
Product Recommender 所有邏輯全寫在一個類別中，不符合物件導向程式設計。	Product Recommender 所有推薦邏輯仍在一個類別中，但在方法層面封裝了不同品類商品的推薦行為。
第三版	第四版
Product Recommender / Notebook Recommender / Phone Recommender / Television Recommender 將各品類商品的推薦職責封裝到不同的推薦器類別中，符合單一職責原則和開閉原則。	Product Recommender → Recommender Factory → Recommender 介面 → Notebook/Phone/Television Recommender 增加推薦器工廠，負責建立推薦器物件。增加 Recommender 介面，符合依賴倒置原則。

3.5 簡單工廠模式的適用場景

第四版程式用了簡單工廠模式，受益頗多！它完全符合**開閉原則、單一職責原則、依賴倒置原則**！看著自己的程式在不斷打磨中越來越精緻，很有成就感！沒想到，一個最簡單的設計模式居然為程式帶來了這麼多「好味道」。

你的學習熱情值得肯定，學習程式設計永遠要有追求技術卓越之心！

我們來總結一下簡單工廠模式的特點和適用場景。先看簡單工廠模式結構圖。

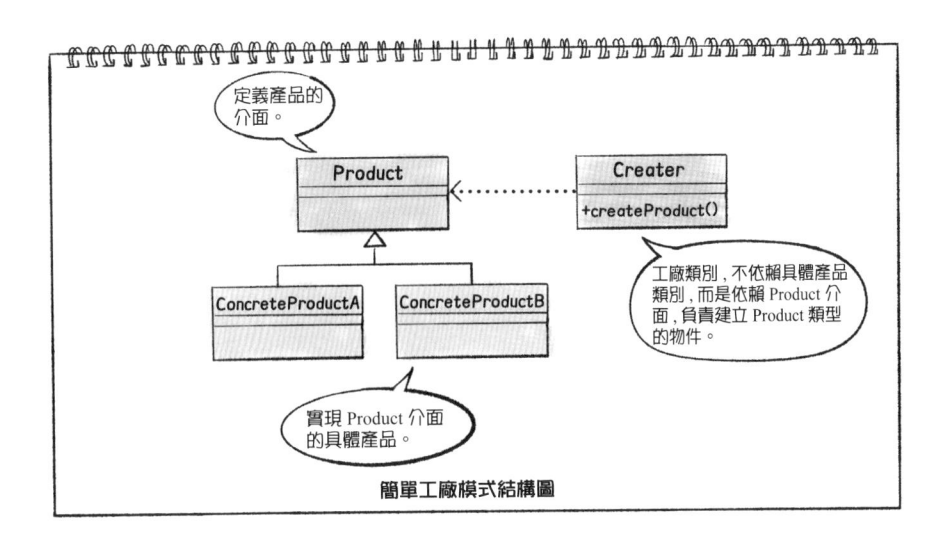

```
                    ┌─────────────────┐
    定義產品的        │    Product      │          Creater
      介面。         ├─────────────────┤◁ ─ ─ ─  +createProduct()
                    └─────────────────┘
                            △
                   ┌────────┴────────┐            工廠類別，不依賴具體產品
          ConcreteProductA  ConcreteProductB       類別，而是依賴 Product 介
                                                   面，負責建立 Product 類型
                                                   的物件。
                   實現 Product 介面
                     的具體產品。

                       簡單工廠模式結構圖
```

　　Product 定義了產品的介面，ConcreteProduct 類別是一系列實現 Product 介面的具體產品。Creater 是工廠類別，它不依賴具體產品類，而是依賴 Product 介面，負責建立 Product 類型的物件。

　　簡單工廠模式封裝了物件的建立邏輯，解耦了物件的建立和使用，支援產品類的擴充。當你需要建立由同一介面實現的不同產品物件時，可以考慮使用簡單工廠模式。簡單工廠模式為擴充提供了便利，引入的複雜度卻很低。

　　上面這段話是精華，我要記到本子上！今晚的努力沒有白費，終於寫出了完美程式！

　　真的那麼完美嗎？看看下面的程式結構圖。ProductRecommender 依賴 RecommenderFactory，而 RecommenderFactory 是一個具體的類別，是不是違反了依賴倒置原則？

```
┌─────────────────────────────────────────────────┐
│   ①Recommender              RecommenderFactory  │
│   +recommend()              +createRecommender()│
│                                                 │
│                                     ⚠ 依賴了    │
│                                       具體的工廠 │
│  PhoneRecommender  TelevisionRecommender        │
│  +recommend()      +recommend()                 │
│                              ProductRecommender │
│                              +recommend()       │
│       NotebookRecommender                       │
│       +recommend()                              │
│                                                 │
│           商品推薦程式結構圖                      │
└─────────────────────────────────────────────────┘
```

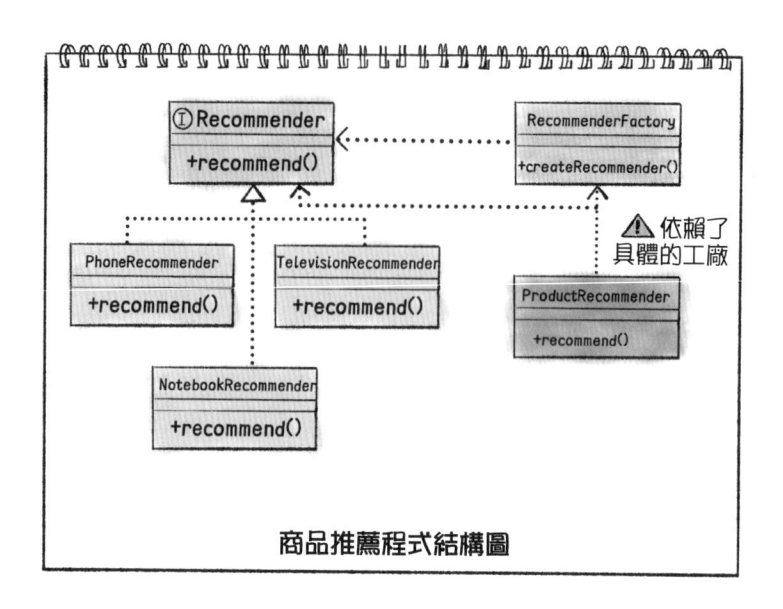

🐛 你這麼一說……確實存在這個問題。我看看怎麼修改！

🐼 且慢，其實簡單工廠模式就是如此，它的缺點是工廠無法擴充，難以增加新的工廠。隨著產品線的發展，工廠承擔的職責會越來越多。好在對於大多數場景，只要一個工廠就足夠了，具體的產品類也不會很多。簡單工廠模式雖然不完美，卻很實用。明天我教你用「**工廠方法模式**」來解決這個問題。工廠方法模式可是 23 種設計模式之一，血統純正！

🐛 好 ，我在回家的路上想想怎麼解決這個問題，我們明天繼續學習工廠方法模式！

3.5 簡單工廠模式的適用場景 | 3-17

第 4 章

座座工廠平地起 —— 工廠方法模式

4.1 打造工廠標準——工廠再抽象

第二天晚上，兔小白如約來到熊小貓家中，繼續學習設計模式。

昨天我們用簡單工廠模式實現了商品推薦器，但是用戶端類別 ProductRecommender 依賴 RecommenderFactory 的具體實現，違反了依賴倒置原則。你想出解決辦法了嗎？

昨晚回家路上，我一直在研究商品推薦程式結構圖，終於發現問題在哪了！你看，工廠類別沒有介面！這導致 ProductRecommender 直接依賴了具體的工廠。

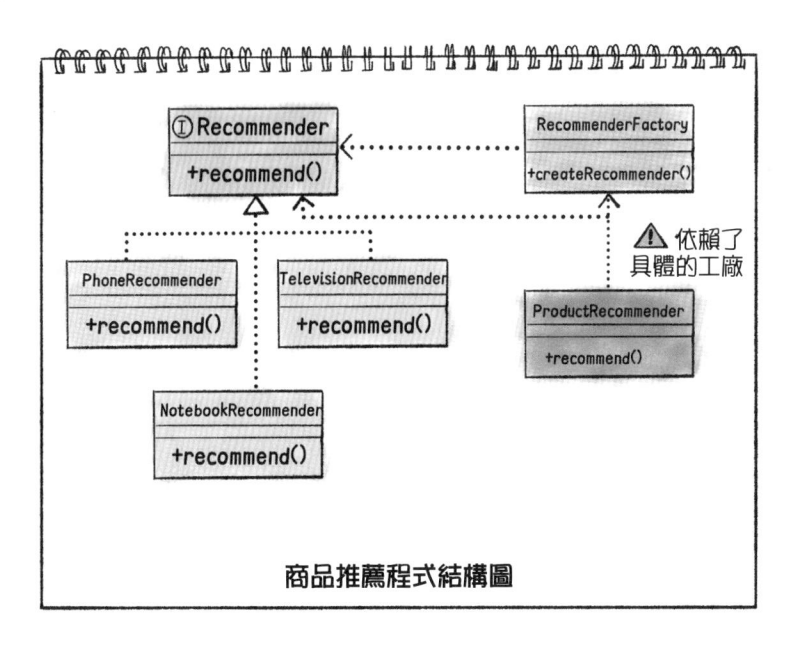

商品推薦程式結構圖

改造起來很簡單！

先聲明 IRecommenderFactory 介面。

```
public interface IRecommenderFactory {
    Recommender createRecommender(String category) throws Exception;
}
```

RecommenderFactory 實現工廠介面。

```
public class RecommenderFactory implements IRecommenderFactory {
    public Recommender createRecommender(String category)
            throws Exception {
        switch (category){
            case "notebook":
                return new NotebookRecommender();
            case "phone":
                return new PhoneRecommender();
            case «television»:
                return new TelevisionRecommender();
            default:
                throw new Exception();
        }
    }
}
```

修改 ProductRecommender，使其依賴 IRecommenderFactory 介面，實現依賴倒置。

```
public class ProductRecommender {
    private IRecommenderFactory recommenderFactory =
            new RecommenderFactory();

    public List<String> recommend(String category) throws Exception {
        Recommender recommender =
```

```
            recommenderFactory.createRecommender(category);
        return recommender.recommend();
    }
}
```

改版後的商品推薦程式結構圖如下。

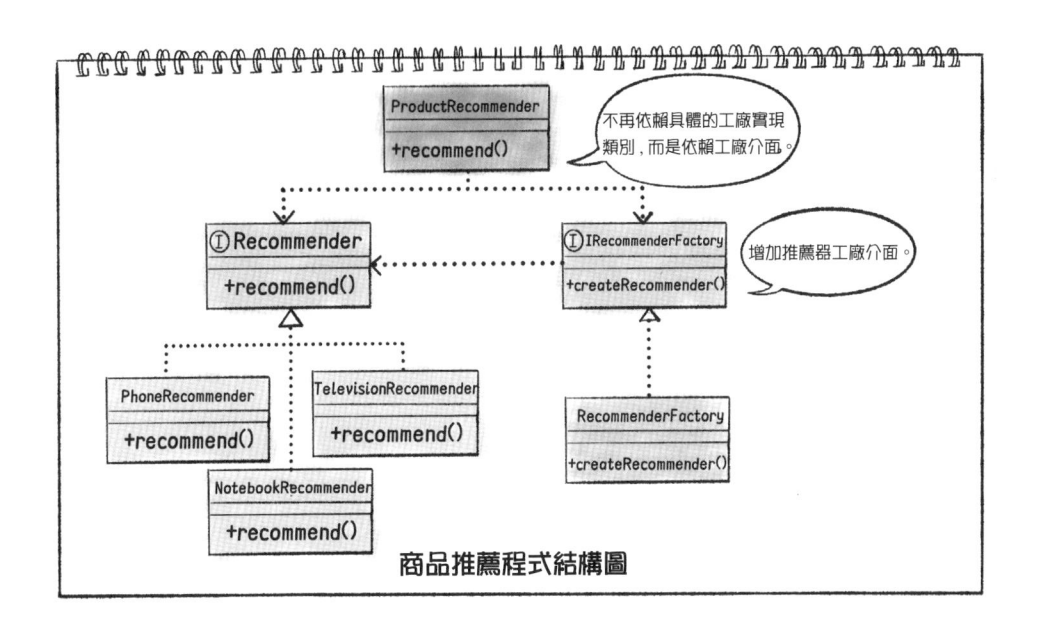

商品推薦程式結構圖（不再依賴具體的工廠實現類別，而是依賴工廠介面。增加推薦器工廠介面。）

🐼 長江後浪推前浪，看來今天不需要我講啦，因為這版程式已經滿足工廠方法模式了！

🐰 什麼？！我自己都不知道。我只是給程式增加了工廠介面，我沒看到帶來什麼好處，你不是經常說「不要為了設計而設計」嗎？

🐼 很多時候，你會不知不覺地使用某種設計模式，當然前提是你熟知開閉原則、單一職責原則、依賴倒置原則等設計思想。工廠方法模式具體能帶來什麼好處，聽我慢慢道來。

回到推薦器程式上，這版程式使用了工廠方法模式中的一種實現方式：**參數化工廠方法**。首先引入工廠介面，然後工廠的實現類別根據參數建立不同的產品物件。

與簡單工廠模式相比，參數化工廠方法只是多了工廠介面，從而讓呼叫方 ProductRecommender 擺脫了對具體 RecommenderFactory 的依賴，提升了工廠的擴充性。

問題就出在這裡，在我看來只是多寫了一個介面，沒有實際用處。

介面定義的是標準，抽象出工廠的介面相當於打造了工廠的標準。依賴介面，也就是只認標準，不與具體實現綁定。用戶端可以使用任何工廠介面的實現物件。

現在程式中只有一個工廠實現類別，當然無法表現工廠介面的作用。一般在使用工廠方法模式的場景中，同時存在多個工廠，每個工廠建立產品的邏輯不同。還有一種使用方法，一個工廠只負責建立部分產品。在極端情況下，一個工廠僅負責建立一種產品，工廠和產品一一對應。此時，工廠不需要參數來決定建立哪種產品，將單一職責做到了極致。

我們繼續以漢堡店為例，幫助你理解。

4.2　多種廚房，各盡其責

想像一下，漢堡店的廚房可以不止一間。舉例來說，漢堡店有兩間廚房，1 號廚房加工煎肉類漢堡（牛肉漢堡、板燒雞腿漢堡），2 號廚房加工油炸類漢堡（鱈魚漢堡、炸雞漢堡）。

更單一的廚房職責能夠帶來以下好處。

1. 廚房更專精，設施簡化

按照不同的漢堡種類對製作過程進行分類，每間廚房僅專注於生產一類漢堡。無論是採購原料，還是準備裝置，都只需考慮本廚房負責生產的漢堡品項。舉例來說，1 號廚房製作煎肉類漢堡，只需要準備煎烤用的鐵板，不需要採購油炸用鍋。

2. 縮小產品變化的影響範圍

如果有新品漢堡上市，例如推出煎豬排漢堡，那麼只有 1 號廚房的工作人員需要了解製作方法，也只需要對 1 號廚房做相應的改造，2 號廚房完全不用關心這個事情。

甚至可以採用更極端的方式，讓一間廚房只生產一種漢堡。此時，產品變化給工廠帶來的影響最小，但是運轉成本很高，現實世界中一般不會這樣做。但在軟體世界中，當面臨更複雜的場景時，可以考慮使用這種設計方式。

如果推出新品──北京烤鴨漢堡，那就需要新增 3 號廚房，負責製作烤肉類漢堡。

沒錯，這樣的設計符合開閉原則。如果改造 1 號或 2 號廚房，一旦改出問題，可能導致無法製作漢堡，漢堡店也就停業了。

工廠方法模式妙哉！

等你學完 23 種設計模式，感受會更加深刻，因為它們的底層思想是相通的。設計模式本就來自現實世界，既是濃縮的「策略」，也是精選的「門道」。

我想到一個問題！現在這麼多廚房，收銀員怎麼知道下單給哪間廚房呢？

好問題！引入更複雜的設計模式，勢必帶來更高的程式複雜度。廚房變多了，收銀員就得多動動腦子，需要知道漢堡和工廠的映射關係。也就是說，收銀員多了一項工作——將漢堡的訂單分配給正確的廚房。不過幸好我們生活在數位時代，點菜系統都幫他做啦！

你現在已經直觀感受到工廠方法模式的好處了，我們動手寫寫程式吧！

4.3 多種工廠，切換自如

我們繼續使用商品推薦程式做練習。假如，Recommender 需要使用推薦引擎工作，並且推薦引擎可以被替換掉。現在 RecommenderFactory 在建立 Recommender 類型物件時，需要使用名為「水星」的推薦引擎初始化 Recommender。你來修改一下程式。

10 分鐘後，兔小白改完了程式。

由於搜尋引擎是商品推薦器共有的屬性，我首先將 Recommender 介面改造為抽象類別，然後為它增加推薦引擎屬性 recommendEngine。

在建構方法中初始化 recommendEngine。

```java
public abstract class Recommender {
    protected String recommendEngine;

    public Recommender(String recommendEngine){
        this.recommendEngine = recommendEngine;
    }
    abstract List<String> recommend();
}
```

各品類的 Recommender 繼承該抽象類別，例如 PhoneRecommender。

```java
public class PhoneRecommender extends Recommender {
    public PhoneRecommender(String recommendEngine) {
        super(recommendEngine);
    }

    public List<String> recommend() {
        System.out.println(" 推薦結果來自 "+recommendEngine);
        List<String> products = new ArrayList<>();
        products.add("huawei mate 60");
```

```
        products.add("iphone 14");
        products.add("xiaomi 15");
        return products;
    }
}
```

在使用工廠類別 RecommenderFactory 建立 Recommender 時，指定 recommendEngine 為「Mercury」，即「水星」推薦引擎。

```
public class RecommenderFactory implements IRecommenderFactory {
    public Recommender createRecommender(String category)
            throws Exception {
        switch (category){
            case "notebook":
                return new NotebookRecommender("Mercury");
            case "phone":
                return new PhoneRecommender("Mercury");
            case»television»:
                return new TelevisionRecommender("Mercury");
            default:
                throw new Exception();
        }
    }
}
```

用戶端 ProductRecommender 沒有任何變化。

```
public class ProductRecommender {
    private IRecommenderFactory recommenderFactory =
            new RecommenderFactory();

    public List<String> recommend(String category) throws Exception {
        Recommender recommender =
                recommenderFactory.createRecommender(category);
        return recommender.recommend();
    }
}
```

這一版程式的變化只表現在工廠建立 Recommender 物件時，需要指定 recommendEngine。

沒錯！現在問題來了。未來市場上出現了更先進的「火星」推薦引擎，我想讓 Recommender 使用「火星」推薦引擎，應該怎麼做？

很簡單，將 RecommenderFactory 改為用「火星」推薦引擎建立 Recommender 不就行啦？

哈哈，給你挖個坑，你真往裡面跳！開閉原則又忘啦？現在我們擁有 IRecommenderFactory 介面，完全可以建立一個全新的工廠類別實現該介面，使用「火星」推薦引擎來建立 Recommender。透過增加新類別來實現新功能，符合開閉原則。

有道理，要充分利用依賴倒置的原則優勢。將新工廠類別命名為 RecommenderWithMarsFactory，同時把 RecommenderFactory 重新命名為 RecommenderWithMercuryFactory。現在有兩個 IRecommenderFactory 介面的實現，想用哪個就用哪個！

RecommenderWithMercuryFactory 的程式如下。

```java
public class RecommenderWithMercuryFactory
        implements IRecommenderFactory {
    public Recommender createRecommender(String category)
            throws Exception {
        switch (category){
            case "notebook":
                return new NotebookRecommender("Mercury");
            case "phone":
                return new PhoneRecommender("Mercury");
            case»television»:
                return new TelevisionRecommender("Mercury");
            default:
                throw new Exception();
```

            }
        }
}

RecommenderWithMarsFactory 的程式如下。

```
public class RecommenderWithMarsFactory implements IRecommenderFactory {
    public Recommender createRecommender(String category)
            throws Exception {
        switch (category){
            case "notebook":
                return new NotebookRecommender("Mars");
            case "phone":
                return new PhoneRecommender("Mars");
            case»television»:
                return new TelevisionRecommender("Mars");
            default:
                throw new Exception();
        }
    }
}
```

> 我斗膽總結一下，如果建立產品的邏輯存在變化的可能，導致工廠類別的實現可能被替換掉，那麼可以考慮使用工廠方法模式。

> 沒錯，這是一種應用場景。更複雜的設計是為了應對更頻繁的變化，但同時提升了程式複雜度，這也是簡單工廠模式同樣很流行的原因。如果很難預測未來的變化，建議先使用簡單工廠模式，畢竟將簡單工廠模式重構為工廠方法模式也不難。軟體設計的每次決策都需要充分權衡成本和收益。

> 我一聽到「權衡」二字，就知道這是「只可意會，不可言傳」的知識。

想要做到活學活用，一定需要大量實踐，不斷歸納總結。我能告訴你的只是原則和建議，剩下的需要你在實踐中自己去領悟。

有道理，趁著剛學完，我趕緊去實踐一下，正好有個新功能要開發！

別著急，我還沒有講完。在漢堡店的例子中，1 號和 2 號廚房各負責製作部分漢堡，兩間廚房同時工作。我們在商品推薦程式的練習中，繼續實現多個工廠混用的場景。

4.4　需求膨脹，工廠也膨脹

需求變更又來了！公司擔心「火星」推薦引擎不夠成熟，先讓筆記型電腦購物頻道使用「火星」推薦引擎來試水。手機和電視購物頻道依舊使用「水星」推薦引擎。你想想程式怎樣改？

這不就是漢堡店的 1、2 號廚房嘛！兩個 IRecommenderFactory 的實現類別按需求分工，還得有個類似收銀員的類別，負責根據漢堡類型匹配廚房的工作。

20 分鐘後，兔小白寫完了程式。

IRecommenderFactory 介面定義沒有任何改變，我根據需求修改了兩個工廠實現類別。

「水星」推薦引擎只用於推薦手機和電視。

```
public class RecommenderWithMercuryFactory
        implements IRecommenderFactory{
    public Recommender createRecommender(String category)
            throws Exception {
        switch (category){
            case "phone":
                return new PhoneRecommender("Mercury");
            case «television»:
                return new TelevisionRecommender("Mercury");
            default:
                throw new Exception();
        }
    }
}
```

「火星」推薦引擎用於推薦筆記型電腦。

```
public class RecommenderWithMarsFactory implements IRecommenderFactory{
    public Recommender createRecommender(String category)
            throws Exception {
        switch (category){
            case "notebook":
                return new NotebookRecommender("Mars");
            default:
                throw new Exception();
        }
    }
}
```

現在有兩個 IRecommenderFactory 實現類別,導致 ProductRecommender 不知道應該實例化哪一個。因此,增加 RecommenderFactorySelector 類別,用來映射 category 和 RecommenderFactory 的關係,其實就是根據漢堡類型匹配廚房。

```
public class RecommenderFactorySelector {
    public IRecommenderFactory createFactory(String category)
            throws Exception {
        switch (category){
            case "phone":
            case «television»:
                return new RecommenderWithMercuryFactory();
            case "notebook":
                return new RecommenderWithMarsFactory();
            default:
                throw new Exception();
        }
    }
}
```

ProductRecommender 使用 RecommenderFactorySelector 建立工廠。

```
public class ProductRecommender {
    private RecommenderFactorySelector recommenderFactorySelector =
      new RecommenderFactorySelector();

    public List<String> recommend(String category) throws Exception {
        IRecommenderFactory recommenderFactory =
          recommenderFactorySelector.createFactory(category);
        Recommender recommender =
          recommenderFactory.createRecommender(category);
        return recommender.recommend();
    }
}
```

如此改造後，甭管水星、火星，還是以後再有金星、木星，工廠類別都可以做到對擴充開放。如果產品經理來個「需求大爆炸」，那我就還他一個「工廠大爆炸」！

哈哈，好一個「工廠大爆炸」，倒是很形象地描述了工廠方法模式的特徵！最後我再考考你，如此改造帶來了什麼好處，又產生了什麼負面影響？

由於呼叫方依賴工廠介面，當需求觸及工廠的變化時，不用修改工廠，而是擴充工廠。這樣做符合開閉原則，工廠的職責也更單一。但同時引入 RecommenderFactorySelector 類別來選擇 RecommenderFactory，提高了程式的複雜度。

沒錯，你再想一想，RecommenderFactorySelector 不就是工廠的工廠嗎？

4.5　工廠的工廠？抽象要適度

對呀！我寫程式時就有這個疑問，為了避免「工廠的工廠」在命名上造成混淆，我特意用了 selector 尾碼來命名。

這版程式其實使用了兩種設計模式，簡單工廠模式＋工廠方法模式。

RecommenderFactorySelector 就是生產 RecommenderFactory 的簡單工廠，可以叫它「工廠的工廠」。聽起來有些奇怪，但其實符合現實世界中的場景，漢堡店的廚房也是由裝潢公司建造的嘛！裝潢公司就是廚房的工廠。當工廠需要擴充性時，出現「工廠的工廠」也沒什麼稀奇的。

如果「工廠的工廠」也需要擴充性，是不是可以有「工廠的工廠的工廠」？

你放心，一般不會這樣設計。還記得你曾說過「程式即文件」，如果寫出「工廠的工廠的工廠」這種程式，相信兩個月後，作者自己都讀不懂了。我們確實需要靈活地擁抱變化的程式，但要適度！

「適度」又是一個不可言說的基礎知識啊！

理論很重要，但還得實踐出真知，我們接下來看看工廠方法模式的適用場景。

4.6　工廠方法模式的適用場景

首先，我們來看工廠方法模式結構圖。

在這張工廠方法模式結構圖中，一個工廠只能建立一種產品，這也是一種常見的工廠方法模式結構。此外，還有例子中的參數化工廠，即一種工廠對應多種產品的結構。

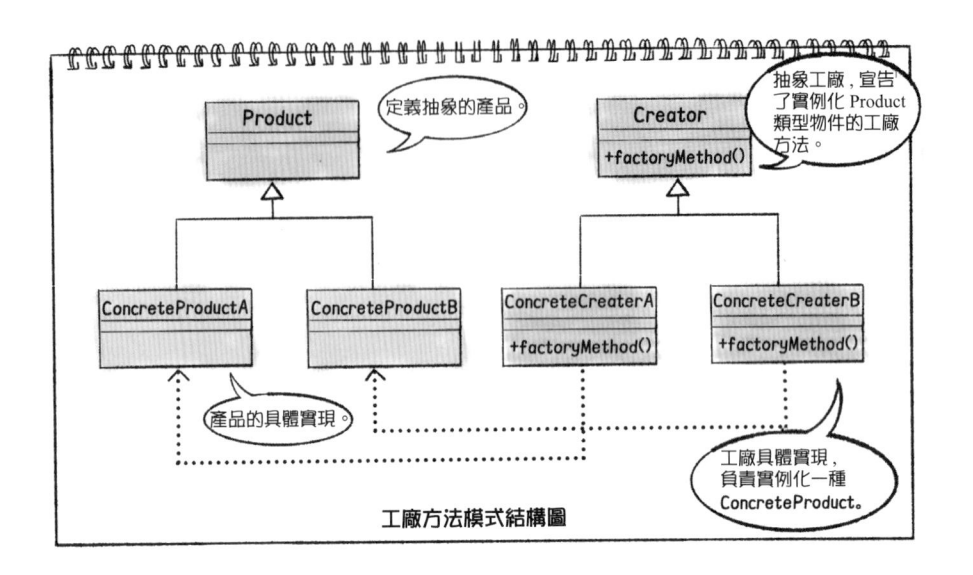

[工廠方法模式結構圖：Product 為抽象產品，ConcreteProductA 和 ConcreteProductB 為具體實現。Creator 為抽象工廠，宣告了實例化 Product 類型物件的工廠方法 +factoryMethod()。ConcreteCreaterA 和 ConcreteCreaterB 為工廠具體實現，負責實例化一種 ConcreteProduct。]

Creator 為抽象工廠類別，定義了 factoryMethod 用於建立 Product 類型物件。ConcreteCreator 類別繼承 Creator，是工廠具體實現。它負責實例化一種 ConcreteProduct。如果是參數化工廠方法模式，那麼 ConcreteCreator 也可以實例化多種 ConcreteProduct，比如例子中的推薦器工廠。

從工廠方法模式結構圖中不難發現，工廠方法模式具有以下優點。

（1）用戶端依賴抽象工廠（Creator），符合依賴倒置原則，替換工廠非常容易。

（2）工廠職責單一，易於擴充。

基於以上優點，工廠方法模式適用於以下場景。

（1）產品建立邏輯複雜，並且產品建立邏輯可能變化。使用工廠方法模式，可以將複雜的工廠拆分成多個相對簡單的工廠，降低工廠類別的複雜度，同時工廠具備擴充性。

（2）場景中存在兩個平行的類別層次。例如 Java 中的 Collection 和 Iterator，Collection 將迭代集合的職責交由 Iterator 實現，每個 Collection 的實現類別都對應一個 Iterator 的實現類別。Collection 中定義的 iterator 方法即為「factoryMethod」，負責建立並傳回一個 Iterator 物件。在這個場景中，Collection 為 Creator，Iterator 為 Product，這兩個繼承系統組成一對一平行的類別層次。

🐰 如果工廠類別邏輯複雜，並且需要擴充性，可以考慮使用工廠方法模式。

🐼 沒錯，哪裡是潛在的問題點，就針對哪裡做設計，工廠方法模式顯然對工廠這一層做了設計最佳化。「你真的需要如此靈活的工廠嗎」——這是判斷是否使用工廠方法模式的關鍵點。

設計模式初學者最容易犯的錯誤是不管看見什麼程式都想用設計模式改造。某段程式是否需要使用更複雜的設計，往往需要先了解業務背景，然後權衡成本和收益，才能舉出結論。

🐰 這就是你之前說的「不要因為手裡拿著錘子，就看什麼都是釘子」。

🐼 哈哈，哪怕確實是釘子，也得衡量把它鑿進去的成本和收益是否合理。

🐰 終於學完了工廠模式，可以去實踐了！

🐼 糾正一下，我們僅學完了工廠方法模式，還有抽象工廠模式要學習呢！

🐰 怎麼有這麼多工廠模式！？我的腦子已經不夠用啦！

最後再囉嗦幾句。不要一聽到工廠方法模式，就聯想到名為 factory 的類別，或類似以 create 命名的方法。在實際應用中，並不總是如此顯式地命名工廠類別和工廠方法。程式中只要存在 A 類別提供方法建立 B 類別物件，但 A 類別僅定義建立 B 類別物件的方法介面，而具體實現被推後到 A 類別的子類別中，這就是工廠方法模式。A 類別即為 Creator，B 類別即為 Product。

考慮一個文件下載工具，它支援將網頁顯示的內容下載為 Word 或 PDF 檔案。我們設計一個文件抽象類別 Document，WordDocument 和 PDFDocument 繼承自 Document 類別。DownloadTool 是負責下載工作的抽象類別，定義下載方法 download，傳回 Document 類型物件。DownloadTool 的子類別 WordDownloadTool 和 PDFDownloadTool 實現 download 方法，並傳回具體的 Document 子類別物件。

文件下載工具結構圖如下。對比工廠方法模式結構圖，可以發現二者的結構一模一樣，只是類別和方法命名上有變化。

DownloadTool 的子類別只需要關心自己的下載邏輯，並傳回自己負責下載的 Document 子類別。download 方法就是 factoryMethod，這是非常典型的工廠方法模式。然而，僅透過類別和方法的命名很難與工廠聯繫起來，工廠方法模式的本質是某個類別將建立某個物件的工作推後到其子類別中實現。

只有理解工廠方法模式的本質，才能靈活運用它，否則實踐起來也是照貓畫虎。使用工廠方法模式，並不需要在程式中充斥各種用 factory 命名的類別或方法，這樣做過於刻意。學習其他設計模式時也是如此，我們應該理解設計模式的結構及其建構目的，而非僅停留在字面上。

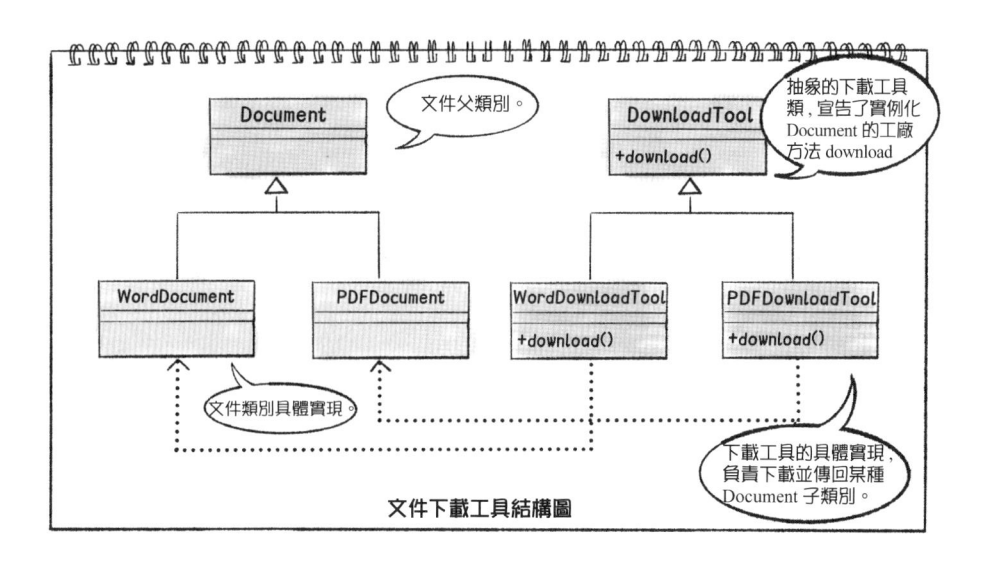

```
┌──────────────────────────────────────────────────────────┐
│                                                          │
│   ┌─────────────┐    文件父類別。    ┌─────────────┐     │
│   │  Document   │                    │ DownloadTool│     │
│   │             │                    │ +download() │     │
│   └─────────────┘                    └─────────────┘     │
│         △                                   △            │
│    ┌────┴────┐                         ┌────┴────┐       │
│ ┌──────────┐ ┌──────────┐  ┌────────────────┐ ┌────────────────┐│
│ │WordDocument│ │PDFDocument│ │WordDownloadTool│ │PDFDownloadTool ││
│ │           │ │           │ │ +download()    │ │ +download()    ││
│ └──────────┘ └──────────┘  └────────────────┘ └────────────────┘│
│      ↑            ↑                                      │
│   文件類別具體實現。                                      │
│                                                          │
│              文件下載工具結構圖                           │
└──────────────────────────────────────────────────────────┘
```

抽象的下載工具類，宣告了實例化 Document 的工廠方法 download。

下載工具的具體實現，負責下載並傳回某種 Document 子類別。

幸虧你提醒了我，否則明天我的程式中一定會出現各種 factory，又得通宵重構程式……

第 5 章

工廠品類要豐富 —— 抽象工廠模式

5.1 供應商不靠譜？直接換掉

熊小貓，一起去吃晚飯吧！回來給我講講抽象工廠模式。

好呀，今天簡單吃一點，去便利商店買點關東煮，晚上還得解決一個 Bug。

二人在便利商店買好晚餐，回到辦公室邊吃邊聊。

我感覺今天的關東煮比以前的好吃，更有嚼勁，也更鮮美！

是呀，確實改變挺大，可能便利商店更換了關東煮的供應商。

產品品質不好，被換掉是遲早的事，畢竟生產關東煮的廠商很多。

🐼 和軟體開發一樣，品質永遠是重中之重！你想過為什麼換掉供應商這麼容易嗎？

🐰 每家供應商的關東煮品類基本一樣，而且品種齊全。換一家供應商，依舊供應這些品類，無縫對接。

🐼 沒錯，比如關東煮中的魚肉丸、蒟蒻絲、雞肉串、豆腐包，任何一家供應商都能生產，所以便利商店換掉供應商的成本非常低。

🐰 當產生變化時，如果很容易應對，那麼其中大機率蘊含了某種設計模式。我猜這就是今天要講的抽象工廠模式吧？

🐼 是的！我們可以將關東煮供應商看作關東煮工廠，它可以生產各種品類的關東煮，而不侷限於某一品類。

在關東煮行業，有長期沉澱下來的關東煮品類表，不同的供應商都能生產這份品類表上的產品。無論便利商店對接哪家供應商，都能獲得全品類供應。當便利商店想訂購某種關東煮品類，就會打電話給某家供應商，換掉這家供應商很簡單，只需要打電話給另一家供應商。

🐰 換供應商，其實只需要換個電話號碼？

🐼 沒錯！便利商店手中的電話號碼可以被看作對供應商的「引用」。使用抽象工廠模式，僅需更換一家工廠，就能更換全系列產品，這就是抽象工廠模式的優勢。

👾 假如去四川賣關東煮，可以換一家麻辣口味的供應商！

🐼 除了增加一家新的供應商，便利商店不需要做出任何變化，這就叫作……

👾 對擴充開放，對修改關閉！這麼重要的原則，我早已爛熟於心。

🐼 理論說得頭頭是道，但還得看看程式寫的怎麼樣。

5.2　商品詳情頁的程式實現

🐼 我們還是用購物 App 做練習，假設購物 App 的商品詳情頁有兩個顯示元件，分別是商品圖片、商品介紹。你來寫段簡單的程式，展示商品詳情頁。

10 分鐘後，兔小白完成了第 1 版程式。

首先定義商品詳情頁中用到的元件，分為圖片類別和文字類。

圖片類如下。

```java
public class Image {
    private String address;

    public void display() {
        System.out.println("商品圖片：" + address);
    }

    public void setAddress(String address) {
        this.address = address;
    }
}
```

文字類如下。

```java
public class Text {
    private String content;

    public void display() {
        System.out.println("商品介紹：" + content);
    }

    public void setContent(String content) {
        this.content = content;
    }
}
```

下面是商品詳情頁 ProductDetailPage 類別。在建構函數中初始化 Image 和 Text 物件，display 方法負責顯示兩個元件的內容。

```
public class ProductDetailPage {
    private Image image;
    private Text introduction;

    public ProductDetailPage(String imageAddress,
                             String introductionContent) {
        image = new Image();
        image.setAddress(imageAddress);

        this.introduction = new Text();
        this.introduction.setContent(introductionContent);
    }

    public void display() {
        image.display();
        introduction.display();
    }
}
```

在用戶端程式中，建立 ProductDetailPage 物件，呼叫 display 方法顯示頁面內容。

```
ProductDetailPage productDetailPage =
            new ProductDetailPage("phone.jpg","這是一款跨時代的手機");
productDetailPage.display();
```

程式輸出如下。

```
商品圖片：phone.jpg
商品介紹：這是一款跨時代的手機
```

程式雖然簡單，但完整實現了需求，不過需求總會變化。

5.3 一鍵切換不同主題的元件

新的需求來了，頁面預設顯示的主題為白底黑字，在夜間看起來比較刺眼，為了提升使用者的夜間閱讀體驗，需要提供黑色背景的夜間主題。

這好辦，將 Image 和 Text 類別提升一層抽象，成為父類別，再分別撰寫兩種主題的具體實現。

增加一層抽象會帶來相應的靈活度，用戶端不再依賴組件的具體實現。趕緊去改吧！

20 分鐘後，兔小白完成了程式修改。

我把 Image 類別和 Text 類別抽象為父類別，增加主題 theme 屬性。

下面的程式以 Text 為例。

```java
public class Text {
    private String content;
    private String theme;

    public Text(String theme) {
        this.theme = theme;
    }

    public void setContent(String content) {
        this.content = content;
    }

    public void display() {
        System.out.println("主題" + theme + "顯示商品介紹：" + content);
    }
}
```

Image 和 Text 各有兩種子類別。仍以 Text 為例，建立 LightText 和 DarkText 兩個子類別，並重寫 Text 的無參建構方法，指定 theme，程式如下。

```
public class LightText extends Text {
    public LightText() {
        super("Light");
    }
}
```

```
public class DarkText extends Text {
    public DarkText() {
        super("Dark");
    }
}
```

使用夜間主題，需要在 ProductDetialPage 類別的建構方法中實例化夜間主題元件 DarkImage 和 DarkText。

```
public class ProductDetailPage {
    private Image image;
    private Text introduction;

    public ProductDetailPage(String imageAddress,
                             String introductionContent) {
        image = new DarkImage();
        image.setAddress(imageAddress);

        introduction = new DarkText();
        introduction.setContent(introductionContent);
    }

    public void display() {
        image.display();
        introduction.display();
```

```
    }
}
```

切換到日間主題，只需要修改下面兩行程式，換掉 Image 和 Text 實現。

```
image = new LightImage();
introduction = new LightText();
```

> 別說兩種主題，10 種主題都不在話下！

> 這版程式確實支援不同主題元件的擴充，但如果頁面有 10 種元件呢？商品詳情頁除了圖片、商品介紹，還有評價、優惠顯示、店鋪介紹等元件。現在我們實現的只是最簡單的商品詳情頁，未來需求變化的可能性非常大。

> 如果切換 10 種元件的主題，那麼 ProductDetialPage 類別的建構方法需要修改 10 行實例化元件的程式！這個成本太高了，而且一不小心還可能改錯。本來要使用夜間主題，一旦漏改某個元件，頁面中就會出現一片白色背景的區域。

> 所以說，還得在程式設計上再下點功夫。今天我們學的是抽象工廠模式，可以嘗試使用工廠類別，將實例化 Image 和 Text 的工作交給工廠去做！想一想關東煮的例子，所有品類的關東煮都來自同一家供應商，換一家供應商就可以獲得同品類但口味不同的關東煮。

> 可以把 Image 類別、Text 類別看成兩種品類的關東煮──Image 丸子和 Text 肉串。現在程式中還缺兩家關東煮的供應商，一家是黑暗系關東煮供應商，另一家是光明系關東煮供應商。稍等，馬上改好！

> 哈哈！你這個類比雖然誇張，但還挺恰當！

10 分鐘後，兔小白完成了程式修改。

你說過關東煮行業有一份沉澱下來的品類清單,每家工廠都會生產清單上的產品,這其實就是工廠的介面,介面定義了工廠的標準。

```java
public interface IFactory {
    Text createText();
    Image createImage();
}
```

所有符合該標準的工廠都需要有生產 Text 和 Image 物件的能力。

DarkThemeFactory 負責生產夜間主題元件。

```java
public class DarkThemeFactory implements IFactory {
    public Text createText() {
        return new DarkText();
    }
    public Image createImage() {
        return new DarkImage();
    }
}
```

LightThemeFactory 負責生產日間主題元件。

```java
public class LightThemeFactory implements IFactory {
    public Text createText() {
        return new LightText();
    }
    public Image createImage() {
        return new LightImage();
    }
}
```

這兩個工廠類別就如同兩家關東煮供應商,一家普通口味,一家麻辣口味!

將 ProductDetialPage 類別中用到的 Text 和 Image 物件改為從工廠獲取。

```java
public class ProductDetailPage {
    private Image image;
    private Text introduction;

    public ProductDetailPage(String imageAddress,
                             String introductionContent) {
        IFactory widgetFactory = new LightThemeFactory();

        image = widgetFactory.createImage();
        image.setAddress(imageAddress);

        introduction = widgetFactory.createText();
        introduction.setContent(introductionContent);
    }
    public void display() {
        image.display();
        introduction.display();
    }
}
```

想換為日間主題？太簡單了！只需要修改一行程式，改為使用日間主題元件工廠，所有元件的主題就會被修改為日間主題。

```java
IFactory widgetFactory = new LightThemeFactory();
```

剛才你給我出的難題，沒想到用一行程式就搞定啦！

不是我給你出難題，現實就是這樣，唯一不變的就是變化。想要在面對變化時泰然自若，良好的程式設計必不可少。

這次改造完的程式，已經用上了抽象工廠模式！我們來看這版程式的結構圖。

[商品詳情頁程式結構圖]

> 在這版程式中，你對工廠、工廠的產品都做了抽象，因此，用戶端 ProductDetialPage 類別擺脫了對具體主題元件和具體工廠的依賴。

5.4　抽象工廠模式的適用場景

> 我們繼續看抽象工廠模式結構圖。

```
┌─────────────────────────────────────────────────────────┐
│   ┌──────────────┐         ┌──────────┐                 │
│   │AbstractProductA│◄────────│  Client  │                 │
│   └──────────────┘         └──────────┘                 │
│          △                       │                      │
│      ┌───┴───┐                   │   ┌──────────────┐  │
│   ┌──────┐ ┌──────┐              └──►│AbstractFactory│  │
│   │ProductA2│ │ProductA1│                │+createProductA()│
│   └──────┘ └──────┘                  │+createProductB()│
│                                      └──────────────┘  │
│                                             △          │
│   ┌──────────────┐                    ┌─────┴─────┐    │
│   │AbstractProductB│◄──────┐        ┌──────────┐ ┌──────────┐│
│   └──────────────┘        │        │ConcreteFactory1│ │ConcreteFactory2││
│          △                │        │+createProductA()│ │+createProductA()││
│      ┌───┴───┐            │        │+createProductB()│ │+createProductB()││
│   ┌──────┐ ┌──────┐       │        └──────────┘ └──────────┘│
│   │ProductB2│ │ProductB1│   │                              │
│   └──────┘ └──────┘       │                              │
│                                                         │
│              抽象工廠模式結構圖                              │
└─────────────────────────────────────────────────────────┘
```

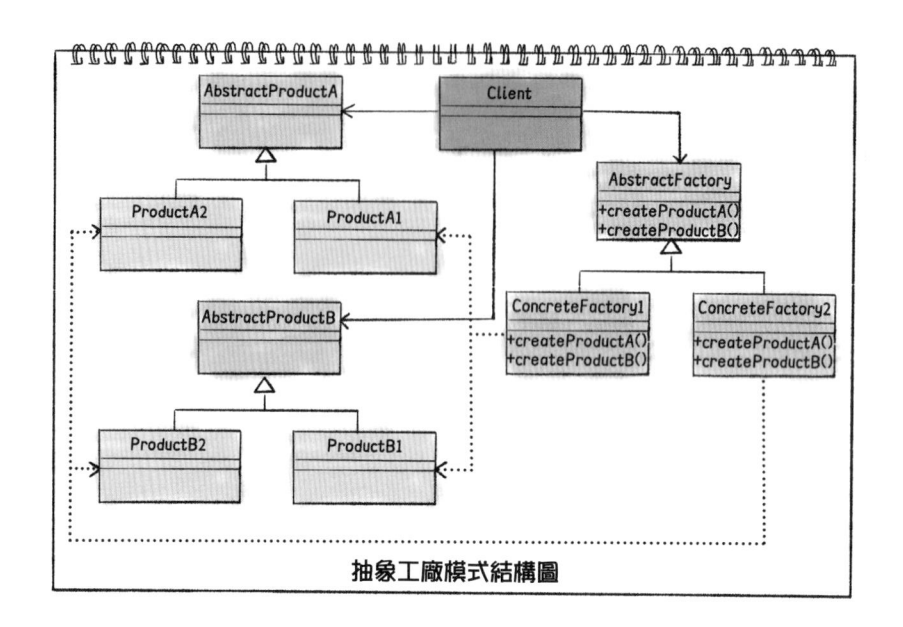

可以看到，抽象工廠模式結構圖和最後這版程式的結構圖幾乎一模一樣。用戶端對工廠及其產品都實現了依賴倒置。

AbstractProduct 定義一類產品的介面，Product 是產品的具體實現，AbstractFactory 宣告建立抽象產品的介面。ConcreteFactory 建立同一主題、不同抽象類別型的產品。

使用抽象工廠模式可以帶來以下好處。

（1）方便切換產品主題。這是抽象工廠模式最顯著的優勢。用戶端僅需修改一行建立工廠的程式，即可將所有涉及的元件切換為另一種主題。

（2）保證產品使用的一致性。抽象工廠模式對產品的使用進行約束，用戶端用到的元件全部出自同一工廠，肯定是同一主題，這樣在切換元件主題時就不會出現漏網之魚。

抽象工廠模式算得上完美的模式！

其實談不上完美。你想一想，如果需要增加新的元件，比如商品評價元件，那麼每個工廠實現都需要增加商品評價元件。如果程式中存在 10 種主題，那麼會有對應的 10 個工廠實現類別，這表示需要修改全部 10 個工廠實現類別！

哇！這可是個災難！

產品有兩個維度的分類，一個是產品的品類，另一個是產品的主題，這是兩個橫縱交叉的維度。抽象工廠模式支援對產品主題的擴充，但是不能解決新增產品品類的問題，甚至還會造成大量工廠類別的修改。

每種設計模式只能解決特定的問題，所以說沒有完美的設計模式，只有最適合當前場景的設計模式。

當產品分為不同主題，程式想要獲得主題的擴充性以及切換主題的靈活性時，就適合使用抽象工廠模式。

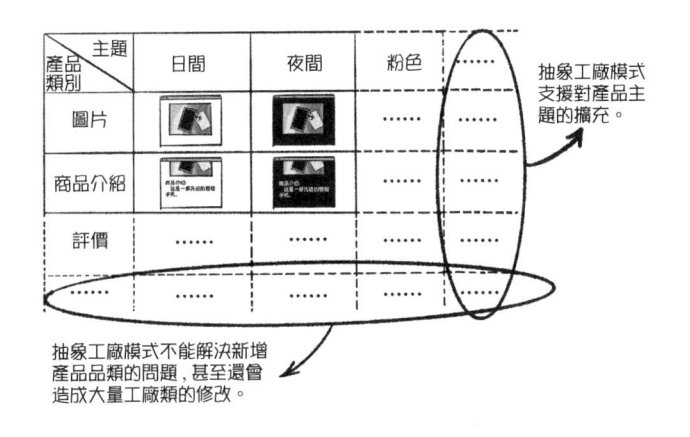

產品類別＼主題	日間	夜間	粉色	......
圖片			......	......
商品介紹			......	......
評價			......	......
......	......	......	......	......

抽象工廠模式支援對產品主題的擴充。

抽象工廠模式不能解決新增產品品類的問題，甚至還會造成大量工廠類的修改。

今天終於把工廠模式全部學完了！簡單工廠、工廠方法、抽象工廠，說實話，我現在有點暈。

5.5　簡單工廠、工廠方法、抽象工廠模式的比較

為了幫助你理解記憶。下面以傢俱廠為例，從模式實現、適用場景的角度來比較這 3 種工廠模式。

3 種工廠模式的實現分別如下。

1. 簡單工廠模式

簡單工廠模式只對某一類產品做介面抽象，並沒有對工廠做介面抽象。工廠根據參數來建立同一類產品的不同實現（實現同一介面的產品）。

例如生產椅子的傢俱廠，可以生產電腦椅、餐椅、搖椅等椅子類產品，但是它只能生產椅子類產品。

2. 工廠方法模式

工廠方法模式對產品和工廠都進行了介面抽象。抽象工廠定義生產方法，多個工廠實現生產方法。一家工廠既可以生產部分產品，也可以只生產一種產品。

舉例來說，定義椅子傢俱廠的標準為只生產椅子。有 3 家符合該定義的傢俱廠：一家生產電腦椅，一家生產餐椅，一家生產搖椅。傢俱廠的職責更單一，專業性更強。

3. 抽象工廠模式

抽象工廠模式對幾類產品分別進行介面抽象。在抽象工廠中定義了每個品類產品的生產行為。

傢俱廠被定義為全能傢俱廠，可以生產椅子、桌子、櫃子等多品類傢俱，但是每家全能傢俱廠生產的傢俱風格一致。舉例來說，有兩家全能傢俱廠：一

家為中式傢俱廠，生產中式椅子、桌子、櫃子；另一家為歐式傢俱廠，生產歐式椅子、桌子、櫃子。

> 簡單工廠模式中的工廠負責生產所有同類產品。工廠方法模式中的工廠，職責更單一，僅負責生產同類部分產品，幾家工廠加在一起才能生產所有同類的產品。抽象工廠模式中的工廠，負責一個主題下全品類產品的生產。
>
> 怕你記不住，我編了一個順口溜。

簡單工廠，同類全套一家全。

工廠方法，職責精專不慌亂。

抽象工廠，風格一致多類產。

下面這張圖直觀地表現出了 3 種模式的差異。

> 學習 3 天，被你濃縮成了 3 句話。

> 功不唐捐！沒有這幾晚的努力，你也聽不懂這 3 句話呀！

3 種工廠模式的適用場景如下。

1. 簡單工廠模式

簡單工廠模式的優點就是簡單！但它也符合開閉原則、單一職責原則、依賴倒置原則。如果是解決簡單的建立同類型物件的問題，可以優先考慮簡單工廠模式。其缺點是工廠職責不夠單一，並且沒有抽象工廠介面，導致工廠難以擴充。

2. 工廠方法模式

工廠方法模式的優點是將工廠的職責進一步單一化。當引入新的產品時，對已有工廠的影響很小，甚至沒有影響。工廠方法模式適用的場景如下。

（1）建立產品物件的邏輯比較複雜，使用簡單工廠模式會導致工廠類別過於複雜。可以考慮使用工廠方法模式，讓多家工廠來分擔建立產品的工作，每家工廠的職責更單一。

（2）場景中存在兩個平行的類別層次。當一個類別將自己的部分職責分離出來，委託給另一個類別時，將產生兩個平行的類別層次。兩個繼承系統中的類別一一對應，其中一方負責建立另一方物件。

工廠方法模式的不足之處是產品的增加會造成工廠類別的平行增長。

3. 抽象工廠模式

抽象工廠模式的最大優點是同一主題產品的批次更換非常方便。抽象工廠模式可以保證更換主題後的產品仍具有一致性，不會出現漏換、風格不統一，甚至相關物件無法使用的問題。

如果同類產品存在不同的主題（舉例來說，不同的風格、系列、平臺），並且在同一主題下有多種產品，那麼這正是抽象工廠模式的用武之地。

抽象工廠模式的缺點是在增加產品時，需要對每個工廠都進行修改。

　　本來想今天早點結束學習，沒想到學習量這麼大！我回去再好好消化一下。

　　時間不早了，我也該休息了。後面要學的設計模式還很多，我們掌握節奏，明天再繼續！

第 6 章

組裝電腦的學問 —— 生成器模式

6.1 職級制度的利與弊

昨天晚上，我的大學同學和我抱怨，說他的領導只會動嘴，還經常把他做出的成績拿去和老闆邀功。可見職場險惡啊……

類似你同學的這種事情的確存在，但有時也得具體分析。有時看似領導沒做什麼，只是動動嘴，但他的每句話可能都是工作得以成功的關鍵。大型公司都有職級制度，公司對工作進行分層歸類，為不同的職級賦予不同的職責。老闆指揮大方向，只要結果；總監指導普通員工按正確的方式完成任務；普通員工專注於具體的工作。老闆和普通員工之間隔著總監，所以總監確實有拿下屬成績邀功請賞的機會。

6-1

職級制度讓跨職級的工作不透明，從而滋生了這種不道德的職場行為。

凡事都有兩面性，並不是所有工作都需要透明。你還記得迪米特法則，它同樣適用於現實世界。整體來看，分層協作工作是非常好的工作模式。職級分層讓每層職級的責任明確，還能發揮員工的特長，工作效率更高。因此，職級制度被廣泛採用。

這麼好的工作方式也免不了被設計模式參考吧？

沒錯！軟體中的各種元件同樣是相互配合「幹活」的，今天講的設計模式裡就有「總監」和「工人」，它被叫作生成器模式，也稱建造者模式。

軟體裡也有如此森嚴的等級結構嗎？

關於軟體設計，被提到最多的就是低耦合、高內聚，分層是達到這個目標的重要手段之一。總監需要熟悉工作的整體流程，而工人只需要熟悉具體的技術。不同職級的關注點完全不同。

舉例來說，在裝潢公司中，負責施工的工長相當於總監，他需要熟悉整套裝潢流程，對水電改造、刷牆、鋪磚、吊頂等工作的前後關係瞭若指掌；而工人只需要做好每項具體工作。裝潢開始時，工長先安排好施工順序，工人再按順序一項項施工，最終將精裝修房屋交付給客戶。

從軟體開發的角度來看，精裝修房屋可以看作裝潢公司的產品，抽象為產品類。總監負責整體施工流程的控制邏輯，工人負責每項具體工作，可以分別抽象為⋯⋯

等等！軟體和真實世界還是存在區別的。類別有建構方法，產品物件的建立邏輯可以放到類別的建構方法中，是不是並不需要總監類別和工人類別？

這個問題很好！在程式中，類別有建構方法，確實可以將建立邏輯寫在類別的建構方法中，但這樣做其實違背了單一職責原則。當然，單一職責原則並不絕對。如果建立邏輯很簡單，那麼使用建構方法來建立物件並無不妥；如果物件的建立邏輯比較複雜，並且需要擴充性，那麼應該將建立邏輯剝離出來。產品類的核心職責是提供自己的功能，複雜的建立邏輯可以交給其他類別來承擔。

有道理。雖然類別有建構方法，但並不代表要將建立的相關邏輯都放在建構方法中，需要有所變通！

建立型設計模式就是為了解決物件的建立問題。我們回到這個例子中，現在由總監類別和工人類別協作建立精裝修房屋。總監類別只需要熟悉裝潢流程和每個步驟之間的依賴關係，並不需要了解每項工作的細節；而工人類別需要專注於每項工作的具體實現。你能說說這樣做有什麼好處嗎？

首先，將建立精裝修房屋的複雜工作從精裝修房屋類別中被剝離出來，精裝修房屋類別的職責變得更單一。其次，總監類別和工人類別有明確的分工，工作細節變化只會影響到工人類別，工作流程變化只會影響到總監類別。

確實是這樣，職責分層大大降低了需求變化帶來的影響，提升了程式的可重複使用性。我們把電腦開啟，寫程式來練習一下！

6.2　只有組裝工人的電腦公司

我曾經在大學假期去電腦城打工組裝電腦，沒想到這段經歷今天派上用場了！我們的練習就是用程式來模擬電腦公司組裝電腦。

現在大多數人會直接購買整機，很少有人組裝電腦了。

🐼 這是因為自己組裝電腦太麻煩了，而且電腦價格便宜，買整機省事多了！

🐰 組裝電腦有那麼麻煩嗎？

🐼 組裝電腦有一定的技術門檻，裡面的學問可真不少呢！比如，各個元件之間是否相容，不同元件的安裝順序，等等。工人必須嚴格按照規定的元件搭配和順序進行組裝。

我們先從簡單的練習開始。假設某家電腦公司的業務是組裝個人電腦，電腦主機的組裝順序是主機殼、主機板、記憶體、CPU、硬碟。你先分析下這家公司需要哪些員工、應該如何組裝電腦，再用程式實現電腦公司組裝個人電腦的需求。

🐰 這麼簡單的工作，我覺得這家電腦公司有一個組裝工人就足夠了。

🐼 沒關係，你先用最簡單的方式來實現，再一步步最佳化。

5 分鐘後，兔小白完成了第一版程式。

🐰 首先定義電腦類別 Computer，包含必要的組成元件。

showConfiguration 方法用來列印電腦配置。

```java
public class Computer {
    private String CPU;
    private String memory;
    private String hardDisk;
    private String motherboard;
    private String chassis;

    public void setChassis(String chassis) {
        this.chassis = chassis;
    }
```

```
    public void setMotherboard(String motherboard) {
        this.motherboard = motherboard;
    }

    public void setHardDisk(String hardDisk) {
        this.hardDisk = hardDisk;
    }

    public void setMemory(String memory) {
        this.memory = memory;
    }

    public void setCPU(String CPU) {
        this.CPU = CPU;
    }

    public void showConfiguration() {
        System.out.println("主機殼:" + chassis);
        System.out.println("主機板:" + motherboard);
        System.out.println("CPU:" + CPU);
        System.out.println("記憶體:" + memory);
        System.out.println("硬碟:" + hardDisk);
    }
}
```

PCAssembler 類別是負責組裝電腦的工人。將組裝電腦的行為按元件抽象為幾個私有方法，assembleComputer 是唯一對外暴露的公有方法，在該方法中按照正確順序依次呼叫各元件的組裝方法完成電腦組裝。

```
public class PCAssembler {
    private Computer computer = new Computer();

    private void assembleCPU() {
        computer.setCPU("個人電腦CPU");
    }

    private void assembleMemory() {
```

```
            computer.setMemory("個人電腦記憶體");
        }

        private void assembleHardDisk() {
            computer.setHardDisk("個人電腦硬碟");
        }

        private void assembleMotherboard() {
            computer.setMotherboard("個人電腦主機板");
        }

        private void assembleChassis() {
            computer.setChassis("個人電腦主機殼");
        }
        public Computer assembleComputer(){
            assembleChassis();
            assembleMotherboard();
            assembleCPU();
            assembleMemory();
            assembleHardDisk();
            return computer;
        }
    }
```

在用戶端程式中，使用 PCAssembler 組裝 Computer 物件，然後輸出 Computer 配置。

```
PCAssembler pcAssembler = new PCAssembler();
Computer computer = pcAssembler.assembleComputer();
computer.showConfiguration();
```

程式輸出如下。

```
主機殼：個人電腦主機殼
主機板：個人電腦主機板
CPU：個人電腦CPU
記憶體：個人電腦記憶體
```

硬碟：個人電腦硬碟

我先說說這版程式的優點吧！將組裝電腦的細節以私有方法的方式隱藏起來，對外只暴露組裝整機的 assembleComputer 方法，這樣做符合迪米特法則，非常好！缺點我暫且不說，用新需求試試便知！

這家電腦公司發展得不錯，不久之後拓展了新業務——組裝伺服器。伺服器使用的元件為伺服器專用，還是主機殼、主機板、CPU、記憶體、硬碟這幾個主要元件，組裝順序也沒有變化。你看看如何實現？

這還不簡單，我再為公司雇傭一位組裝伺服器的工人。首先複製 PCAssembler 類別，改名為 ServerAssembler；然後修改每個元件的組裝方法，讓其使用伺服器元件進行組裝。這樣相當於重複使用了組裝個人電腦的程式。

```
public class ServerAssembler {
    private Computer computer = new Computer();

    private void assembleCPU() {
        computer.setCPU("伺服器 CPU");
    }
    private void assembleMemory() {
        computer.setMemory("伺服器記憶體");
    }
    private void assembleHardDisk() {
        computer.setHardDisk("伺服器硬碟");
    }
    private void assembleMotherboard() {
        computer.setMotherboard("伺服器主機板");
    }
    private void assembleChassis() {
        computer.setChassis("伺服器主機殼");
    }
    public Computer assembleComputer() {
```

```
        assembleChassis();
        assembleMotherboard();
        assembleCPU();
        assembleMemory();
        assembleHardDisk();
        return computer;
    }
}
```

可這是「複製」，不是「重複使用」呀！重複使用指的是重複使用物件，而非複製物件的程式，複製程式相當於重新撰寫了一個類似功能的元件。對比 PCAssembler 和 ServerAssembler，二者的 assembleComputer 方法程式完全一樣。重複程式帶來的問題是，當重複程式邏輯發生變化時，每處重複程式都要被修改。重複程式是一種程式壞味道，一是擴大了變更的影響範圍，二是容易出現修改遺漏。這樣做完全和開閉原則背道而馳！

我的基礎知識掌握得還是不牢固，讓我再想想……

6.3　聘用了總監的電腦公司

有了！增加 Assembler 父類別，將重複程式所在的 assembleComputer 方法交給父類別來實現。這樣兩個 Assembler 子類別就不用寫重複程式了，透過繼承便可獲得 assembleComputer 的能力。

這的確是一個辦法，但在組裝電腦這件事上並不是一個好方案。原因在於，不同型號電腦的組裝順序可能不一樣。如果某款新型個人電腦需要最後組裝主機殼，那麼它對應的 PCAssembler 類別就需要重寫父類別的非抽象方法 assembleComputer，這樣做違背了里氏替換原則。

我們再來想一想組裝電腦的過程。組裝電腦的工作可以被抽象為兩層。細節層面的工作是組裝具體元件，高層工作是按一定順序將元件組裝為電腦。透過剛才的討論可以看到，這兩層工作都存在獨立發生變化的可能性。因此，比較好的做法是將這兩層工作解耦，交給不同的類別去實現。

我知道了，電腦公司還缺一位總監。總監負責組裝電腦的流程，工人負責組裝每個元件。如果組裝流程變化，那麼公司可以雇傭新總監；如果組裝元件的工作變化，那麼公司可以應徵新工人。這樣就能靈活應對各種變化啦！

在現實世界中，聘用這麼多名員工，成本會很高。在軟體世界中，不需要給員工發薪水，就能免費獲得更專業的「員工」，何樂而不為呢？快去修改吧！

10 分鐘後，兔小白改好了最終版程式。

首先抽象出 Assembler 介面，定義組裝電腦各個元件的方法。按流程組裝電腦的 assembleComputer 方法被移到 Director 類別中。Assembler 提供 getComputer 方法，用於傳回組裝好的 Computer 物件。

```java
public interface Assembler {
    void assembleCPU();
    void assembleMemory();
    void assembleHardDisk();
    void assembleMotherboard();
    void assembleChassis();
    Computer getComputer();
}
```

PCAssembler 類別和 ServerAssembler 類別分別實現個人電腦和伺服器的組裝。

```java
public class PCAssembler implements Assembler {
    private Computer computer = new Computer();

    public void assembleCPU() {
        computer.setCPU("個人電腦 CPU");
    }

    public void assembleMemory() {
        computer.setMemory("個人電腦記憶體");
    }

    public void assembleHardDisk() {
        computer.setHardDisk("個人電腦硬碟");
    }

    public void assembleMotherboard() {
        computer.setMotherboard("個人電腦主機板");
    }

    public void assembleChassis() {
        computer.setChassis("個人電腦主機殼");
    }

    public Computer getComputer() {
        return computer;
    }
}
```

```java
public class ServerAssembler implements Assembler {
    private Computer computer = new Computer();

    public void assembleCPU() {
        computer.setCPU("伺服器 CPU");
    }

    public void assembleMemory() {
        computer.setMemory("伺服器記憶體 ");
    }

    public void assembleHardDisk() {
        computer.setHardDisk("伺服器硬碟 ");
    }

    public void assembleMotherboard() {
        computer.setMotherboard("伺服器主機板 ");
    }

    public void assembleChassis() {
        computer.setChassis("伺服器主機殼 ");
    }

    public Computer getComputer() {
        return computer;
    }
}
```

將各個元件的組裝方法由私有改為公有。這是因為 Director 類別需要呼叫 Assembler 類別中每個元件的組裝方法，按照自己設定的步驟組裝整機。

```java
public class Director {
    private Assembler assembler;

    public Director(Assembler assembler){
        this.assembler = assembler;
    }

    public void assembleComputer(){
        assembler.assembleChassis();
```

```
        assembler.assembleMotherboard();
        assembler.assembleCPU();
        assembler.assembleMemory();
        assembler.assembleHardDisk();
    }
}
```

用戶端只需要在初始化 Director 物件時為它分配一個 Assembler 物件，就可以裝配出對應的 Computer。如果想要組裝不同的 Computer 物件，只需要切換 Assembler 實現物件。

```
Assembler assembler = new PCAssembler();
Director director = new Director(assembler);
director.assembleComputer();
Computer computer = assembler.getComputer();
computer.showConfiguration();
```

這版程式的結構圖如下。

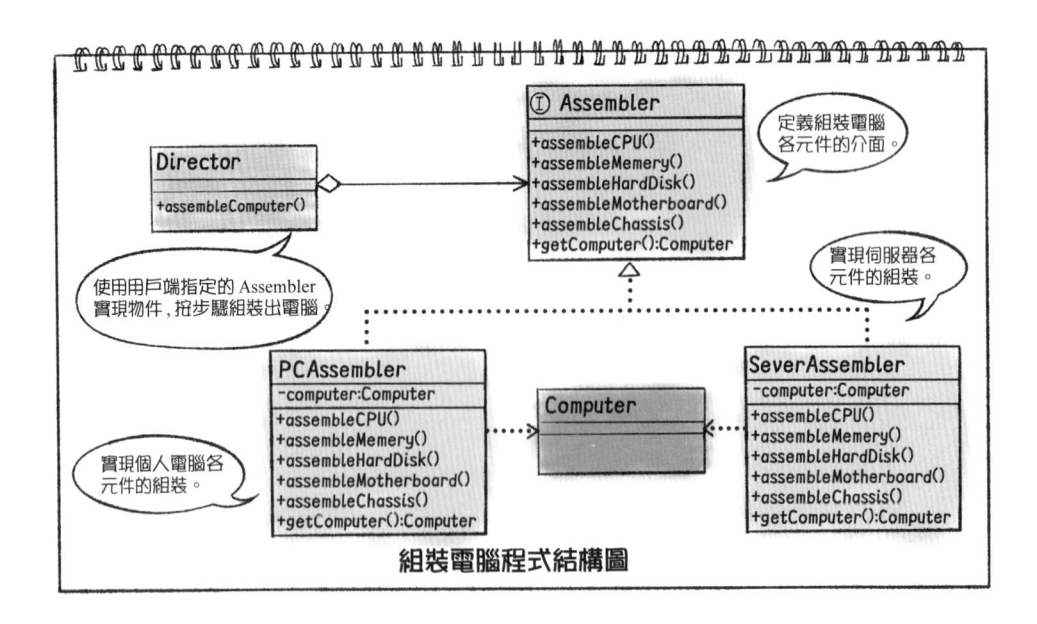

組裝電腦程式結構圖

🐰 總監的工作太舒服了,「一招鮮,吃遍天」!只要組裝流程沒有調整,給我分配什麼工人,我就給你組裝出什麼電腦!看似總監在組裝電腦,其實具體工作全部是工人在做。

🐼 總監其實是憑經驗吃飯的。如果隨著電腦技術的發展,總監掌握的組裝流程過時了,公司就要換總監啦!

🐰 軟體世界也有「中年危機」呀!

🐼 軟體世界更是如此。開閉原則決定了對修改關閉,總監類別不能透過修改獲取新功能,只能眼睜睜地看著新的總監類別被擴充進來。

6.4　生成器模式的適用場景

🐼 最後這版程式已經和生成器模式基本一致。我們先來看看生成器模式結構圖。

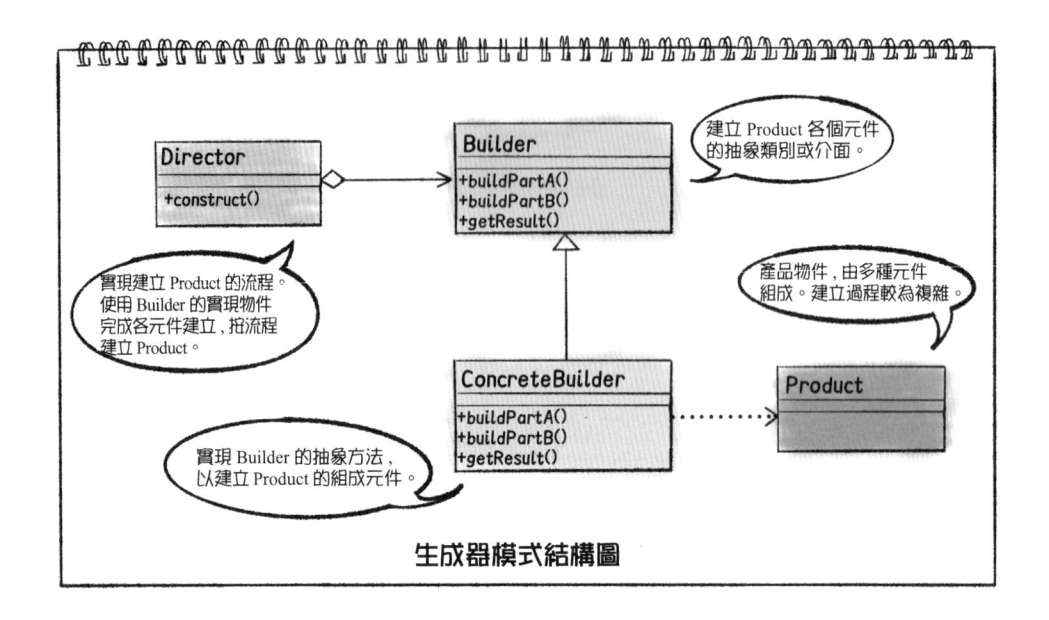

[生成器模式結構圖]

> 生成器模式將 Product 的建立邏輯分成兩個層次。Director 類別負責高層次的建立流程控制，它使用 Builder 子類別物件按照自己定義的流程建立 Product；Builder 繼承系統負責建立較低層次的具體元件，它建立了組成 Product 的每個元件。

在生成器模式中，永遠不會發生你的同學和他領導的故事，因為建立好的 Product 物件只能透過 Builder 的 getResult 方法獲取。比如，在例子中，只有 PCAssembler 持有 Computer 物件的引用，用戶端只能透過 PCAssembler 獲得組裝好的 Computer 物件，並不能透過 Director 獲得，因此不存在總監拿工人的勞動成果向老闆邀功請賞的可能。

生成器模式適用於建立建構過程複雜的物件，其適用場景有以下特點。

（1）產品物件的建立過程可以被分解為若干個固定步驟。生成器模式將步驟固化在 Director 中。

（2）建立不同子類型產品的各元件細節有著不同實現。生成器模式透過增加 Assembler 子類別，可以輕鬆實現擴充。

（3）建立不同子類型產品的流程可能存在不同實現。生成器模式可以透過增加 Director 來實現不同的建立流程。

> 在生成器模式中，建立物件的工作被抽象為兩層。分層的思想在軟體設計中十分常見，分層設計將每層的關注點分離，每層職責單一，可以獨立發展，具有更好的靈活性和重複使用性。

> 生成器模式和工廠模式同屬於建立型設計模式。相比於工廠模式，建立過程複雜的物件更適合使用生成器模式。但如果只是建立過程複雜，我認為並非必須使用生成器模式。

> 如果物件的建立過程已經複雜到需要分離細節和流程，還沒必要使用生成器模式嗎？

> 你還記得更複雜的設計是為了什麼嗎？

> 為了變化！

> 沒錯，參考適用場景中的第 3 點。如果建立流程變化的可能性很小，那麼就沒必要使用生成器模式。像你之前說的，建立流程可以交給 Builder 的父類別來實現，並不需要 Director 類別。組裝電腦的工作既存在細節變化的可能性，又存在流程變化的可能性，因此很適合使用生成器模式。

> 設計模式的運用要緊密結合業務實際需求才行，否則付出了成本，卻很難取得收益。千萬別像我在電子商務促銷活動期間一時衝動，買了一把有 28 種功能的瑞士刀，一年到頭卻只用到一兩個功能。

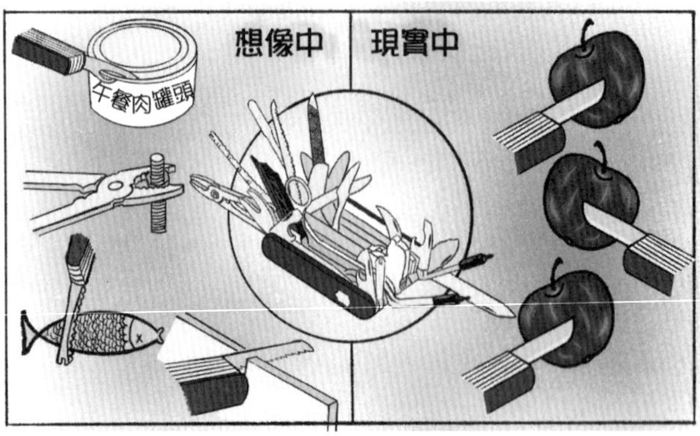
想像中
現實中
午餐肉罐頭

第 7 章
還記得複製羊桃莉嗎？── 原型模式

7.1 像複製綿羊一樣寫程式

🐰 熊小貓，你的程式設計技術這麼好，大學一定學的是電腦專業吧？

🐼 你猜的沒錯，我的大學專業是電腦科學與技術。不過，當年我差點選擇生物工程專業，你還記得世界上第一隻被成功複製的羊「桃莉」嗎？自從這個標識性的事件發生後，生物技術的熱度被帶到了頂峰。不過，我最終還是結合自己的興趣選擇了電腦專業。

🐰 複製羊桃莉？我有印象，後來還出現了複製鼠、複製豬、複製猴等複製動物。

🐼 複製是指透過對生物體細胞的無性繁殖，形成基因完全相同的生命體。基因可以看作生命的資訊，這些資訊可以像複印紙張一樣被複製，得到完

全一樣的生命體。更神奇的是，細胞自己就能完成複製，這在當時可是「爆炸性」的生物技術。

🐜　　生命好神奇，要是所有的東西都能被複製該多好！

🐼　　在現實中很難實現複製所有東西，不過在程式裡可以實現！程式可以透過複製來建立物件，這有點像在電腦中複製檔案。

🐜　　我在做一些文件類別的工作時，會先複製一份類似的文件，然後進行修改，這樣不但效率高，還不容易出錯。

🐼　　電腦檔案是儲存在硬碟中的一串二進位資訊，物件的本質也是儲存在記憶體中的二進位資訊。複製物件其實就是複製物件的二進位資訊，和複製檔案沒有太大的區別。

複製、貼上——日常工作中的常用方法，在設計模式中自然也有一席之地。程式參照原型物件，透過複製建立新物件，這就是原型模式。不難看出，原型模式也是建立型設計模式。在原型模式中，物件的建立過程有以下兩個特點。

（1）透過複製的方式建立物件，而非透過建構方法或其他與建構相關的方法。

（2）物件自己對自己完成複製，而非透過工廠或其他建立類別。

🐜　　物件的複製很像細胞的自我複製。不過我有一個問題，在工廠模式中，建立物件的職責交給了工廠類別。但在原型模式中，建立物件的職責又還給了產品類。這和之前講的職責分離是否矛盾呢？

🐼　　真實世界中的大多數生物自身並不具備複製能力，但是生物細胞有分裂和複製的能力。科學家正是利用細胞的複製能力來完成生物複製的，所以在程式中，讓物件自身擁有複製能力也是有事實依據的。

物件的複製不同於使用建構函數建立物件。使用建構函數建立物件，不同類型物件的建立過程各不相同；而複製只是對物件自身二進位資訊的複製，與物件類型無關。複製是任何類型的物件都具備的基礎能力。在 Java 語言中，複製方法被定義在頂級類別 Object 中，Java 中所有的類別都繼承自 Object，因此 Java 中的所有物件都可以進行複製操作。

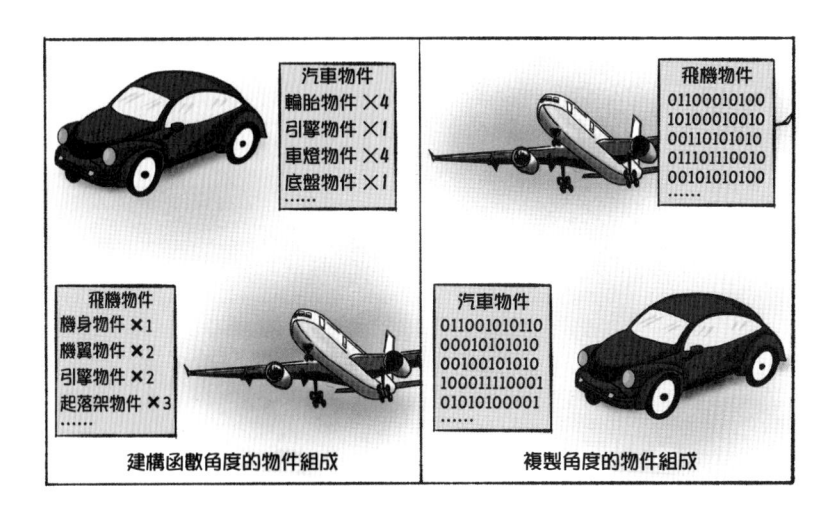

汽車物件 輪胎物件×4 引擎物件×1 車燈物件×4 底盤物件×1 ……	飛機物件 01100010100 10100010010 00110101010 01110110010 00101010100 ……
飛機物件 機身物件×1 機翼物件×2 引擎物件×2 起落架物件×3 ……	汽車物件 011001010110 00010101010 00100101010 100011110001 01010100001 ……
建構函數角度的物件組成	複製角度的物件組成

既然已經說到了程式，我們還是動手寫程式吧！聽得再多，不如上手實踐。

7.2 按部就班，一張一張建立節目單

我們用一個簡單的例子來理解原型模式。每逢過年，公司會組織年會，年會的節目豐富多彩，組委會會製作節目單放在每張桌子上。我們的練習就是製作節目單，請在程式中實現一個節目單類別，可以設置桌號、節目名稱，並列印節目列表。

5 分鐘後，兔小白完成了程式。

這個需求很簡單，節目單類別只有兩個屬性，一個是桌號，另一個是節目列表。show 方法用來展示節目單的內容。

```
public class ProgramCard {
    private int tableNumber;
    private List <String> programs = new ArrayList<>();

    public ProgramCard(int tableNumber) {
        this.tableNumber = tableNumber;
    }

    public void addProgram(String program) {
        programs.add(program);
    }

    public void setTableNumber(int tableNumber) {
        this.tableNumber = tableNumber;
    }

    public void show() {
        System.out.println("第" + tableNumber + "桌");
        for (int i = 0; i < programs.size(); i++) {
            System.out.println(programs.get(i));
        }
    }
}
```

下面是用戶端程式，首先建立節目單物件，增加節目項，然後進行展示。

```
ProgramCard programCard = new ProgramCard(1);
programCard.addProgram("歌曲《海闊天空》");
programCard.addProgram("遊戲《幸運大轉盤》");
programCard.addProgram("小品《不差錢》");
programCard.show();
```

程式輸出如下。

第1桌
歌曲《海闊天空》
遊戲《幸運大轉盤》
小品《不差錢》

🐼 程式符合我的需求，我們繼續。現在，我需要兩張節目單，你看看如何實現？

🐰 直接在用戶端程式裡建立兩張節目單物件。

```
ProgramCard programCard1 = new ProgramCard(1);
programCard1.addProgram("歌曲《海闊天空》");
programCard1.addProgram("遊戲《幸運大轉盤》");
programCard1.addProgram("小品《不差錢》");
ProgramCard programCard2 = new ProgramCard(2);
programCard2.addProgram("歌曲《海闊天空》");
programCard2.addProgram("遊戲《幸運大轉盤》");
programCard2.addProgram("小品《不差錢》");
programCard1.show();
programCard2.show();
```

🐼 如果年會有100桌，我需要100張節目單，程式該怎麼寫？

🐰 這有什麼難的？我可以建立100個節目單物件。

🐼 就像建立兩張節目單那樣嗎？這要寫多少重複程式呀！

🐰 嗯……有辦法了！我可以用迴圈結構來建立節目單，這樣就沒有重複程式了。

🐼 用迴圈結構來寫，確實會減少程式量，但是本質上沒有改變，程式還是在逐一建構幾乎一模一樣的節目單物件。

7.3 如何高效建立 100 張節目單

我們可以借助複製來快速建立物件，就像你在工作時複製一份文件一樣。

原型模式以一個物件為原型，透過複製操作複製出一個一模一樣的物件。複製與用建構函數建立物件完全不同，使用建構函數建立物件相當於新建文件，複製物件相當於複製文件。

在程式裡如何複製一個物件呢？

在 Java 語言中，如果想讓一個類別擁有複製的能力，只需要實現 Cloneable 介面，並重寫 clone 方法。我來幫你改一下程式，你一看就明白了。

```java
public class ProgramCard implements Cloneable{
    // 省略部分程式
    @Override
    public ProgramCard clone(){
        ProgramCard programCard = null;
        try{
            programCard = (ProgramCard)super.clone();
        } catch (CloneNotSupportedException e) {
            e.printStackTrace();
        }
        return programCard;
    }
}
```

重寫的 clone 方法源自 Java 中所有類別的「老祖宗」——Object 類別。clone 方法的核心程式也是呼叫 super.clone()，即 Object 類別的 clone 方法。

用戶端程式修改如下。

```
ProgramCard programCard1 = new ProgramCard(1);
programCard1.addProgram(" 歌曲《海闊天空》");
programCard1.addProgram(" 遊戲《幸運大轉盤》");
programCard1.addProgram(" 小品《不差錢》");
ProgramCard programCard2 = programCard1.clone();
programCard2.setTableNumber(2);
programCard1.show();
programCard2.show();
```

在這一版程式中，第 2 桌的節目單物件以第 1 桌節目單物件為原型複製而成，僅修改了桌號。物件複製是對二進位資訊的複製，比從頭開始建構物件的效率高多了。

透過複製建立物件，不用再一一設置物件的屬性值。不得不說，最高效的工作方式還是複製、貼上呀！

你先別著急誇，複製物件存在一個隱蔽的大坑，很容易掉進去。

快說來聽聽！

7.4　深拷貝和淺拷貝

Java 中的資料型態分為數值型態和參考類型。Java 的 clone 方法只會對數值型態的資料進行等值複製，對參考類型的資料只會複製其引用值。假如複製的物件中存在陣列、物件等引用型成員變數，複製只複製變數的引用值，不複製所引用的變數值。這種複製形式被稱為淺拷貝。

引用值可以看作儲存資料的位址。淺拷貝僅複製了儲存位址，實際儲存的資料並沒有被複製。

聽起來像信用卡的副卡，雖然複製了一張全新的卡片作為副卡，但背後連結的還是同一個帳戶。

這個類比很形象，的確如此。兩張卡片的任何操作都會表現在同一個帳戶上，這就是淺拷貝的特點。但在某些場景下，淺拷貝並不適用。比如，現在我們將每桌的節目單升級，增加就餐人員安排，你來看看如何實現。

10 分鐘後，兔小白寫完了程式，但執行結果讓他百思不得其解！

我在 ProgramCard 類別中增加了 persons 列表，其他程式不變。

```
public class ProgramCard implements Cloneable{
    // 省略部分不變的程式
    private ArrayList <String> persons = new ArrayList<>();

    public ArrayList <String> getPersons() {
        return persons;
    }
}
```

用戶端程式如下。程式透過複製 programCard1 生成 programCard2，然後清理並重新設置 programCard2 的 persons 列表。

```
ProgramCard programCard1 = new ProgramCard(1);
programCard1.addProgram(" 歌曲《海闊天空》");
programCard1.addProgram(" 遊戲《幸運大轉盤》");
programCard1.addProgram(" 小品《不差錢》");
programCard1.addPerson(" 李一 ");
programCard1.addPerson(" 李二 ");
programCard1.addPerson(" 李三 ");
ProgramCard programCard2 = programCard1.clone();
programCard2.setTableNumber(2);
programCard2.getPersons().clear();
programCard2.addPerson(" 王一 ");
programCard2.addPerson(" 王二 ");
programCard2.addPerson(" 王三 ");
programCard1.show();
programCard2.show();
```

執行結果如下。

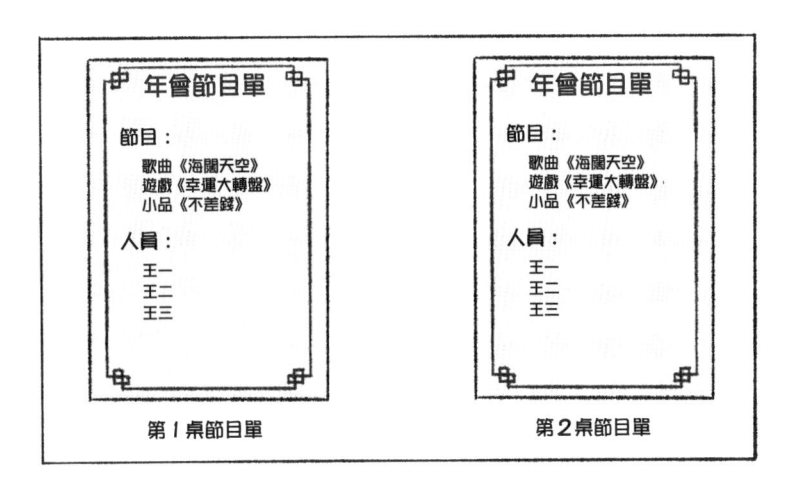

```
┌─────────────────────────┬─────────────────────────┐
│      年會節目單          │      年會節目單          │
│                         │                         │
│   節目：                 │   節目：                 │
│     歌曲《海闊天空》      │     歌曲《海闊天空》      │
│     遊戲《幸運大轉盤》    │     遊戲《幸運大轉盤》    │
│     小品《不差錢》        │     小品《不差錢》        │
│   人員：                 │   人員：                 │
│     王一                 │     王一                 │
│     王二                 │     王二                 │
│     王三                 │     王三                 │
│                         │                         │
│    第 1 桌節目單          │    第 2 桌節目單          │
└─────────────────────────┴─────────────────────────┘
```

🐛 你看，第 1 桌的就餐人員被改為了第 2 桌的就餐人員！但是我沒找到程式哪裡出了問題。

🐼 這是因為程式在複製 programCard1 時僅複製了 programCard1.persons 的引用，導致 programCard2 和 programCard1 的 persons 指向了同一個列表。程式在設置 programCard2.persons 時，programCard1.persons 也會被改變，因此兩桌的就餐人員全部被修改。

🐛 原來如此！這可不是我想要的結果。

🐼 想要解決這個問題，需要使用深拷貝。如果複製操作複製了參考類型成員變數所引用的值，我們就稱之為深拷貝。

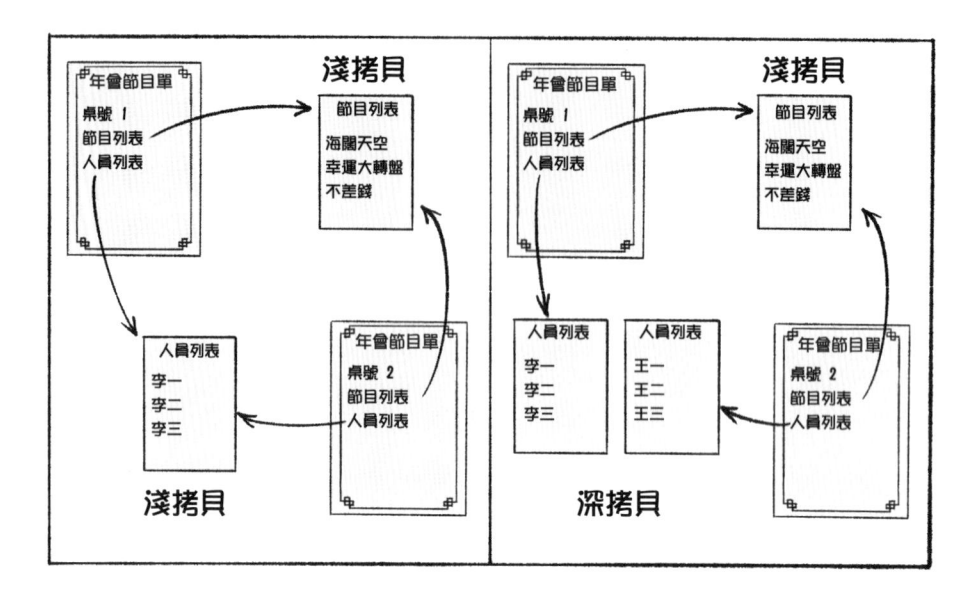

深拷貝需要透過寫程式手動複製參考類型的成員變數。我來修改程式，在 ProgramCard 的 clone 方法中手動複製 persons 列表。

```java
public class ProgramCard implements Cloneable {
    // 省略部分重複程式
    private ArrayList<String> persons = new ArrayList<>();

    public void setPersons(ArrayList<String> persons) {
        this.persons = persons;
    }

    public ArrayList<String> getPersons() {
        return persons;
    }

    @Override
    public ProgramCard clone() {
        ProgramCard programCard = null;
        try{
            programCard = (ProgramCard)super.clone();
            programCard.setPersons(
                    (ArrayList<String>) this.persons.clone());
```

```
        } catch (CloneNotSupportedException e) {
            e.printStackTrace();
        }
        return programCard;
    }
}
```

> 用戶端程式不需要做任何改變。再次執行程式，可以得到我們想要的結果。

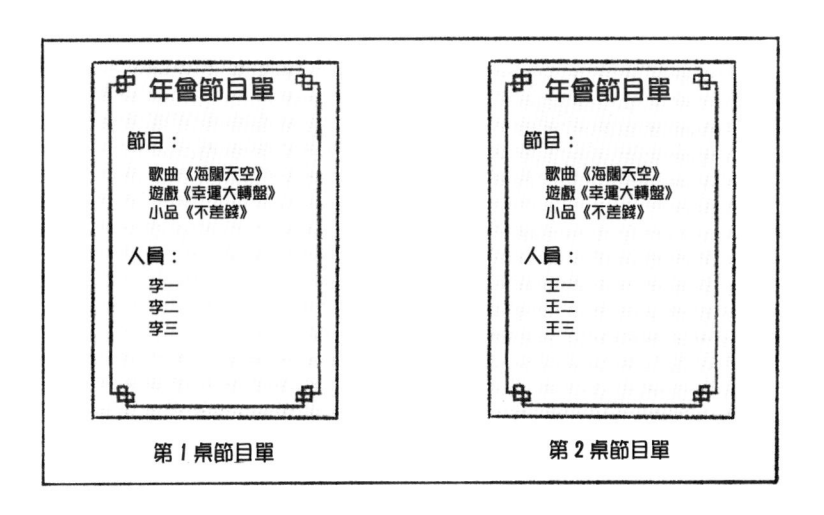

```
┌─────────────────────────────────────────────┐
│  ┌──────────────────┐   ┌──────────────────┐ │
│  │   年會節目單     │   │   年會節目單     │ │
│  │                  │   │                  │ │
│  │  節目：          │   │  節目：          │ │
│  │   歌曲《海闊天空》│   │   歌曲《海闊天空》│ │
│  │   遊戲《幸運大轉盤》│  │   遊戲《幸運大轉盤》│ │
│  │   小品《不差錢》 │   │   小品《不差錢》 │ │
│  │                  │   │                  │ │
│  │  人員：          │   │  人員：          │ │
│  │   李一           │   │   王一           │ │
│  │   李二           │   │   王二           │ │
│  │   李三           │   │   王三           │ │
│  └──────────────────┘   └──────────────────┘ │
│     第1桌節目單            第2桌節目單       │
└─────────────────────────────────────────────┘
```

> 原來深拷貝並沒有多麼高深，全靠程式設計師寫程式手動複製。

> 是否需要使用深拷貝，取決於業務需求。比如，信用卡的副卡必須用淺拷貝，而節目單上的人員清單則需要用深拷貝。另外，同一個物件中的參考類型成員變數並不一定採用同樣的拷貝方式，比如，節目單的 programs 列表，為了使每張節目單保持一致，應該用淺拷貝；每桌人員安排不同，persons 清單必須用深拷貝。如果物件間的引用關係比較複雜，需要分析引用鏈路上的所有物件，判斷哪些物件需要深拷貝。

7.5 原型模式的適用場景

我們來看看原型模式結構圖。

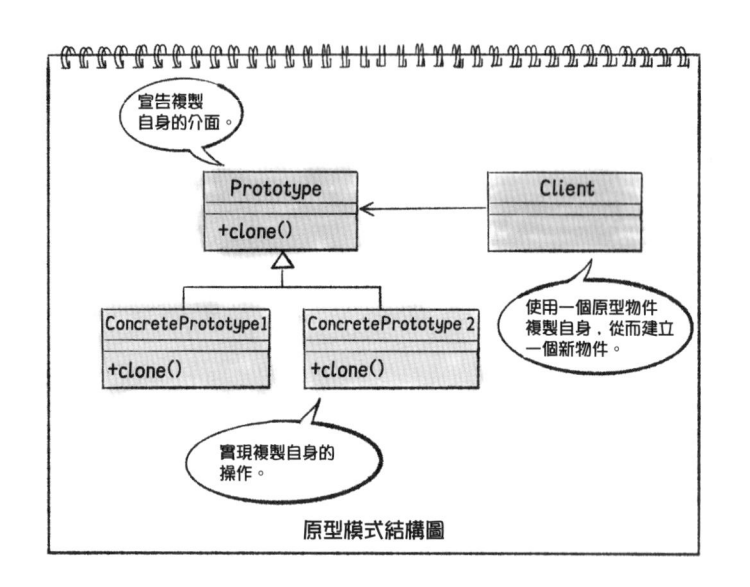

原型模式結構圖

原型模式的結構非常簡單，核心在於 clone 方法的定義和實現。在 Java 語言中，Object 類別提供了基礎的 clone 方法，任何類別都可以透過實現 Cloneable 介面來宣告自己具備複製的能力。clone 方法的實現在例子中已有所展示，不管是深拷貝還是淺拷貝，最終都需要呼叫 Object 類別的 clone 方法。

原型模式把現實世界中的複製、貼上搬到了程式中，真是一種優秀的設計模式。

如果人人都想著複製、貼上，奉行拿來主義，就會逐漸喪失創新性。原型模式雖然有很多優點，但並非適用於所有建立物件的場景。

原型模式的優點如下。

（1）更高的性能。複製採用複製二進位資訊的方式來建立物件，與使用建構方法建立物件相比，程式執行的邏輯和過程都要簡單很多，建立物件的速度更快。

（2）建立物件一步合格：透過建構函數建立物件，有時只獲得了一個「空殼」物件，程式還需要對它的各個屬性賦值，賦值過程可能會涉及非常複雜的邏輯。原型模式可以直接複製出一個已經完成建構的物件，省去了複雜的賦值操作。

這兩個優點顯而易見，以下是原型模式的缺點。

（1）建構函數不會被呼叫。複製不會呼叫類別的建構函數。如果建構函數中有設置自身屬性之外的行為，那麼並不適合使用原型模式。舉例來說，在建構函數中呼叫了某個公共方法或發出了訊息，如果使用複製會導致操作不被觸發，那麼很可能影響其他物件，甚至外部系統。此外，如果在建構函數中使用外部狀態來決定自身屬性，那麼在複製時，外部狀態可能已經發生了變化，從而導致設置錯誤的屬性值。

（2）容易誤用淺拷貝。淺拷貝會導致原型物件和複製物件引用和一個引用型成員變數。如果開發人員不了解深、淺拷貝的差別，很容易錯誤地使用淺拷貝。當在修改引用型成員變數的同時影響了原型物件和複製物件時，會讓人感到困惑。這種問題比較隱蔽，不容易被測試到，最好從開發源頭及時避免。

結合原型模式的優缺點，它的適用場景如下。

（1）大量建立類似物件的場景。在節目單的例子中，需要大量建立節目單物件。如果不考慮就餐人員名單，那麼每個節目單物件僅桌號不同，使用原型模式可以大大提升建立節目單物件的效率。

（2）重複建立建構過程複雜的物件的場景。如果物件的建構過程非常複雜、資源消耗大，那麼可以使用原型模式進行最佳化。原型模式根據已經建立好的物件複製新物件，大大降低了建立物件的複雜度，提升了效率。

（3）以一個物件為基礎來建構新物件的場景。如果和類型的不同物件之間的差別很小，那麼可以使用原型模式先複製新的物件，再做個性化修改。這樣做比重新建構物件要方便、快捷得多。

其實，複製也是一種重複使用的思想。將已經初始化完成的物件看作資產，在必要時可以重複使用這些資產，無須從零開始建構物件。我們在工作中也是如此，上周我要做一個許可權管理的方案，我發現文件庫中存在一個類似的方案，我把它複製一份並做一些修改就完成了。如果我從頭開始做方案，可能要至少花雙倍的時間，並且不一定比這份方案更出色。

找個原型來完善、修改，確實會提升工作效率，出問題的機率也會下降。但核心問題和物件複製是一樣的——建構函數不會被呼叫。這表示你並不了解方案是如何一步一步形成的，你只思考並修改了要調整的部分。最好的做法是先有自己的想法，再參考別人的方案，重新組織並修改後形成新方案。說的有點遠了！總之，在使用原型模式時，一定要注意建構方法不會被呼叫，以及深、淺拷貝的問題！

第 8 章
幹活全靠我一人 —— 單例模式

8.1 異常忙碌的專案經理

我參與的第一個專案終於要上線了！最近專案經理忙得團團轉，這兩周一直在加班。

專案快要上線時事情比較多，開發工作在收尾，客戶又提了一些需求變更，經過評估也要做，進度面臨很大壓力；上線前還要做安全掃描，解決安全問題；UAT[*]的問題也需要和客戶溝通。最要緊的是專案二期已經開始準備了……專案經理最近確實忙得不可開交。沒事，你獅哥他挺得住！

公司為什麼不能再安排一位專案經理呢？

---

[*] UAT 的全稱是 User Acceptance Test，即使用者接受度測試。

一個專案一般只有一位專案經理。專案經理需要掌握專案的所有上下文，統籌大局。我們的專案執行到收尾階段，專案上下文非常複雜，即使再派一位專案經理，也只能做一些輔助工作，作用有限，搞不好還會出亂子。專案總會有張有弛，關鍵時刻只能專案經理扛一下。

還真是這樣，一個專案中可以有很多產品經理、程式設計師、測試人員，但是專案經理通常只有一個。

程式中的物件也有同樣的情況，有時全域只能存在一個實例。舉例來說，程式中負責協調工作的物件，需要了解程式執行的上下文和狀態，統一安排資源。如果出現兩個協調者，就會產生衝突。

如果兩個專案經理之間沒有協調好，一個讓我開發新需求，另一個讓我改 Bug，我可就抓狂了！

程式裡也有類似的場景。舉例來說，執行緒池管理器要全域唯一，才能控制好執行緒數量，若兩個執行緒池管理器各管各的，執行緒數量就要加倍了。

協調工作確實只能由一個實例來承擔。程式如何做到一個類別在全域只生成一個實例呢？

單例模式就是用來解決這個問題的。單例模式的目的很明確，確保一個類別在全域中只存在一個實例。程式中任何實例化該類別的地方，獲取的都是全域唯一的實例。單例模式的實現有一些技巧，我們開啟電腦，邊寫邊講。

8.2 懶漢式實現單例模式

🐼 你覺得要保證一個類別只有一個實例，首先應該做什麼？

🐜 應該先把建構物件的「大門」關起來，不能隨意透過 new 關鍵字建構物件。

🐼 沒錯，單例類別要禁止使用 new 關鍵字實例化物件，也就是說，建構方法不能被暴露。單例類別需要提供其他獲取單例物件的方法。

我們看看程式如何實現。以專案經理為例，用單例模式實現專案經理類別。

```java
public class ProjectManager {
    private static ProjectManager instance;

    private ProjectManager() {
    }

    public static ProjectManager getInstance() {
        if(instance==null){
            instance = new ProjectManager();
        }

        return instance;
    }
}
```

首先，使用 private 修飾建構方法，對外不再提供建構方法。getInstance 方法是用戶端存取 ProjectManager 實例的唯一方法，這是一個靜態方法，可以透過類別直接存取。為了確保 ProjectManager 實例唯一，該方法首先判斷是否已經建立了實例，如果已經建立，則直接傳回該實例，否則先建立實例再傳回。

🐼 我們再來看看用戶端程式，程式中宣告了兩個專案經理物件，這兩個物件其實指向了同一個實例。程式中對這兩個物件的等值判斷可以證明這一點。

```
ProjectManager zhangsan = ProjectManager.getInstance();
ProjectManager lisi = ProjectManager.getInstance();

if (zhangsan == lisi) {
    System.out.println("兩位專案經理物件指向同一實例");
}
```

程式中任何需要使用 ProjectManager 物件的地方，只能透過 getInstance 方法獲取實例。getInstance 方法是確保單例的關鍵。

確實如此，這版程式在單執行緒場景下可以確保單例，但在多執行緒場景下存在漏洞。問題出在判斷 instance 是否為 null 上，當多個執行緒同時執行到這一敘述時，都會得到 true 的結果。每個執行緒都將繼續向下執行，分別建立實例，從而建立出多個實例。

原來問題出在這裡！早就聽說多執行緒程式設計容易出問題。

解決多執行緒併發的問題也很簡單，加上 synchronized 程式區塊，就能確保同一時間只有一個執行緒執行建立單例實例的程式。此外，還需要使用 volatile 修飾 instance 變數。volatile 關鍵字用來解決多執行緒開發中的指令重排和變數可見性問題。這兩個問題會導致某個執行緒在初始化 instance 實例還未完成時，其他執行緒就可以獲取 instance 實例並傳回。我們看程式如何實現。

```
public class ProjectManager {
    private static volatile ProjectManager instance;

    private ProjectManager() {
    }
```

```java
    public static ProjectManager getInstance() {
        if (instance == null) {
            synchronized (ProjectManager.class) {
                if (instance == null) {
                    instance = new ProjectManager();
                }
            }
        }

        return instance;
    }
}
```

🐼 由於 synchronized 程式區塊是串列執行的，存在性能問題，因此在進入 synchronized 程式區塊之前先判斷一次 instance 是否為 null，降低 synchronized 程式區塊被執行的可能性。畢竟只有在第一次執行 getInstance 方法時，instance 才可能為 null。一旦 instance 建立完成，synchronized 程式區塊不會被再次執行。

🐰 第一次判斷 instance 是否為 null，我聽明白了。但是為什麼在 synchronized 程式區塊中又判斷了一次 instance 是否為 null 呢？

🐼 當兩個執行緒併發執行時，都會執行第一次 instance 是否為 null 的判斷。當執行到 synchronized 程式區塊時，其中一個執行緒先獲取鎖繼續執行，建立 instance 實例；另一個執行緒等待鎖被釋放後，獲取鎖繼續執行 synchronized 程式區塊。如果不再判斷一次 instance 是否為 null，將再次建立新的實例。下圖詳細展示了我所描述的導致錯誤的過程。

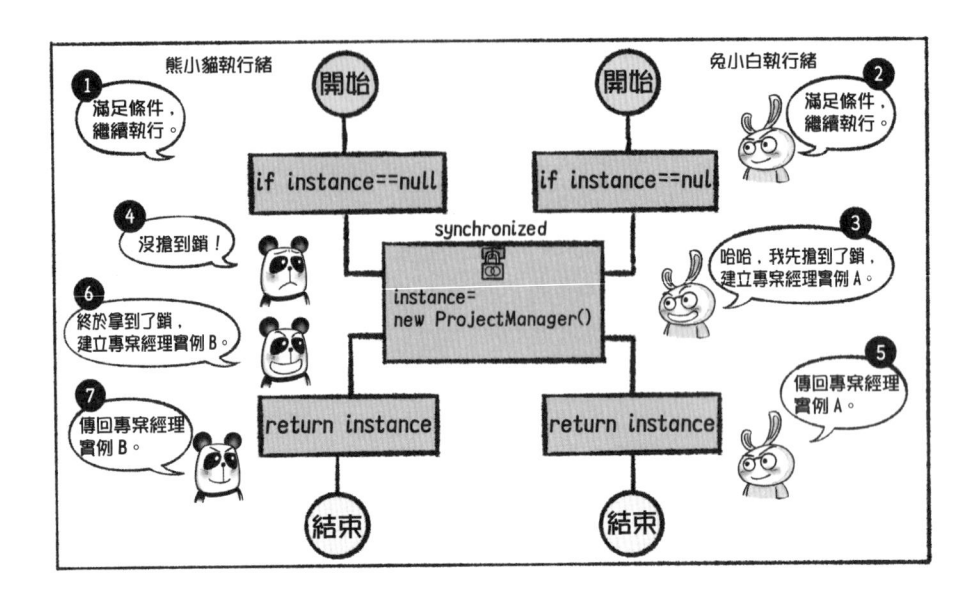

[插图：熊小貓執行緒與兔小白執行緒的併發流程圖]

🐰 沒想到確保只有一個實例這麼難！

🐼 因為要考慮多執行緒併發的問題嘛！以後你做多執行緒開發時可一定要小心。程式在第一次呼叫 getInstance 方法時，才會建立單例實例，所以這種單例模式的實現方式叫作懶漢式。與之相對應的還有一種叫作餓漢式的單例模式實現方式。

8.3 餓漢式實現單例模式

🐼 所謂「餓漢式」，就是不管單例物件是否被用到，程式都會提前建立好單例實例。如果不擔心記憶體佔用，可以考慮採用餓漢式實現單例模式，程式更簡潔，當然，也是執行緒安全的。我們來看看程式實現。

```java
public class ProjectManager {
    private static ProjectManager instance = new ProjectManager();

    private ProjectManager() {
    }
```

```
    public static ProjectManager getInstance() {
        return instance;
    }
}
```

> 類別載入時會初始化靜態成員變數，因此只要類別載入完，就會完成 instance 變數的初始化。建立單例實例發生在類別載入的過程中，因此不存在執行緒安全問題。當用戶端呼叫 getInstance 方法時，可以直接獲取已經建立好的實例。

> 這種實現方式簡潔多了！懶漢式和餓漢式實現方式，你推薦哪一種呢？

> 這兩種實現方式都很常用，但各自有其適合的場景。懶漢式實現方式在用戶端第一次呼叫 getInstance 方法時建立實例，避免了記憶體浪費。一般情況下，推薦使用執行緒安全的懶漢式實現方式。餓漢式實現方式的程式簡潔、執行緒安全，但不管是否使用單例物件，程式都會提前在類別載入時建立單例實例，佔用記憶體。如果對記憶體的使用沒有嚴格限制，那麼推薦使用餓漢式實現方式。

8.4　單例模式的適用場景

> 單例模式的結構非常簡單，下面是單例模式結構圖。

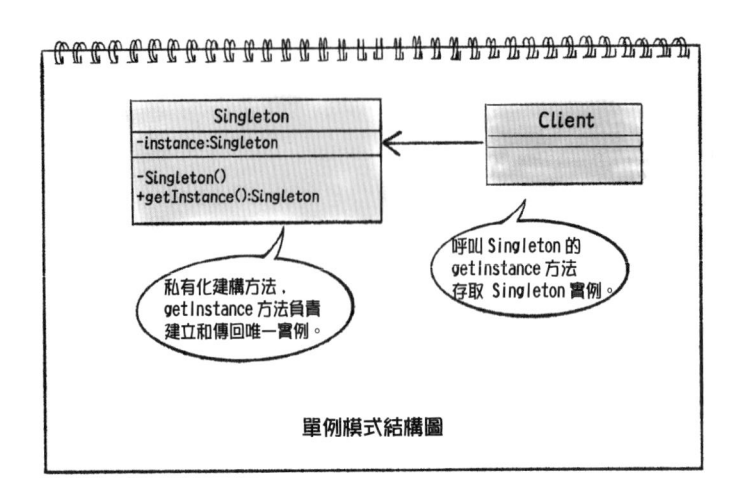

```
┌─────────────────────────────┐
│  Singleton                  │
│  -instance:Singleton        │         ┌─────────┐
│                             │ ◁────── │ Client  │
│  -Singleton()               │         │         │
│  +getInstance():Singleton   │         └─────────┘
└─────────────────────────────┘
```

私有化建構方法，getInstance 方法負責建立和傳回唯一實例。

呼叫 Singleton 的 getInstance 方法存取 Singleton 實例。

單例模式結構圖

Singleton 類別需要私有化建構方法，getInstance 方法負責建立和傳回唯一實例。getInstance 方法的兩種實現方式剛才已經講過，在工作中可以直接拿來使用。

單例模式的優點如下。

（1）單例類別在記憶體中只存在一個實例，減少了記憶體的使用。

（2）單例類別的實例化嚴格受控。用戶端只能透過單例類別提供的 getInstance 方法存取單例實例。統一出口，便於管理。

（3）執行緒間共用單例實例，適合中心化工作。

針對最後一個優點，如果使用不當會出現執行緒安全的問題！

沒錯，在多執行緒的場景下使用單例模式一定要小心。

單例模式的缺點如下。

（1）建構單例實例的邏輯在單例類別內部實現，和單一職責原則存在衝突。

（2）單例實例的屬性被執行緒共用，處理不當會引發執行緒安全問題。舉例來說，對於遊戲人物的血量屬性，程式必須保證對血量的處理是執行緒安全的，否當人物同時受到不同來源的攻擊時，血量計算會出錯。

單例模式的優、缺點都很鮮明。單例模式在與之匹配的場景下才能發揮優勢。如果使用不當，反而會出現執行緒安全問題。

下面是適合使用單例模式的場景。

（1）中心化工作場景。舉例來說，負責全域協調、物件管理、資源排程的類別，需要保證它的實例全域唯一，否則對資源的管理和使用難以做到同步。

（2）沒有成員變數的類別適合使用單例模式。若類別沒有任何成員變數，則建立多個實例沒有意義，且單例實例也不存在執行緒安全問題。這個場景比較常見的是工具類別，使用靜態類別來實現也能達到同樣的效果。

> 使用單例模式時，特別需要注意一點，雖然單例模式能夠節省記憶體消耗，但這只是它的附加價值，不應該為了節省記憶體而刻意使用單例模式，否則會帶來更麻煩的執行緒安全問題。在使用單例模式時，需要注意多執行緒對單例物件內部屬性的存取，做好執行緒同步。

> 想不到單例模式這麼複雜，裡面居然有這麼多學問。

> 由於牽扯到多執行緒，問題的複雜度會升高一個等級。多執行緒程式設計的學問可不少呢！等學完設計模式，我們再深入研究多執行緒程式設計！

第 9 章

電源插座標準再多也不怕
—— 轉接器模式

9.1 出國旅遊遇難題

　　專案上線後，兔小白休了一個長假，去歐洲玩了十天。今天是回來工作的第一天。

🐼　兔小白，你終於回來了！假期玩得怎麼樣？

🐰　這一趟去了 7 個國家，玩得很開心，就是太累了。

🐼　歐洲國家離得比較近，交通方便，每個國家又有自己的特色，值得去看看。

🐰　歐洲各國的風土人情的確各有特色，但我沒想到電源插座也各有特色，可把我害苦了。我先去了英國，發現我的手機充電器插頭和插座不匹配，只能在當地新買一個手機充電器。誰知道到了法國，插座的標準又不一樣！真是欲哭無淚！

> 如果集齊 7 種充電器可以召喚神龍……
>
> 我的願望是統一全球電源插座標準！！

🐼 哈哈，其實不需要買這麼多充電器！有一種萬能轉換插頭，任何標準的插座和插頭都能透過它來調配。

🐜 你說得對！我後來買了一個萬能轉換插頭，從此再也不怕稀奇古怪的插座了！多虧同團的朋友告訴我這個寶貝，否則我可能會帶回來好多充電器。

🐼 想想我們學習的軟體設計原則，應該盡可能去重複使用呀！充電器只是插頭不能用，其他部分都可以使用，所以買多個充電器解決插頭問題一看就不合理。

🐜 我記得一體式電源和組合式電源的例子，但手機充電器是一體式的，沒辦法更換插頭，誰知道有轉換插頭這種寶貝……

🐼 在軟體中也存在類似的場景。在設計軟體時，開發人員雖然充分考慮了當時的狀況，但是由於業務和系統的發展，過一段時間後再來檢查以前的設計，會發現有些組件的靈活度不夠。

在實現一個新需求時，如果你發現一個已有元件基本滿足功能需要，但是和呼叫方的介面不匹配，而且該元件已經被大量使用，直接修改會造成很大影響，你該怎麼辦呢？難道要像重複購買充電器一樣，重寫一個類似功能的元件嗎？

🐰　充電器只需花錢就能搞定，重寫一個元件可就得熬夜了！肯定還得想辦法重複使用已有的元件。這個場景在設計之初就存在問題，從而導致重複使用困難。我在程式中是不是可以寫一個類似轉換插頭的工具？

🐼　你的想法是正確的。一個萬能轉換插頭就解決了充電器插頭和歐洲各國插座不調配的問題，從而讓充電器得以重複使用。萬能轉換插頭是一種轉接器，在軟體中解決介面不調配的想法也是如此——開發轉接器，有一種設計模式就叫作轉接器模式，用來解決無法直接重複使用元件的問題。假如元件 A 想使用元件 B，但介面不調配，那麼只需要開發一個類似轉換插頭的轉接器元件，使它向下調配 B，經過它的轉換後，向上調配 A。A 元件和 B 元件不用直接打交道，而是透過轉接器組件實現呼叫。

　　與萬能插頭有所不同，軟體開發需要遵循單一職責原則。程式中的轉接器類別雖然不是萬能的，但要可擴充。當需要類似萬能轉換插頭的元件時，可以透過組合不同種類的轉接器來實現。

🐰　轉接器類別就是插頭轉換器，記住這個就能理解轉接器模式了。

🐼　記住原理很重要，不過還要寫程式做練習，理論結合實踐。

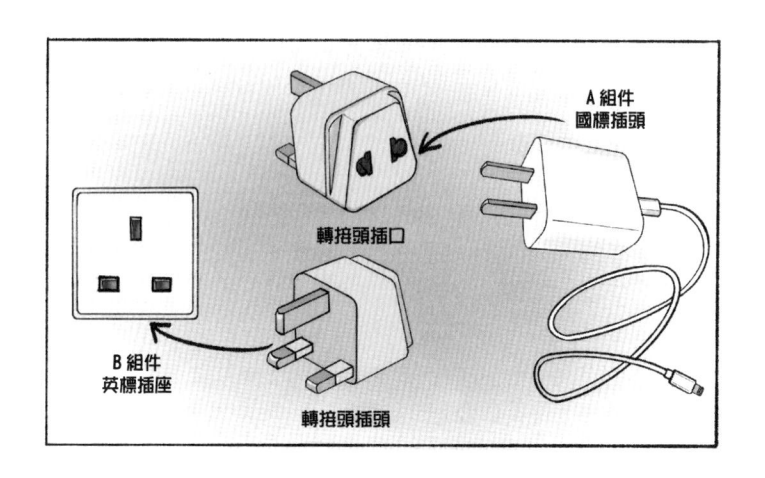

9.2 轉接器模式程式實現

轉接器的例子在生活中比比皆是，我想想用哪個例子做練習……哎，你的耳機不錯！

這是旅遊前新買的藍牙耳機。

現在藍牙耳機的普及度非常高，大部分手機早已取消了標準的 3.5mm 耳機介面。但在 2016 年，iPhone 取消標準耳機介面時曾招致了許多批評和爭議。因為當時藍牙耳機遠沒有現在這麼普及，人們大多使用有線耳機。取消標準耳機介面表示人們手裡的耳機不能在 iPhone 上直接使用。

我記得 iPhone 剛開始取消標準耳機介面的時候，附帶一個 Lightning 介面轉標準耳機介面的轉接頭。

是的，如果沒有這個轉接頭，人們手裡的耳機就成了擺設。消費者肯定無法接受，蘋果公司也會面臨手機銷量下滑的風險。耳機介面轉接頭屬於轉接器模式的典型應用。

今天我們就用程式來實現耳機介面轉接器。你分析一下除轉接器以外還有哪些類別，先完成這部分的程式，再撰寫轉接器。

讓我想一想……有手機類別、標準插頭耳機類別。另外，現在手機只能使用 Lightning 插頭的耳機，因此還需要有 Lightning 插頭耳機的標準。

20 分鐘後，兔小白寫完了程式。

手機類別只能使用 Lightning 插頭的耳機，所以我先定義了 Lightning 插頭的耳機介面 LightningEarphone。

```
public interface LightningEarphone {
```

```
    void playByLightningInterface();
}
```

手機類別 Phone 依賴該介面,使用 LightningEarphone 類型物件輸出聲音。

```
public class Phone {

    private LightningEarphone lightningEarphone;

    public void setLightningEarphone(LightningEarphone lightningEar-
phone) {
        this.lightningEarphone = lightningEarphone;
    }

    public void outputSound(){
        lightningEarphone.playByLightningInterface();
    }
}
```

StandardEarphone 是標準插頭耳機類別。

```
public class StandardEarphone {
    public void playByStandardInterface(){
        System.out.println(" 播放聲音 ");
    }
}
```

因為沒有 Lightning 插頭的耳機類別,無法為 Phone 物件設置 LightningEarphone,所以現在還沒法寫用戶端程式。

此時就需要轉接器,也就是耳機介面轉接頭登場了。為轉接頭插上標準插頭的耳機,就組合成了一個 Lightning 插頭的耳機。

我需要單獨開發一個轉接器類別嗎?如何透過轉接器來連接手機和耳

機呢？

在現實世界中，轉換頭是一個獨立的硬體。但是在程式中有所不同，程式中的轉接器不僅對介面做調配，而且借助標準插頭耳機實現了耳機功能。程式中的轉接器被視為 Lightning 插頭耳機，需要實現 LightningEarphone 介面。來看看我寫的轉接器類別程式。

```java
public class LightningEarphoneAdapter implements LightningEarphone {
    private StandardEarphone standardEarphone = new StandardEarphone();
    public void playByLightningInterface() {
        standardEarphone.playByStandardInterface();
    }
}
```

LightningEarphoneAdapter 是轉接器類別，它搭配 StandardEarphone 實現耳機功能，搖身一變成了 Lightning 插頭耳機。手機只和轉接器打交道，至於轉接器如何輸出聲音，手機並不關心。站在手機的角度，LightningEarphoneAdapter 其實就是 LightningEarphone，並不僅是轉接頭。

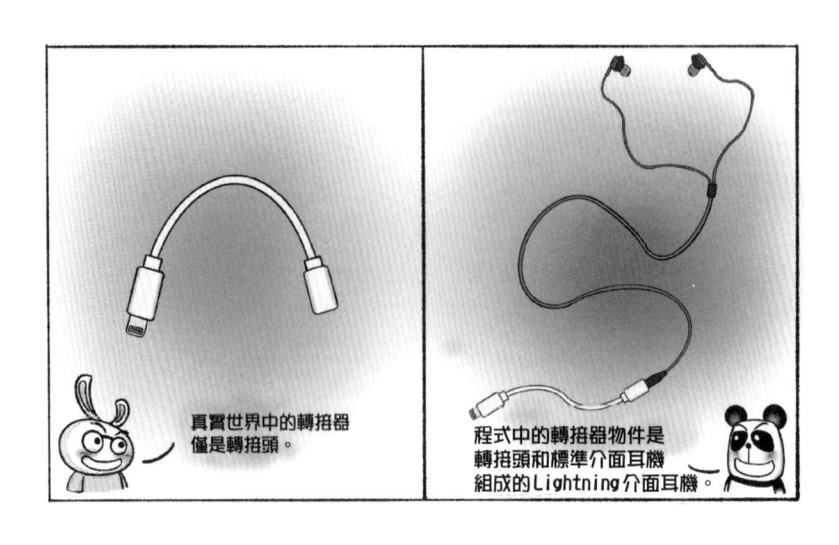

真實世界中的轉接器僅是轉接頭。

程式中的轉接器物件是轉接頭和標準介面耳機組成的 Lightning 介面耳機。

我是這樣理解的，我們站在第三方角度，能夠辨識出轉換頭只是個轉換頭；但是手機只接觸轉換頭，並不知道轉換頭連接了什麼裝置、如何發聲。手機插上了轉換頭就能輸出聲音，所以從手機的角度來看，連接了標準插頭耳機的轉換頭就是一個 Lightning 插頭耳機。

沒錯，這就是迪米特法則。手機不需要知道的就不用知道，轉接器類別將該封裝的封裝、該隱藏的隱藏。

在用戶端程式中，將 LightningEarphoneAdapter 作為 Lightning 插頭耳機設置給 Phone。我們透過 LightningEarphoneAdapter 讓 Lightning 介面的 Phone 重複使用了標準耳機介面的 StandardEarphone，實現了聲音輸出的功能。

```
Phone phone = new Phone();
LightningEarphone lightningEarphone = new LightningEarphoneAdapter();
phone.setLightningEarphone(lightningEarphone);
phone.outputSound();
```

這是非常標準的轉接器模式實現，但是還有改進的空間。轉接器依賴了具體的標準插頭耳機類別，這表示想換一款標準插頭耳機會很困難。

9.3　拓展轉接器模式，實現雙向可抽換

這個簡單，我來修改。首先，增加標準插頭耳機介面。

```
public interface StandardEarphone {
    void playByStandardInterface();
}
```

假設有一款標準插頭耳機是入耳式耳機，我建立了 StandardInEarphone 類別實現該介面。

```java
public class StandardInEarphone implements StandardEarphone {
    public void playByStandardInterface() {
        System.out.println(" 播放聲音 , 來自入耳式耳機 ");
    }
}
```

讓轉接器類別依賴標準插頭耳機介面，而非具體的標準插頭耳機類別，這樣就做到了標準插頭耳機可擴充。程式現在實例化的是入耳式耳機物件，未來只要實現了 StandardEarphone 介面的耳機類別，都可以被 LightningEarphoneAdapter 使用，從而使轉接器實現雙向可抽換。

```java
public class LightningEarphoneAdapter implements LightningEarphone {

    private StandardEarphone standardInEarphone = 
            new StandardInEarphone();

    public void playByLightningInterface() {
        standardInEarphone.playByStandardInterface();
    }
}
```

改得不錯！這就是介面程式設計導向的好處。好的程式設計會大幅削弱變化帶來的影響，不過，在設計之初考慮到所有問題，甚至未來的各種變化是不現實的。轉接器模式就是用來解決木已成舟──已有類別不好修改，但又想重複使用的問題。

9.4 轉接器模式的適用場景

轉接器模式結構圖如下。

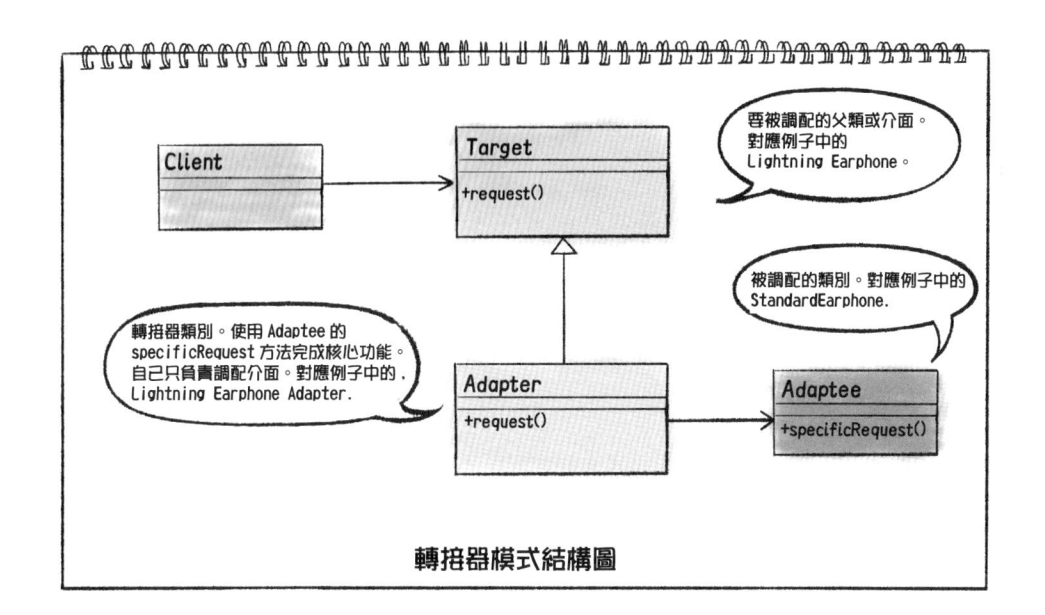

轉接器模式結構圖

Target 類別是調配的目標類別，也就是例子中的 Lightning 插頭耳機類別；Adaptee 是被調配的類別，對應例子中的標準插頭耳機類別。

轉接器模式有以下優點。

（1）提升程式的擴充性。使用轉接器模式可以讓介面不匹配的類別實現重複使用。

（2）符合迪米特法則。Adapter 類別隱藏了自己透過 Adaptee 實現功能的細節。用戶端將轉接器看作調配的目標物件並直接使用，不需要了解它的實現細節。

（3）程式侵入分支度低。使用轉接器模式，完全不需要修改轉接器兩端的類別，便可實現兩個介面不相容的物件呼叫。

轉接器模式確實優點突出，極佳地解決了介面不匹配的問題。它有什麼缺點嗎？

要說缺點嘛，我覺得有一個，就是它太好用了，甚至容易被濫用。千萬不要一碰到介面不相容的問題就想到轉接器模式，而是應該先考慮重構程式。只有在萬不得已的情況下才使用轉接器模式，例如以下幾個場景。

（1）想要使用一個已有類別，但是介面不匹配，而且很難進行重構。難以重構的原因可能是沒有自動化測試保護；設計問題導致很難擴充；介面被廣泛使用，影響範圍過大。

（2）第三方元件介面不調配。使用第三方元件可以大大降低開發量，但是介面和自己的系統很可能不相容。這個場景適合使用轉接器模式，一是因為第三方元件難以修改；二是如果為了使用第三方元件而修改自己系統的介面，會破壞系統設計的一致性。使用轉接器模式，可以達到重複使用的目的，但雙方都不需要修改。

在軟體設計之初，除了使用第三方元件的場景，一般不建議首選轉接器模式。當遇到設計問題時，先思考用其他設計模式來解決。舉例來說，在最初設計電腦電源時，可以用組合式電源來解決插頭規格不同的問題，而不必使用笨重的轉接頭。軟體開發也是如此，優秀的設計能讓程式更優雅。

你的意思是，在軟體設計之初要避免使用轉接器模式。如果是經過多年開發的遺留系統，在使用轉接器模式之前，是不是也應該優先考慮重構來解決問題呢？只有當難以重構時，才考慮使用轉接器模式。

你說得很對。使用轉接器模式是無奈之舉，當年 iPhone 取消標準耳機介面時贈送耳機轉接頭，也是因為沒有別的好辦法。蘋果公司不可能改造人們手中已有的耳機，只能提供轉接頭去調配。

🐰 這樣看來，轉接器模式被使用的可能性並不大呀！

🐼 這一點你可想錯了。首先，建構系統會大量使用第三方元件，如果遇到介面不相容的情況，應首選轉接器模式。其次，大企業中有各種各樣的系統，每個系統都會和許多的外部系統打交道，系統間的差異會導致介面不相容，此時也需要轉接器模式來解決相容性問題。最後，隨著系統使用時間的增長，重構將變得越來越難，使用轉接器模式的地方會慢慢增多。

🐰 儘量用重構解決問題，確實有些理想化。

🐼 重構應該發生在問題剛剛萌芽的時候，否則問題會越累積越複雜，最後變得難以重構。另外，重構需要有單元測試保護，否則誰也不敢重構。這也是我們要堅持寫單元測試，並保證較高測試覆蓋率的原因之一。

不過，理想還是要有的！只不過不能空談理想，而是應該在軟體生命週期中的每個階段把工作做到位。如果在設計階段儘量考慮周全，在開發階段發現問題及時修正，單元測試儘量覆蓋全面，那麼日後被迫使用轉接器模式的場景會少很多。

第 10 章

一橋飛架南北，天塹變通途
—— 橋接模式

10.1 將手臂改造為兵器，聰明還是愚蠢

熊小貓，推薦你一本我最近正在看的漫畫——《海賊王》*。書中的故事精彩了，一個反派在手臂受傷後，將手臂改造成了一把斧子，變得非常厲害。

為什麼把手臂改造成斧子後，就變得厲害了呢？如果有這奇效，那他應該早點改造。

你說的對！如果早點改造，他早就變強大了，何必等到手臂受傷後？

對什麼呀？因為手臂受傷，他不得已才改造成斧子。如果手臂沒有受傷，卻將手臂改造成斧子，那得多愚蠢！你想一想，如果他自廢手臂改造成斧子，從此以後就只能用斧子，不能換別的兵器，而且這和手拿一把斧子沒有區別。留得手臂在，他什麼武器都可以用！

「把手臂改造成斧子，就只能用斧子」——這相當於把程式寫死了。

對應到程式中，手可以被看作人物用來持有武器的「引用」，這樣人和武器就可以隨意搭配組合，比把手臂改造成斧子靈活多了！其實，這其

---

* 《海賊王》是一部海上探險漫畫，作者尾田榮一郎。

中也蘊含著一種設計模式。

什麼？這裡又有設計模式？

把手臂改造成斧子的故事表現了軟體設計中的原則——應該儘量使用類別的合成／聚合來實現功能。

「攻擊」可以看作人物的一種行為，定義在人物類別中，攻擊的實現方式是「斧子」，但這樣設計會使人物和攻擊方式綁定得過於緊密。想實現攻擊方式為「錘子」的人物，就需要增加一個人物子類別，重寫攻擊行為。每增加一種攻擊武器，就需要增加一個人物子類別，這顯然不合理。

橋接模式可以用來解決這種問題，至於為什麼叫「橋接」，我們後面再講。橋接模式將行為的具體實現從原來的類別中分離出來，抽象成新的類別。舉例來說，攻擊雖然是人物類的行為，但是真正具備攻擊力的是武器。因此，可以把攻擊行為的主要實現邏輯從人物類中分離出來，抽象成武器類別。人物類的攻擊行為不再和武器完全綁定，賦予人物什麼武器，人物就可以使用什麼武器進行攻擊。這個場景僅需要定義一個人物類，然後定義需要的武器類別，比如斧子、錘子等。人物物件持有對武器物件的引用，人物物件的攻擊方式取決於賦予它的武器物件。

這樣確實靈活多了，不會出現「只能用斧子，無法使用其他武器」的情況。

我們非常熟悉物件導向的三大特徵——繼承、封裝、多態，所以習慣用繼承來實現行為不同的子類別。但如果類別的個別行為變化非常頻繁，使用繼承會造成子類別的數量大幅增長。在這種情況下，可以考慮採用橋接模式，把易變行為的實現交給其他類別。

這麼聊太抽象了，我們寫程式對比一下更清楚。

10.2　只能玩一個遊戲的遊戲主機

我們以常見的俄羅斯方塊遊戲來舉例吧！現在有一家公司決定開發俄羅斯方塊遊戲主機，為了吸引不同消費水準的消費者，公司計畫推出兩款遊戲主機，分別是基礎版和專業版。兩款遊戲主機中的遊戲完全一樣，只是專業版的螢幕更大。你來嘗試寫一下程式。

5 分鐘後，兔小白完成了程式。

首先，抽象出遊戲主機類別 GameMachine，它只有一個 run 方法，基礎版遊戲主機類別和專業版遊戲主機類別都繼承自遊戲主機類別。

```
public abstract class GameMachine {
    public abstract void run();
}
```

TetrisGameMachineBasic 是 GameMachine 的子類別，實現基礎版遊戲主機。

```java
public class TetrisGameMachineBasic extends GameMachine {
    public void run() {
        System.out.println("俄羅斯方塊執行在基礎版遊戲主機中");
    }
}
```

TetrisGameMachinePro 也是 GameMachine 的子類別，實現專業版遊戲主機。

```java
public class TetrisGameMachinePro extends GameMachine {
    public void run() {
        System.out.println("俄羅斯方塊執行在專業版遊戲主機中");
    }
}
```

在用戶端程式中，建立兩類遊戲主機物件，執行遊戲。

```
GameMachine gameMachineBasic = new TetrisGameMachineBasic();
gameMachineBasic.run();

GameMachine gameMachinePro = new TetrisGameMachinePro();
gameMachinePro.run();
```

程式輸出如下，符合預期。

俄羅斯方塊執行在基礎版遊戲主機中
俄羅斯方塊執行在專業版遊戲主機中

程式沒有問題，但剛才的需求只是一個伏筆，現在需求變更來了！這兩款遊戲主機都賣得不錯，公司決定趁熱打鐵，推出吃豆人遊戲主機，同樣分為基礎版和專業版。你想想怎麼實現？

之前的遊戲主機只由版本區分，現在有了遊戲區分。我覺得可以在現有遊戲主機的繼承系統上再抽象出一層，我試著寫寫。

15 分鐘後，兔小白寫完了新一版程式。

兩款遊戲的遊戲主機都分為基礎版和專業版，可以抽象出基礎版遊戲主機類別和專業版遊戲主機類別，每個版本的遊戲主機都有兩個子類別，用於實現兩種遊戲。程式結構圖如下。

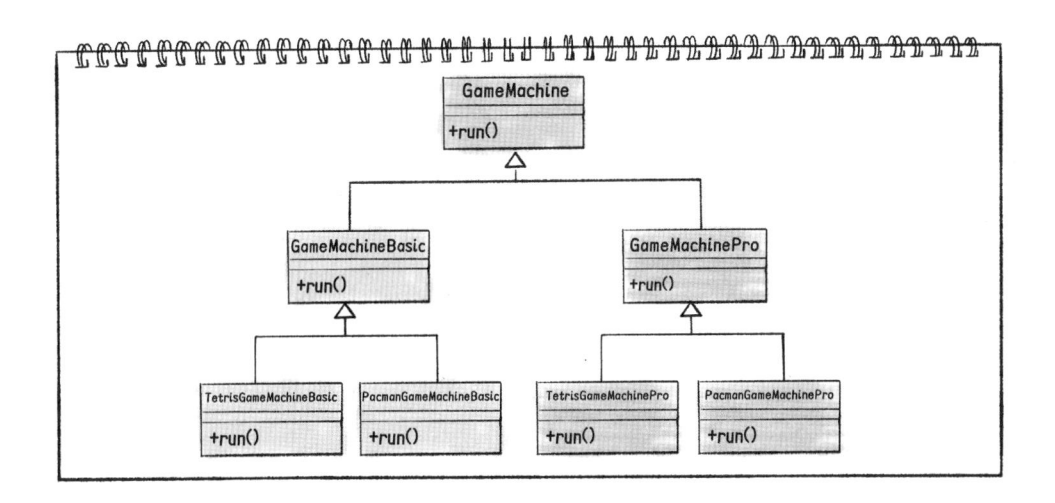

```
                        GameMachine
                         +run()
                    ┌───────┴───────┐
            GameMachineBasic    GameMachinePro
               +run()              +run()
            ┌─────┴─────┐       ┌─────┴─────┐
   TetrisGameMachineBasic  PacmanGameMachineBasic  TetrisGameMachinePro  PacmanGameMachinePro
        +run()              +run()              +run()              +run()
```

在程式中，定義基礎版和專業版遊戲主機類別，繼承自 GameMachine 類別。

基礎版遊戲主機類如下。

```java
public class GameMachineBasic extends GameMachine{
    public void run() {
        System.out.println(" 啟動基礎版遊戲主機 ");
    }
}
```

專業版遊戲主機類如下。

```java
public class GameMachinePro extends GameMachine{
    public void run() {
        System.out.println(" 啟動專業版遊戲主機 ");
    }
}
```

增加基礎版吃豆人遊戲主機類別和專業版吃豆人遊戲主機類別。

基礎版吃豆人遊戲主機 PacmanGameMachineBasic 類別繼承自 GameMachineBasic 類別。

```java
public class PacmanGameMachineBasic extends GameMachineBasic {
    public void run() {
        super.run();
        System.out.println(" 執行吃豆人遊戲 ");
    }
}
```

專業版吃豆人遊戲主機 PacmanGameMachinePro 類別繼承自 GameMachinePro 類別。

```java
public class PacmanGameMachinePro extends GameMachinePro {
    public void run() {
        super.run();
        System.out.println(" 執行吃豆人遊戲 ");
    }
}
```

對兩個版本的俄羅斯方塊遊戲主機類別也做相應調整。

TetrisGameMachineBasic 繼承自 GameMachineBasic 類別。

```
public class TetrisGameMachineBasic extends GameMachineBasic {
    public void run() {
        super.run();
        System.out.println(" 執行俄羅斯方塊遊戲 ");
    }
}
```

TetrisGameMachinePro 繼承自 GameMachinePro 類別。

```
public class TetrisGameMachinePro extends GameMachinePro {
    public void run() {
        super.run();
        System.out.println(" 執行俄羅斯方塊遊戲 ");
    }
}
```

> 我覺得這版程式的擴充性很好！遊戲主機版本和遊戲的變化都可以透過擴充來實現。

> 在我的誤導下，你已經誤入歧途了……回看這版程式的結構圖，第一層繼承對遊戲主機版本進行抽象，第二層繼承對遊戲主機的遊戲種類進行抽象。如果這時公司要推出中階版的遊戲主機，程式要怎麼調整呢？

> 首先在第二層中增加中階遊戲主機類別，然後為它增加兩款遊戲的遊戲主機子類別。程式結構圖變成了下面這樣。

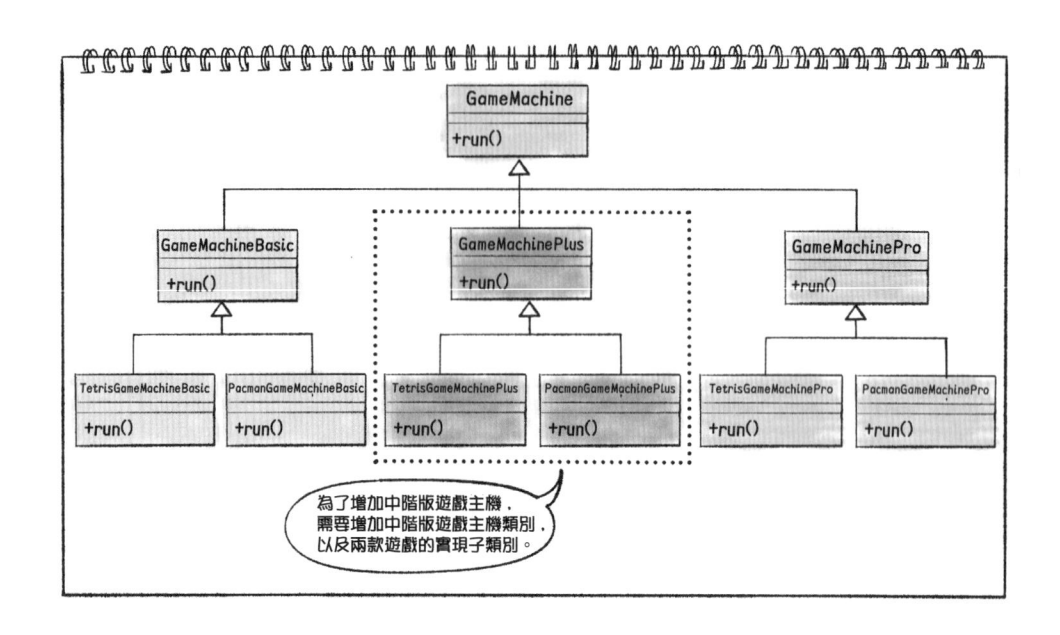

```
┌─────────────────────────────────────────────────────────────┐
│                        GameMachine                          │
│                         +run()                              │
│                           △                                 │
│         ┌─────────────────┼─────────────────┐              │
│  GameMachineBasic    GameMachinePlus    GameMachinePro      │
│      +run()              +run()            +run()           │
│        △                   △                 △             │
│    ┌───┴───┐           ┌───┴───┐         ┌───┴───┐         │
│ Tetris  Pacman      Tetris  Pacman    Tetris  Pacman       │
│ GameMachine GameMachine GameMachine GameMachine GameMachine GameMachine │
│   Basic    Basic      Plus    Plus    Pro    Pro           │
│  +run()   +run()     +run()  +run()  +run()  +run()        │
└─────────────────────────────────────────────────────────────┘
```

> 為了增加中階版遊戲主機，需要增加中階版遊戲主機類別，以及兩款遊戲的實現子類別。

🐼 在這之後，公司又要推出第三款遊戲——貪吃蛇，以爭取更多的市佔率。程式要怎麼改？

🐜 每個版本的遊戲主機都要增加貪吃蛇遊戲主機的子類別實現。現在有 3 個遊戲主機版本、3 款遊戲，一共需要 9 個遊戲主機子類別。

🐼 如果有 10 款遊戲，就會出現 30 個遊戲主機子類別……

🐜 數量有點多，而且這還是在只有 3 個遊戲主機版本的前提下。

🐼 不管是增加遊戲主機，還是增加遊戲，都會給這版程式帶來非常大的變化。當然，這版程式設計透過繼承實現了一定程度的重複使用，並且實現了開閉原則，可以透過增加新的遊戲主機類別實現新需求，但還欠缺靈活性。遊戲需求的增加會造成類別的快速增長，而恰恰遊戲的更新速度很快。

10.3　一台插卡遊戲主機，玩遍天下遊戲

現在，程式中的遊戲主機是一機一遊戲，因此，每增加一款遊戲，就得為所有版本的遊戲主機增加子類別實現。這版遊戲主機程式就像剛剛討論的「將手臂改造成武器的人」，失去了靈活性。

是的，遊戲主機和執行遊戲的行為實現綁定得過於緊密，擴充遊戲需要增加遊戲主機子類別。

想要擴充遊戲，增加的卻是遊戲主機子類別，這不合理！你小時候玩過可以換遊戲卡的紅白機*嗎？

當然玩過！和同學交換遊戲卡，也是一種樂趣！

紅白機對遊戲主機的遊戲軟體部分和硬體部分進行拆分。遊戲軟體以遊戲卡的形式存在，遊戲主機可以使用任何遊戲卡，想玩什麼遊戲就插什麼遊戲卡。你想一想，如果將程式設計成插卡遊戲主機，那麼實現3種版本的遊戲主機和3款遊戲，需要哪些實現類別呢？

應該只需要3台遊戲主機和3盤遊戲卡的實現類別。

沒錯。之前的實現方式一共需要9個遊戲主機實現類別，隨著遊戲數量的增多，這個差距會更懸殊。我們對程式進行改造，用插卡遊戲主機的設計來實現遊戲主機程式。

原理我聽懂了，但是改造起來有點麻煩，得給我一些時間。

半小時後，兔小白終於完成了程式改造。

---

*　任天堂公司發佈的一款家庭遊戲主機，可以透過更換遊戲卡來執行各種遊戲。官方名稱 Family Computer，俗稱紅白機。

紅白機的優勢是可以抽換遊戲卡。

首先，定義遊戲卡抽象類別。

```
public abstract class GameCard {
    public abstract void run();
}
```

然後，實現兩個遊戲卡子類別，使用 run 方法實現遊戲執行。

```
public class TetrisGameCard extends GameCard {
    public void run() {
        System.out.println(" 執行俄羅斯方塊遊戲 ");
    }
}
```

```
public class PacmanGameCard extends GameCard {
    public void run() {
        System.out.println(" 執行吃豆人遊戲 ");
    }
}
```

接下來，改造遊戲主機類別。在 GameMachine 類別中增加 GameCard 類型物件引用，可以透過 setGameCard 方法進行設置。

```
public abstract class GameMachine {
    protected GameCard gameCard;

    public void setGameCard(GameCard gameCard) {
        this.gameCard = gameCard;
    }

    public abstract void run();
```

}
```

GameMachine 子類別的 run 方法透過呼叫自己持有的 GameCard 物件的 run 方法來實現，執行的遊戲取決於設置的 GameCard 物件是哪一種遊戲。

```
public class GameMachineBasic extends GameMachine {
    public void run() {
        System.out.println("啟動基礎版遊戲主機");
        gameCard.run();
    }
}
```

```
public class GameMachinePro extends GameMachine {
    public void run() {
        System.out.println("啟動專業版遊戲主機");
        gameCard.run();
    }
}
```

這版程式寫得很棒！現在想要增加遊戲，該怎麼辦？

只需要增加遊戲卡子類別，遊戲主機類別的繼承系統不需要做任何修改。

如果想要增加新版本的遊戲主機呢？

那麼只需要增加遊戲主機子類別，遊戲卡類別的繼承系統也不需要修改。

這版程式將遊戲主機中的遊戲部分分離出來，抽象成遊戲卡繼承系統。遊戲主機繼承系統中的實現類別可以與遊戲卡繼承系統中的實現類別任意
```

組合，靈活度有所提升，這就是橋接模式。

🐰 為什麼叫作橋接模式呢？

🐼 橋接模式的名字非常形象，你看我畫的程式結構圖，就能立刻明白！

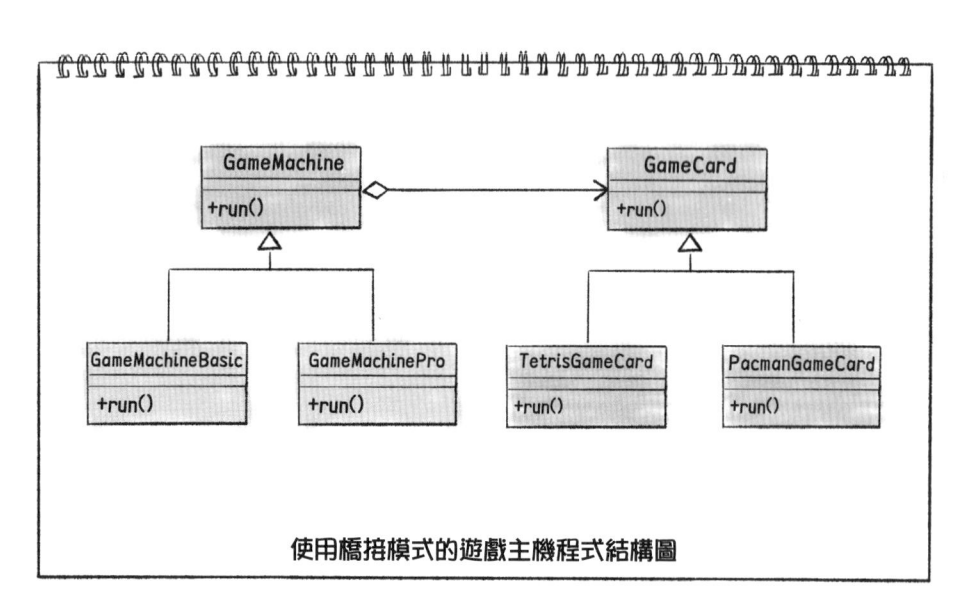

```
                GameMachine ◇──────▶ GameCard
                 +run()                +run()
                   △                    △
           ┌───────┴───────┐    ┌───────┴────────┐
    GameMachineBasic  GameMachinePro  TetrisGameCard  PacmanGameCard
      +run()           +run()          +run()           +run()
```

使用橋接模式的遊戲主機程式結構圖

🐼 看到 GameMachine 和 GameCard 之間的連線了嗎？橋接模式的「橋」就是這條聚合關係連線。兩個繼承系統透過這條線打通，配合工作，同時，兩個繼承系統可以獨立擴充。

10.4　橋接模式的適用場景

🐼 我們先來看看橋接模式結構圖。

```
┌─────────────────────────────────────────────────────────────┐
│  ╔══════════════════════════════════════════════════════╗   │
│                                                              │
│                   ┌─抽象類別，維護 Implementom              │
│                   │  類型物件引用，以便它的      定義實現類別介面，並 │
│                   │  子類可以使用 Implementor   不一定和 Abstraction │
│      ┌──────────┐ │  類型物件。                 介面完全一致，僅    │
│      │Abstraction│◇┘         ┌──────────┐      提供基礎操作。     │
│      │#impl:Implementor│────▶│Implementor│                     │
│      │+operation()│           │+operationImpl()│                │
│      └──────────┘            └──────────┘                     │
│          △                        △                          │
│      ┌───┴────┐              ┌────┴────┐                     │
│   ┌──────┐ ┌──────┐       ┌──────┐ ┌──────┐                 │
│   │Refined│ │Refined│      │Concrete│ │Concrete│              │
│   │AbstractionA│ │AbstractionB│ │ImplementorA│ │ImplementorB│  │
│   │+operation()│ │+operation()│ │+operationImpl()│ │+operationImpl()│ │
│   └──────┘ └──────┘       └──────┘ └──────┘                 │
│      │                         │                              │
│   抽象類別的子類，透過調         實現 Implementor 定義的        │
│   用 impl.operationImpl()       operationImpl 方法。           │
│   來實現抽象類別的                                             │
│   operation 方法。          橋接模式結構圖                    │
└─────────────────────────────────────────────────────────────┘
```

🐼　　橋接模式將抽象部分和實現部分相分離，形成兩個獨立的繼承系統。這裡的「抽象部分」指的是行為主體的抽象類別 Abstraction 及其子類別 RefinedAbstraction，例如本例中的遊戲主機抽象類別和遊戲主機子類別。「實現部分」是指抽象類別的部分行為實現，被定義為 Implementor 類別及其子類別 ConcreteImplementor。舉例來說，在本例中，將「執行遊戲」的行為實現從遊戲主機類別中分離出來，交給遊戲卡類別，形成了遊戲主機類別和遊戲卡類別兩個繼承系統。

　　RefinedAbstraction 中 Operation 方法的基礎實現是透過呼叫 Implementor 子類別的 operatiomImpl 方法完成的。在此基礎之上，它可以增加較高層次的操作。

橋接模式具備以下優點。

（1）更靈活的物件結構。橋接模式由兩個獨立的繼承系統聚合組成。Abstraction 可以搭配不同的 Implementor 實現，從而改變自己的行為邏輯。換句話講，橋接模式使得一個物件可以在執行時期改變自己的行為實現。

（2）減少繼承層次。在遊戲主機的例子中，如果採用單一遊戲主機的繼承系統設計，需要 3 層繼承關係才能實現需求。使用橋接模式，只需要兩層遊戲主機類別的繼承系統，遊戲卡類別的繼承系統也是兩層。更低的層次深度會帶來更好的可維護性。

（3）更好的擴充性。一個繼承系統被合理地分成兩個繼承系統，各自可以獨立發展。兩個繼承系統為聚合關係，存在介面約束，各自的擴充並不會導致程式不相容。

🐼　　看到這麼多優點，我問你一個問題，橋接模式滿足了哪些設計原則？

👽　　Abstraction 的部分功能實現交給了 Implementor，這符合單一職責原則。兩個繼承系統間依賴的是介面，這樣才能做到兩個繼承系統既能獨立發展，又能配合工作，符合依賴倒置原則。

🐼　　設計模式將設計原則應用到特定問題的解決方案中，每種設計模式都是對設計原則的綜合運用。

橋接模式適用的場景如下。

（1）繼承系統結構複雜、層次過深、實現類別過多的場景。繼承系統結構複雜，很可能是職責不夠單一造成的。橋接模式可以將部分職責分離給其他類別來實現，同時減少繼承系統層次、減少實現類別。

（2）物件的個別行為變化頻繁。如果物件的某個行為比其他行為的變化更頻繁，那麼可以考慮使用橋接模式，將這個變化頻繁的行為抽象為新的類別，形成新的繼承系統，讓其獨立發展，縮小變化的影響範圍。

（3）希望提升某個功能實現的靈活性。像遊戲主機一樣，如果不想將遊戲和遊戲主機完全綁定，那麼可以將遊戲分離出來，抽象成遊戲卡，將具體遊戲的實現交給遊戲卡。遊戲主機可以透過配置不同的遊戲卡來執行不同的遊戲，而不需要增加新的遊戲主機。

之前關於抽象類別的實現，我只會使用繼承。今天又學了一招，行為的具體實現還可以交給別的類別，然後搭一座「橋」，將抽象類別和實現連接起來。

雖然今天新學了一招，但可不要腦袋一熱，全都用這招哦！選擇用繼承系統還是橋接模式，取決於需求。如果物件的行為確定不會變化，那麼推薦用繼承來實現。如果某個行為的變化可能性很大，那麼可以考慮使用橋接模式。其實，二者並不衝突，橋接模式只是將變化不活躍的部分和變化活躍的部分分別放到兩個繼承系統中實現，達到隔離變化的目的；然後透過「橋」將兩個繼承系統連接起來，讓兩者配合完成完整功能。

第 11 章

樹狀結構也是一種設計模式嗎？
—— 組合模式

11.1 人力地圖中的設計模式

兔小白，你對著螢幕笑什麼呢？

公司最近調整了組織架構，更新了系統中的人力地圖，我發現我和虎老闆之間的層級減少了一層，距離老闆又近了一級，相當於晉升了，我很開心！

這算哪門子晉升？晉升得靠你真正的實力。我現在考考你，看看你的實力如何？

好呀，放馬過來吧！

請聽題，人力地圖採用了什麼資料結構？

人力地圖是典型的樹狀結構。總裁只有一個，總裁下面有兩位副總裁，每位副總裁下面又有若干名經理。總裁、副總裁、經理都是公司員工，只是等級不同。員工之間的關係為一對多，如果畫圖表示，就像將一棵大樹的樹冠倒轉過來，所以被稱為樹狀結構。

沒想到你對演算法和資料結構還有研究！不過，我們今天先把演算法放一放，集中精力把設計模式學完。

🐰 你的意思是樹狀結構也是一種設計模式？

🐼 資料之間組成樹狀結構,是一種資料結構。物件之間組成樹狀結構,則是一種結構型設計模式,叫作組合模式。

物件導向語言在實現樹狀結構時,樹上的每個節點都會被抽象為物件。比如,人力地圖中的節點是員工物件,員工物件透過聚合關係連接在一起,形成一棵樹,就是人力地圖。

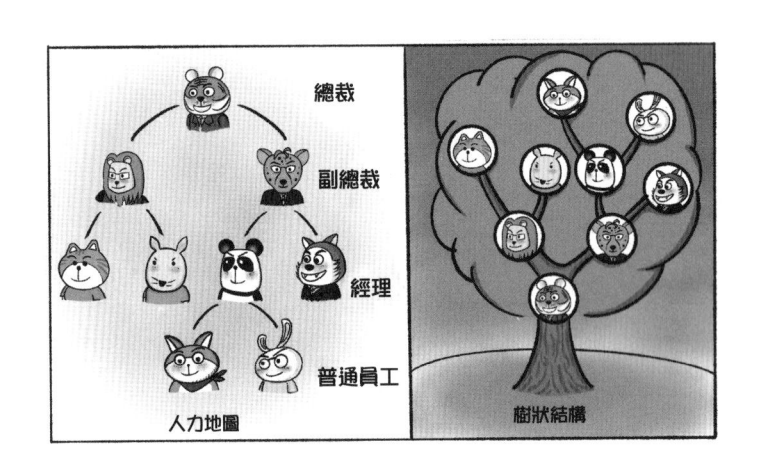

🐰 說到程式實現,我就開始手癢癢,還是動手寫一寫吧!

🐼 好的,那我們邊寫邊講。

11.2　只有內部員工的人力地圖

🐼 我們要實現的需求是人力地圖中每個節點的員工都可以增加和移除自己的下一級員工,並且遍歷展示自己所有下屬員工的姓名。

🐰 稍等,我這就寫一版人力地圖。

10分鐘後,兔小白完成了人力地圖程式。

11.2 只有內部員工的人力地圖

人力地圖中雖然只有員工物件，但還是需要介面程式設計，以防後續導向的需求變更。我先建立員工抽象類別 Staff，定義維護下屬員工的方法和展示下屬員工姓名的方法。

```java
public abstract class Staff {
    protected String name;

    public Staff(String name) {
        this.name = name;
    }
    abstract public void  addSubordinate(Staff staff );
    abstract public void removeSubordinate(Staff staff);
    abstract public void display(int myDepth);
}
```

員工類別 Employee 繼承自 Staff 類別。成員變數 subordinates 是 Employee 類型物件的列表，用來儲存下屬員工。removeSubordinate 和 addSubordinate 方法用來維護直屬的下屬員工。display 方法透過遞迴展示所有下屬員工的名字，入參 myDepth 是員工自己在人力地圖中所處的層級。

```java
public class Employee extends Staff {
    private ArrayList<Staff> subordinates = new ArrayList();

    public Employee(String name) {
        super(name);
    }

    public void addSubordinate(Staff staff) {
        subordinates.add(staff);
    }

    public void removeSubordinate(Staff staff) {
        subordinates.remove(staff);
    }
```

```java
    public void display(int myDepth) {
        for (int i = 0; i < myDepth; i++) {
            System.out.print("-");
        }
        System.out.println(name);

        for (Staff subordinate:subordinates) {
            subordinate.display(myDepth+1);
        }
    }
}
```

用戶端程式如下。

```java
Employee tiger = new Employee(" 虎老闆 ");
Employee panda = new Employee(" 熊小貓 ");
Employee wolf = new Employee(" 狼總監 ");
Employee rabbit = new Employee(" 兔小白 ");
Employee dog = new Employee(" 汪小黃 ");

tiger.addSubordinate(panda);
tiger.addSubordinate(wolf);
panda.addSubordinate(dog);
panda.addSubordinate(rabbit);
tiger.display(1);
```

程式輸出結果如下。

```
- 虎老闆
-- 熊小貓
--- 汪小黃
--- 兔小白
-- 狼總監
```

> 寫得不錯！這麼簡單的程式都沒忘記面向介面程式設計。

我記得你說過，**程式是否需要更靈活的設計，取決於成本和未來變化的可能性**。我既然知道你一定會提需求變更，當然要提前準備了，況且加一個抽象類別也不麻煩，不然一會兒還要修改。

需求確實要變更，現在的人力地圖需求比較簡單，你的程式實現也沒有問題。我們公司除正式員工外，還有一些由合作單位派遣的外協員工，現在人力地圖中要加入外協員工。為了方便管理，外協員工也從屬於某個正式員工，但是我們公司並不需要管理外協員工內部的層級關係，因此在人力地圖中，外協員工沒有下級。

外協員工有點特殊，他的行為和我定義的 Staff 抽象類別不一樣，我得再理一理物件間的關係。

11.3　外協員工也要一視同仁

10 分鐘後，兔小白還沒寫完程式。

有個問題把我難住了。外協員工沒有下屬員工，所以外協員工類別不應該有 subordinates 列表以及相關的維護方法，需要移除 Staff 抽象類別中維護 subordinates 的方法。如果這樣設計，員工類別和外協員工類別的行為差別很大，導致在使用 Staff 類型物件的地方需要先判斷是內部員工還是外協員工，才能知道有哪些方法可以呼叫。

雖然外協員工沒有下屬員工，是樹中的葉子節點，但也可以讓外協員工具備 subordinates 的維護方法，只不過實現邏輯為空，這樣就不用刻意區分外協員工和內部員工了。

可以這樣設計嗎？我覺得不合理呀！

你可以把外協員工看作一種特殊的內部員工，擁有維護下屬員工的行為，但是沒有下屬員工列表，所以什麼都不需要做。從這個角度來考慮，是不是就可以說服你？

好，雖然有些牽強，但我勉強接受。

軟體設計有時也需要變通。快去改程式吧！

15 分鐘後，兔小白修改完了程式。

按照你說的，改起來簡單多了。外協員工類別 OutsourcedStaff 也繼承自 Staff 類別，雖然實現了維護 subordinates 列表的方法，但實際上沒有做任何事情。由於沒有下屬，因此 display 方法只列印自己的姓名。

```java
public class OutsourcedStaff extends Staff{
    public OutsourcedStaff(String name) {
        super(name);
    }

    public void addSubordinate(Staff staff) {
    }

    public void removeSubordinate(Staff staff) {
    }

    public void display(int myDepth) {
        for (int i = 0; i < myDepth; i++) {
            System.out.print("-");
        }
        System.out.println(name);
    }
}
```

用戶端程式如下。

```java
Employee tiger = new Employee("虎老闆");
```

11.3 外協員工也要一視同仁

```
Employee lion = new Employee("獅哥");
Employee leopard = new Employee("豹哥");
Employee cat = new Employee("貓花花");
Employee panda = new Employee("熊小貓");
Employee wolf = new Employee("狼總監");
Employee rabbit = new Employee("兔小白");
Employee dog = new Employee("汪小黃");
OutsourcedStaff mouse = new OutsourcedStaff("鼠小弟");

panda.addSubordinate(rabbit);
panda.addSubordinate(dog);
lion.addSubordinate(cat);
lion.addSubordinate(mouse);
leopard.addSubordinate(panda);
leopard.addSubordinate(wolf);
tiger.addSubordinate(lion);
tiger.addSubordinate(leopard);

tiger.display(1);
```

執行結果如下。

```
- 虎老闆
-- 獅哥
--- 貓花花
--- 鼠小弟
-- 豹哥
--- 熊小貓
---- 兔小白
---- 汪小黃
--- 狼總監
```

不錯，這就是我想要的效果。

這樣處理外部員工類別，我還是覺得不太妥當。這種方式存在一些弊端，可能導致用戶端對葉子節點執行的操作沒有產生想要的效果，但用戶端卻並不知道。舉例來說，增加或刪除葉子節點的子節點，並不會生效。

你的擔心不無道理，其實，這是組合模式的一種實現方式——透明方式。透明方式將子節點的管理方法定義在抽象類別中，葉子節點同樣實現管理子節點的方法，只不過不做任何事情。用戶端在使用節點物件時，不用判斷是否為葉子節點，透明方式由此得名。透明方式在表現其優勢的同時也犧牲了安全性。

如果只實現樹狀資料結構，那麼節點沒有任何業務含義，並不需要特殊處理葉子節點。如果一個節點的子節點列表為空，那麼它就是葉子節點。但是在物件導向設計時，節點物件被賦予業務含義，所以當外協員工類別中出現對下屬員工列表的維護方法時，你會覺得和需求不符，感到不妥，其實通常並不會產生問題。

此外，還有一種安全的實現方式。從物件導向的角度出發，嚴格按照物件的行為設計程式。外協員工不應該有下屬員工，所以外協員工類別中不會實現下屬員工的維護方法。但由於其繼承自 Staff 類別，Staff 類別也要移除下屬員工的維護方法，下屬員工的維護方法只在內部員工類別中實現。這樣設計後，用戶端在使用 Staff 類型的物件時需要先做判斷，只有 Employee 的實例可以維護下屬員工。程式獲得了安全性，但是喪失了透明性。

我感覺在大多數場景下透明性更重要。如果葉子節點對子節點列表的維護方法實現恰當，例如什麼都不做，那麼即使被呼叫，也不會產生錯誤。這表示削弱了安全性帶來的影響。

確實如此，一般情況下，推薦使用透明方式。下面我們看看組合模式的定義和適用場景。

11.4　組合模式的適用場景

與其叫作組合模式，不如叫樹狀模式更形象。我以前經常把「組合」和物件關係的「合成」弄混。這兩個概念的英文名稱是同一個單字 Composite，但其實描述的是不同的概念。我們看看組合模式結構圖。

Component 是組合元件的抽象類別，宣告了組合元件的介面。在適當情況下，它負責實現所有子類別共有介面的預設行為，宣告管理和存取 Component 的子元件的方法。Composite 是有子元件的元件，實現對子元件的維護。Leaf 是沒有子元件的葉子節點元件。

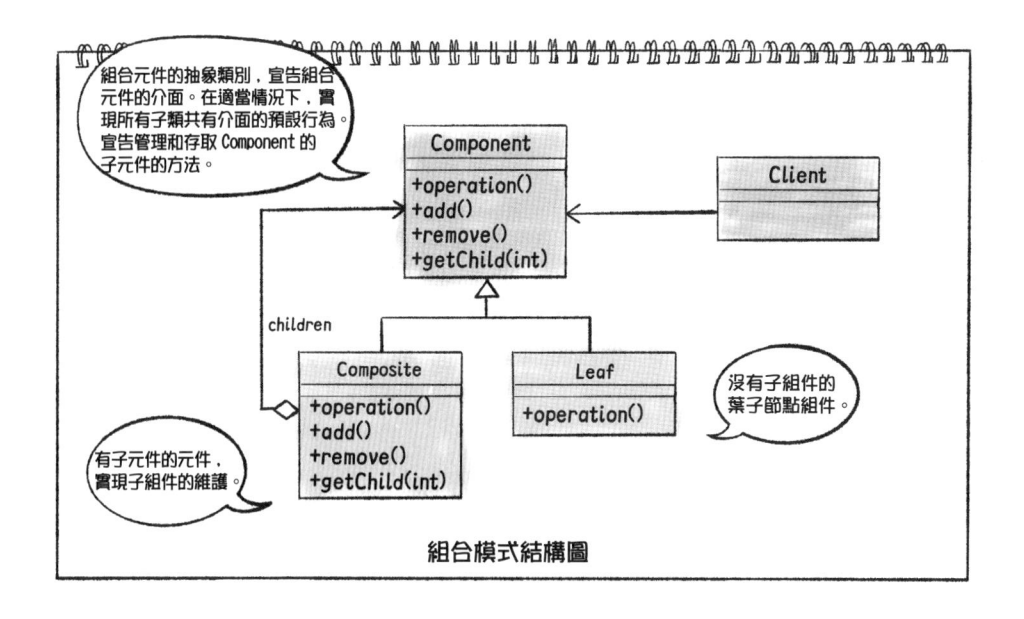

組合模式結構圖

可以看到，在組合模式中，物件間的關係其實是「聚合」，並不是「合成」，這是很容易混淆的一點。為什麼叫作組合模式呢？我覺得有一種應用場景與組合模式的名字很貼切——描述硬體裝置組裝所需的結構和元件。

舉例來說，電腦由各種元件組成，元件間可以進行組裝。有些元件不能再安裝其他元件，比如記憶體，這種元件是 Leaf 類型的物件；有些元件可以安裝其他元件，比如主機板上可以安裝 CPU、記憶體、顯示卡、音效卡等，顯示卡上又可以安裝顯示器，這種元件是 Composite 類型的物件。

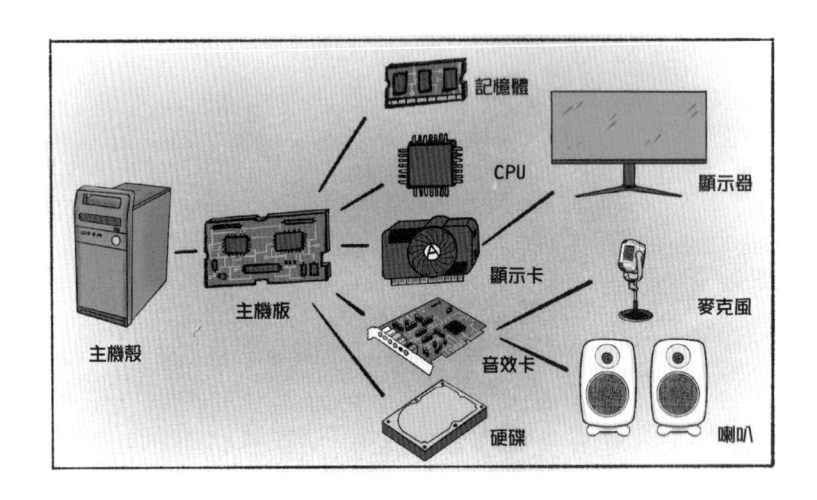

組合模式的優點如下。

（1）組合模式讓改變節點物件的組成變得容易。一個節點物件由若干個子節點物件組成，每個節點都是一棵子樹，這表示很容易實現節點物件組成的變化。舉例來說，人力地圖中的某個職員節點的下屬變化、電腦中某個元件連接的下級元件變化，都可以透過子節點的維護來實現。

（2）靈活的組合物件。Leaf 類型的物件可以組合成 Composite 類型的物件，Composite 類型的物件又可以被組合成新的 Composite 類型的物件。透過組合 Component 類型的物件，很容易得到新的物件。

（3）用戶端呼叫透明。用戶端在使用 Composite 類型的物件或 Leaf 類型的物件時，不需要做任何區分。

靈活的組合物件？那豈不是任何物件都可以由 Component 類型的物件組合而成？只要定義好 Component，想要什麼物件就組合成什麼物件！

🐼 哪有這等美事？組合模式是結構型設計模式，專注於解決物件結構的問題。你有沒有發現，所有由 Component 組成的物件雖然組成不同，但是行為完全一樣？

🐰 還真是這樣。行為已經定義在 Component 中，再怎麼組合也不能產生新的行為。

🐼 組合模式的靈活性建立在更高程度的抽象之上，但是抽象程度越高，物件間的差別就越小。舉例來說，在人力地圖中，內部員工和外協員工都被抽象為員工；在電腦組裝的例子中，主機板、CPU、記憶體、硬碟、顯示卡都被抽象為組件。經過高度抽象後，物件間的不同行為會被消除，只剩下少量的共有行為，例如顯示員工的基本資訊、計算電腦元件的成本等。

🐰 讓你這樣一說，我又覺得組合模式的用處好像不大了……

🐼 沒有萬能的設計模式，只有用對了地方，設計模式才能發揮它的價值！

下面這幾種場景比較適合使用組合模式。

（1）物件組成樹狀關係。舉例來說，人力地圖是很典型的樹狀關係；汽車的車型、車系、車款也是層層細化的樹狀關係；在思考問題時經常使用的「心智圖」是把想法分層。常見的樹狀關係還有檔案系統、選單目錄等。

（2）物件之間是整體和部分的關係。舉例來說，前面提到的計算機組成結構，以及大部分硬體產品都具備這種結構。

🐼 使用組合模式的原因是獲取物件組合的靈活性，透過物件組合形成新的物件；另一個重要的原因是利用樹狀結構的特點，可以將整體運算分解為部分運算，從而遞迴求解。舉例來說，在計算某個產品元件的總成本時，可以對組成這個元件樹上的所有元件成本遞迴求和；在人力地圖的例子中，顯示某個員工的所有下級員工時也使用了遞迴思想。

其實，以上場景也可以不用組合模式來實現。物件在喪失靈活性的同時，會獲得更好的個性化。舉例來說，在電腦的例子中，完全可以定義個性化的主機板、硬碟、CPU 等元件類別，每個類別都有自己獨特的行為。但是由於喪失了統一的介面，用戶端在使用這些類別時不能一視同仁，很難將問題分解為子問題並使用遞迴求解。

在工作中，即使遇到典型的樹狀物件關係的場景，我們也要多思考一下，到底想要的是物件組成的靈活性、計算的便利性，還是個性化的物件？在同一個場景下，需要根據問題的焦點選擇適合的設計模式。

第 12 章

人靠衣裝佛靠金裝 —— 裝飾模式

12.1 功能強大的美顏相機

🐰 美顏相機真好用！你看我這張美顏後的照片，可以做雜誌封面了！

[原始照片 / 美顏後的照片]

🐼 確定這是你嗎？你這不是美顏，是換頭！不對，身子都換了……

🐰 我只是開了一點瘦臉和修容特效，加了墨鏡特效和換衣特效！

🐼 你這不是照片，而是「照騙」……你在研究美顏相機拍照的同時，有沒有好奇美顏相機是如何實現這些功能的？

🐰 嗯……我的確有些好奇。

美顏相機將現實世界中的化妝搬到了軟體中。人的原始樣貌是化妝的「底子」，化妝可以讓皮膚平滑、眼睛變大、氣色變好，高手甚至能透過化妝在視覺上產生瘦臉、提高鼻樑的效果。除了實現化妝的效果，美顏相機還可以用虛擬物品裝飾照片，比如戴墨鏡、戴帽子、換衣服等。

美顏相機的功能又多又強大，辛苦化妝一小時，不如開啟美顏一秒鐘！

今天學習的設計模式，就叫作化妝……不對，裝飾模式！我們看看在程式中如何「裝飾」一個物件。

裝飾物件是什麼意思呢？

裝飾物件是指為物件動態增加職責，將它武裝得更強大。我先問問你，如何實現物件的職責靈活可變？

我記得橋接模式可以動態改變物件的職責，在實現某個物件的職責時，借助另一個繼承系統中的物件，這就好比工人使用的工具不同，工作方式也不同。

你記得沒錯。橋接模式透過物件間的聚合關係，也就是「橋」，實現了物件職責的動態改變。不過，裝飾模式更靈活，可以在物件的基礎職責上動態疊加新職責。就像美顏相機在拍照的基礎功能之上，還能為照片增加各種美顏效果。

裝飾模式比橋接模式更靈活？我已經迫不及待要見識一下了！

12.2　不可以隨意組合美顏效果的美顏相機

還是從一個簡單的練習開始吧！我們來實現美顏相機的拍照功能。除了基礎的拍照功能，還需要實現瘦臉、修容、加邊框的美顏效果。

10 分鐘後，兔小白寫完了程式。

相機的核心功能是拍照，所以我定義了相機介面 Camera，shot 為拍照方法。

```java
public interface Camera {
    void shot();
}
```

美顏相機類別 BeautyCamera 實現該介面，按照美顏需求實現 shot 方法。

```java
public class BeautyCamera implements Camera {
    public void shot() {
        System.out.println(" 原始效果拍照 ");
        thinFace();
        smoothSkin();
        addFrame();
    }

    private void thinFace() {
        System.out.println(" 瘦臉效果處理 ");
    }

    private void smoothSkin() {
        System.out.println(" 修容效果處理 ");
    }

    private void addFrame() {
        System.out.println(" 加邊框處理 ");
    }
}
```

程式雖然不多，但你有沒有覺得 BeautyCamera 承擔的職責有些多？它不但要負責拍照，還要實現各種美顏效果。如果想增加一個「大眼」效果，那麼只能透過修改 BeautyCamera 類別來實現。

確實是這樣，這違背了開閉原則。增加美顏效果是一個經常會發生變化的功能，程式需要具備良好的擴充性，我嘗試最佳化一下程式。

15 分鐘後，兔小白改好了第 2 版程式。

首先，我將美顏功能從相機的拍照功能中分離出來，定義美顏效果介面。然後，定義 3 種美顏效果的實現類別。

```java
public interface BeautyEffect {
    void beautify();
}
```

瘦臉效果類如下。

```java
public class ThinFaceEffect implements BeautyEffect{
    public void beautify() {
        System.out.println(" 瘦臉效果處理 ");
    }
}
```

修容效果類如下。

```java
public class SmoothSkinEffect implements BeautyEffect{
    public void beautify() {
        System.out.println(" 修容效果處理 ");
    }
}
```

邊框效果類如下。

```java
public class FrameEffect implements BeautyEffect{
    public void beautify() {
```

```
        System.out.println(" 加邊框處理 ");
    }
}
```

在 BeautyCamera 類別的 shot 方法中，實例化 3 種 BeautyEffect 子類別，依次進行美化操作。這樣就不怕增加美顏效果了！未來可以透過擴充美顏類別來增加美顏效果。

```
public class BeautyCamera implements Camera {
    public void shot() {
        BeautyEffect frameEffect = new FrameEffect();
        BeautyEffect thinFaceEffect = new ThinFaceEffect();
        BeautyEffect smoothSkinEffect = new SmoothSkinEffect();

        System.out.println(" 原始效果拍照 ");

        thinFaceEffect.beautify();
        smoothSkinEffect.beautify();
        frameEffect.beautify();
    }
}
```

這版程式解決了美顏效果的擴充問題，但是相機的美顏功能有些死板。如果我需要一款低端的美顏相機，只提供瘦臉功能，需要怎麼實現呢？

這只能透過增加新的 Camera 子類別來實現，在 shot 方法中只做瘦臉處理，依舊支援擴充。

程式確實可以擴充，但是不同美顏效果的組合會讓程式中 Camera 子類別的數量「爆炸」。10種美顏效果排列組合將有超過1000種情況！不過，以你現有的設計知識，能做到這樣已經很棒啦！

12.3　可以隨意組合美顏效果的美顏相機

🐼　我現在用裝飾模式來改造程式，不增加 Camera 的子類別，就能建構出各種各樣美顏效果的相機物件！

　　15 分鐘後，熊小貓使用裝飾模式，完成了對程式的改造。

🐼　先來看一看使用裝飾模式後的美顏相機程式結構圖。

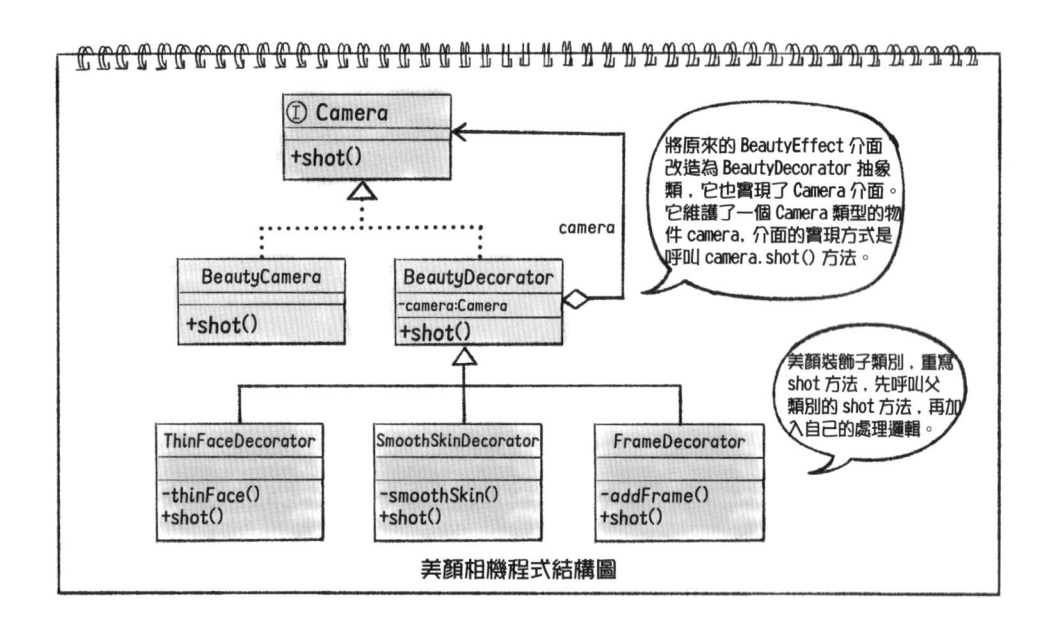

```
① Camera
  +shot()
```

BeautyCamera
+shot()

BeautyDecorator
-camera:Camera
+shot()

ThinFaceDecorator
-thinFace()
+shot()

SmoothSkinDecorator
-smoothSkin()
+shot()

FrameDecorator
-addFrame()
+shot()

美顏相機程式結構圖

將原來的 BeautyEffect 介面改造為 BeautyDecorator 抽象類，它也實現了 Camera 介面。它維護了一個 Camera 類型的物件 camera，介面的實現方式是呼叫 camera.shot() 方法。

美顏裝飾子類別，重寫 shot 方法，先呼叫父類別的 shot 方法，再加入自己的處理邏輯。

🐰　美顏裝飾類別 BeautyDecorator 也要實現 Camera 介面嗎？我不太理解。美顏裝飾類別和美顏相機類別明顯是不同的抽象，它們的行為應該不一樣呀！

🐼　你的想法很有道理，我們先看程式，後面我再給你解答。我們先來看 BeautyDecorator 類別的程式實現。

```java
public class BeautyDecorator implements Camera {
    private Camera camera;

    public BeautyDecorator(Camera camera) {
        this.camera = camera;
    }

    public void shot() {
        if (camera != null) {
            camera.shot();
        }
    }
}
```

BeautyDecorator 類別維護了一個 Camera 類型的物件——camera，它非常關鍵。由於 BeautyCamera 和 BeautyDecorator 都實現了 Camera 介面，所以 camera 既可以是 BeautyCamera 類型的物件，也可以是任何 BeautyDecorator 的子類別物件。這意味裝飾模式可以形成這樣的物件結構：以 BeautyCamera 物件為中心，BeautyDecorator 子類別物件層層巢狀結構。裝飾模式的名字由此而來，多個 BeautyDecorator 物件層層裝飾 BeautyCamera 物件。

BeautyDecorator 類別對 shot 方法的實現其實只呼叫了它所持有的 Camera 類型物件的 shot 方法。這種看似「套殼」的做法，其實為 BeautyDecorator 的子類別實現動態增加職責鋪平了道路。

我們來看一個 BeautyDecorator 的子類別——ThinFaceDecorator 的程式。其他兩個美顏裝飾子類別的程式結構與它基本一致。

```java
public class ThinFaceDecorator extends BeautyDecorator {
    public ThinFaceDecorator(Camera camera) {
        super(camera);
    }

    public void shot() {
        super.shot();
```

```
        thinFace();
    }

    private static void thinFace() {
        System.out.println(" 瘦臉效果處理 ");
    }
}
```

ThinFaceDecorator 類別的建構方法與父類別 BeautyDecorator 一樣，設置自己持有的 Camera 類型物件。重寫 shot 方法，首先呼叫父類別 BeautyDecorator 的 shot 方法，父類別的 shot 方法會呼叫自己持有的 Camera 物件的 shot 方法，然後呼叫自己私有的 thinFace 方法做瘦臉操作，從而實現 ThinFaceDecorator 在自己持有的 Camera 物件的 shot 方法基礎上增加自己的職責。

我們再來看看用戶端程式如何組裝一台擁有各種美顏效果的相機。

```
Camera beautyCamera = new BeautyCamera();

BeautyDecorator thinFaceDecorator = new ThinFaceDecorator(beautyCamera);
BeautyDecorator smoothSkinDecorator =
         new SmoothSkinDecorator(thinFaceDecorator);
BeautyDecorator frameDecorator = new FrameDecorator(smoothSkinDecorat
or);

frameDecorator.shot();
```

在用戶端程式中，首先建立 BeautyCamera 物件，然後建立 3 種 BeautyDecorator 子類別物件，對 BeautyCamera 物件進行層層包裝，最後呼叫最外層 frameDecorator 物件的 shot 方法。

程式輸出結果符合預期。

原始效果拍照
瘦臉效果處理
修容效果處理
加邊框處理

🐼 我們可以透過搭配不同效果的美顏裝飾子類別，實現各種美顏效果的相機。這就像一台可以安裝濾鏡的相機，只需組合不同的濾鏡，就能得到多樣的美顏拍照效果。

🐼 如果我想要一台只有瘦臉、修容功能的美顏相機，我就只給相機安裝瘦臉和修容濾鏡。

🐰 好厲害！不增加美顏相機的子類別實現，便可以建構出各種效果的美顏相機物件。

🐼 千萬種物件並不需要定義千萬個類別，透過巧妙的程式結構設計，實現靈活地組合物件，從而建構功能各異的物件。

🐰 我覺得裝飾模式的物件結構就像俄羅斯套娃，一個物件套一個物件，最外層的裝飾物件接收工作指令，大家接力完成全部工作。

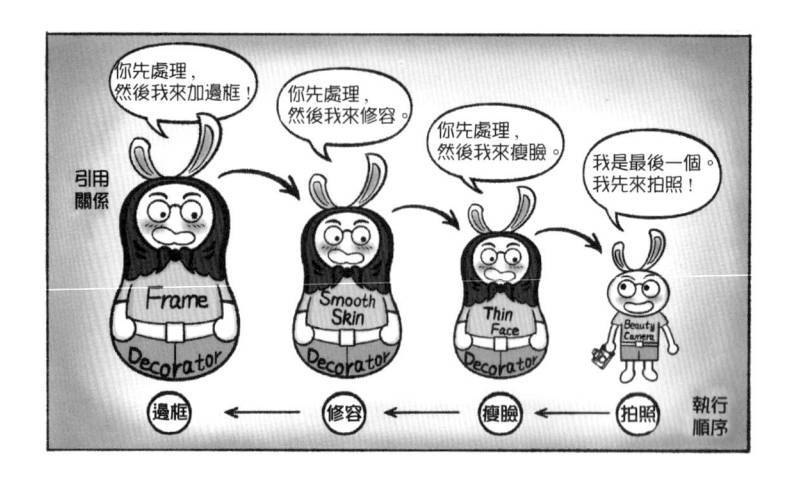

這個比喻很形象！不過裝飾模式並不是簡單的套娃，每層裝飾類別都要增加自己的職責。

12.4 裝飾模式的優缺點及適用場景

我們結合裝飾模式結構圖，看看它如何巧妙地實現「套娃」。

Component 定義了某個物件的介面。ConcreteComponent 是它的實現類別，實現 operation 方法的核心邏輯。Decorator 同樣實現 Component，它持有一個 Component 類型物件的引用。多個 Component 類型物件（既可以是 Decorator，也可以是 ConcreteComponent 類型物件）透過設置該引用形成引用鏈，呈現出以 ConcreteComponent 為中心、ConcreteDecorator 層層巢狀結構的結構。

![裝飾模式結構圖]
- 定義物件的介面。可以被動態地增加職責。對應例子中的 Camera 介面。
- Component +operation()
- ConcreteComponent +operation()
- Component 介面實現類別，實現介面的主要職責。對應例子中的 BeautyCamera 類別。
- Decorator -component:Component +operation()
- 裝飾抽象類別，維護一個 Component 類型物件引用。它實現 Component 介面的方式是將請求轉發給自己維護的 component 物件。對應例子中的 BeautyDecorator 類別。
- ConcreteDecoratorA -addedState -addedBehavior() +operation()
- ConcreteDecoratorB -addedState -addedBehavior() +operation()
- 裝飾實現類別，可以增加自己的屬性和方法。它在呼叫父類別 Decorator 實現的基礎上增加了自己獨有的邏輯，重寫了 Component 介面實現。對應例子中的 ThinFaceDecorator 類別。

裝飾模式結構圖

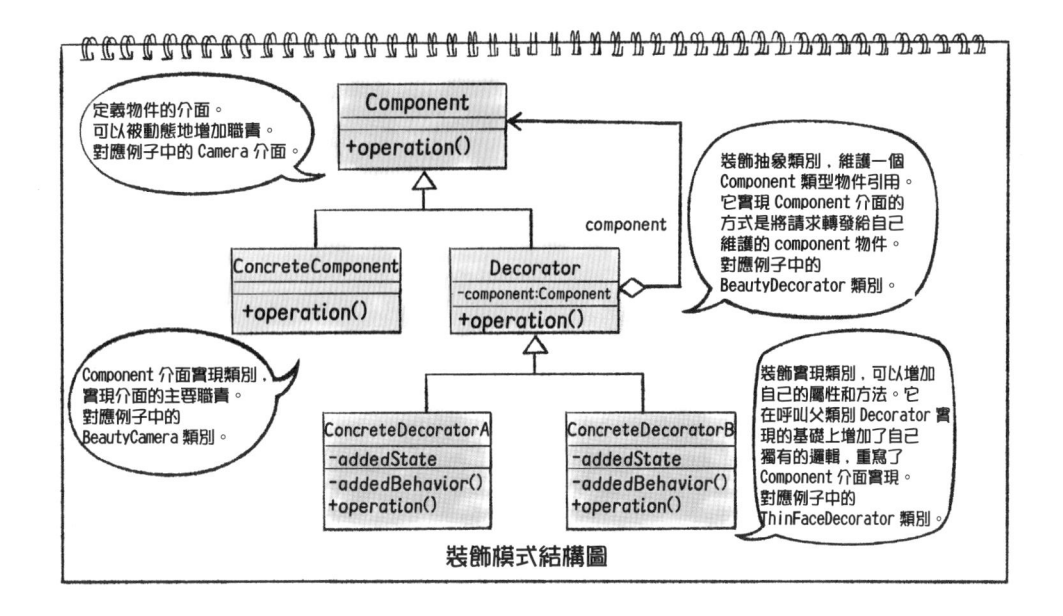

　　形成巢狀結構結構的目的是為 operation 方法動態增加職責。ConcreteDecorator 類別在對 operation 方法的實現中，先呼叫它持有的 Component 類型物件的 operation 方法，然後執行自己獨有的邏輯。這表示每巢狀結構一層 ConcreteDecorator 物件，都將為 operation 方法增加該物件獨有的邏輯。

　　用戶端在呼叫最外層 ConcreteDecorator 物件的 operation 方法時，依次呼叫巢狀結構結構中的所有 ConcreteDecorator 物件的 operation 方法，最終呼叫到 ConcreteComponent 物件的 operation 方法。這個呼叫鏈上的所有邏輯都將被執行，裝飾模式以這種方式實現靈活地增加職責。

　　不得不說，裝飾模式的實現真巧妙！讓 ConcreteDecorator 物件層層巢狀結構很容易，因為物件類型都是 Decorator，困難在於如何將 ConcreteComponent 物件巢狀結構進來。operation 方法的主要實現都在 ConcreteComponent 物件中，沒有它可不行。裝飾模式不走尋常路，將 ConcreteComponent 和 Decorator 類別的介面統一為 Component，統一了兩者的類型，從而 ConcreteComponent 物件也能被巢狀結構進來。

統一 ConcreteComponent 和 Decorator 類別的介面後，二者是透明的。Decorator 在設置自己持有的 Component 類型物件時，不需要區分是 ConcreteComponent 類型物件還是 Decorator 類型物件。只有這樣，整條呼叫鏈路才能被打通，實現完整功能，否則就像美顏相機，各種美顏效果搭配得再好，不能拍照都是徒勞。

裝飾模式的優點如下。

（1）職責粒度更小。在裝飾模式中，主要職責保留在 ConcreteComponent 類別中，其他相關職責可以讓多個 Decorator 子類別來分擔，符合單一職責原則。

（2）物件實現更靈活。裝飾模式將職責實現分散到 ConcreteComponent 類別和各個 Decorator 子類別中，可以透過組合不同的 Decorator 物件來包裝 ConcreteComponent，得到不同功能的 Component 類型物件。這種靈活的方式能夠避免撰寫大量的 Component 子類別實現。

裝飾模式最顯著的缺點是複雜度略高。裝飾模式的不足之處如下。

（1）對實現方式的理解有一定難度。裝飾模式統一了 Decorator 類別和 ConcreteComponent 類別的介面，容易讓人產生困惑。從名字上可以看出兩者並不是同一類物件，ConcreteComponent 類別實現介面的主要職責，Decorator 類別實現輔助職責。兩者的職責並不相同，甚至可能差別很大，但實現了相同的介面，這看上去的確不太合理。我們嘗試換一個角度來思考這個問題，其實 Decorator 類別除實現自己獨有的職責之外，最終還會呼叫 ConcreteComponent 物件的實現方法完成完整的功能。雖然 Decorator 類別名的字面意思是「裝飾」，但其實它透過借助 ConcreteComponent 物件實現了完整功能。別看 Decorator 物件只是「套殼產品」，但功能一點也不少，而且比原產品更強大。

（2）物件結構複雜。裝飾模式中的物件是層層巢狀結構結構。想要了解用戶端中訂製的 Decorator 類型物件的功能，你需要先閱讀所有使用到的 Decorator 類別和 ConcreteComponent 類別的程式，然後根據用戶端組裝 Decorator 類型物件的順序進行整理，才能釐清程式在執行時期的邏輯。

（3）物件的類型不能完全反映該物件的行為實現。在本例的用戶端程式中，最終執行的是 FrameDecorator 類型物件的 shot 方法。從類型上看，該物件的職責只是為照片增加邊框，但其實它還具備它所包裝的另兩個 Decorator 類型物件的修容和美顏功能，以及 BeautyCamera 的拍照功能。如果程式閱讀者不了解裝飾模式，僅根據裝飾物件的類型名稱推斷它的功能，將產生錯誤的認知。

裝飾模式確實靈活好用，但也比較複雜，需要在適合的場景下使用。裝飾模式適合的場景有以下特點。

（1）某個物件行為的核心職責和其他相關職責的體量相差較大。換句話講，裝飾模式中有著明確的主次關係——被裝飾的物件為主，裝飾為次。比如在本例中，拍照為主，瘦臉、修容、加邊框為次。核心職責放在 ConcreteComponent 類別中，Decorator 子類別的職責是在核心功能上實現功能增強。只要保持 Decorator 類別的職責簡單，即使多層裝飾，複雜度也不會過高。

（2）核心功能相對穩定，其他增強功能的變化比較頻繁。對應到本例中，拍照相對穩定，但是總會有新的美顏濾鏡被開發出來。裝飾模式將變化頻繁的功能交給 Decorator 類別，讓它成為獨立的繼承系統，單獨發展，從而隔離了不變和變化。

（3）以核心功能為中心，其他相關功能可以隨意搭配。在本例中，拍照為核心功能，美顏濾鏡可以按任意順序、任意數量搭配。每個濾鏡的功能獨立，相互之間沒有依賴。裝飾順序需要確保透明，用戶端才能大膽使用裝飾物件進行裝飾，而無後顧之憂。

🐰 我看出來了，裝飾模式中的核心是 ConcreteComponent 物件。不管 Decorator 物件怎麼組合、變化，被裝飾的始終是 ConcreteComponent 物件。這就像美顏相機，不管美顏濾鏡怎麼變換，照相機永遠是屹立不倒的主角！

🐼 哈哈，你看到了裝飾模式的本質。裝飾模式換的是「外殼」，還有一種設計模式換的是「核心」，叫作策略模式。今天我們暫且不講，你先好好學習裝飾模式，它的實現方式確實有些複雜，你得多花點時間才能理解透徹。

第 13 章

為什麼加盟速食店越來越多？
—— 面板模式

13.1　如何開一家飯店

結束了一天繁忙的工作，兔小白和熊小貓一起來到速食店吃晚飯。

我要是以後寫不動程式了，開個飯店也不錯！

開飯店，要操心的事可不少。你仔細想一想，需要做哪些事情？

要找仲介租房，找裝潢公司裝潢店面，上應徵網站應徵廚師和服務員，去印刷廠製作選單，找軟體公司購買點餐系統，去蔬菜批發市場採買食材……

你還忘了最重要的步驟，辦理營業執照啊！

哎呀，步驟太多，一不小心把最重要的漏掉了。

開飯店的每一步，你都要面臨如何尋找供貨方、如何選擇供貨方、如何和供貨方溝通等問題。我可以教你一個設計模式——面板模式，讓開飯店變得容易很多。

還有開飯店能用上的設計模式？吃完飯回去趕緊教教我。

其實沒那麼神秘，原理都是相通的，回去我教你！

13.2 獨立開店，我的店面我做主

今天的練習就來寫開飯店程式，讓你提前體驗一下如何開飯店。我把需求精簡一下，假設老闆自己有店面，開店僅需要幾個主要步驟——裝潢、辦營業執照、應徵員工和訂購食材。你來寫程式實現吧！

這可比真正開飯店簡單多了，很快搞定！

10 分鐘後，兔小白完成了開飯店程式。

程式涉及的物件比較多，有裝潢公司、政府部門、應徵網站、供應商，還有開飯店的人，但是都不複雜，我們逐一看程式。

裝潢公司類別 DecorationCompany，負責裝潢工作。

```
public class DecorationCompany {
    public void decorate(){
        System.out.println("裝潢店面完成。");
    }
}
```

應徵網站類別 RecruitingWebsite，負責應徵工作。

```
public class RecruitingWebsite {
    public void hireTalent() {
        System.out.println("雇傭員工完成。");
    }
}
```

政府機關類別 GovernmentOffice，用於申請營業執照。

```java
public class GovernmentOffice {
    public void applyBusinessLicense() {
        System.out.println("申請營業執照完成。");
    }
}
```

最後是食材供應商類別 Supplier，用於訂購蔬菜和肉類。

```java
public class Supplier {
    public void orderVegetables() {
        System.out.println("訂購蔬菜完成。");
    }

    public void orderMeat() {
        System.out.println("訂購肉類完成。");
    }
}
```

開飯店的人需要分別與以上幾個物件打交道，完成開飯店的步驟。

```java
public class People {
    public void openRestaurant() {
        DecorationCompany decorationCompany = new DecorationCompany();
        GovernmentOffice governmentOffice = new GovernmentOffice();
        RecruitingWebsite recruitingWebsite = new RecruitingWebsite();
        Supplier supplier = new Supplier();

        decorationCompany.decorate();
        governmentOffice.applyBusinessLicense();
        recruitingWebsite.hireTalent();
        supplier.orderMeat();
        supplier.orderVegetables();

        System.out.println("飯店成功開業！");
    }
}
```

用戶端程式非常簡單，呼叫 People 物件的 openRestaurant 方法。

```
People people = new People();
people.openRestaurant();
```

執行結果如下，飯店這就開起來啦！

```
裝潢店面完成。
申請營業執照完成。
雇傭員工完成。
訂購肉類完成。
訂購蔬菜完成。
飯店成功開業！
```

這個例子看似很簡單，但真實情況要複雜得多。我們把開飯店所用到的這些類集合在一起，組成一個「開飯店子系統」，對外提供開飯店所需的服務。

現在這個子系統並不複雜，但是隨著系統多年的演進，真實的子系統變得越來越龐大，類別的數量越來越多。此時，你如果再想使用這個子系統，就需要花大量時間了解它的內部實現，每個類別的職責是什麼、有哪些介面可以用……這就好比你自己開飯店，一開始什麼都不知道，只能從零學起。

你說的這種情況確實普遍存在，真實的軟體系統極其複雜。

更嚴重的問題是，當你把子系統內部的實現搞明白，寫完程式沒多久，另一位程式設計師又要對這個子系統進行開發，他又要把你走過的路全部走一遍。這時我們需要思考，如何能讓這條路變得好走一些。

從程式結構來看，People 類別依賴了太多子系統的內部類別，導致 People 類別對子系統的使用過於複雜。此外，它們之間的耦合過於緊密，會讓子系統內部類別的變化直接影響到 People 類別。

聽你分析完，我更加意識到開飯店沒那麼容易。快講講你說的面板模式，怎麼來簡化開飯店的步驟呢？

在講面板模式前，我們先來聊聊餐飲連鎖加盟。

13.3　加盟開店，輕鬆自如

獨立開飯店，要與形形色色的各路對接方打交道，但選擇加盟一家餐飲品牌，就能省掉很多麻煩事！

品牌方可以幫助你為餐廳選址，而且有合作的裝潢公司，甚至可以直接給你派遣廚師和服務員。選單、軟體等開店必需品，品牌方也有現成的。營業執照可以交給品牌方去辦理，你只需要提供材料。食材的採購就更簡單了，直接從品牌方訂貨。開店過程中的大多數步驟，你幾乎只需要透過品牌方來完成。

🐰 加盟開店確實方便很多！

🐼 品牌方為加盟方隱藏了開飯店所需的各類對接方，降低了開飯店的門檻。這種思想在軟體設計中也有運用，就是我要講的面板模式。

你可以在程式中加入品牌方類別，作為「開飯店子系統」對外提供服務的唯一視窗，這樣 People 類別只需要依賴品牌方類別。

🐰 這個辦法好，我這就把品牌方加進來。

15 分鐘後，兔小白完成了程式修改。

🐰 我在程式中增加了品牌方類別 BrandSideCompany，它整合了開店所有對接方的行為，透過呼叫對接方來實現自己的行為。

```java
public class BrandSideCompany {
    private DecorationCompany decorationCompany = new DecorationCompany();
    private GovernmentOffice governmentOffice = new GovernmentOffice();
    private RecruitingWebsite recruitingWebsite = new RecruitingWebsite();
    private Supplier supplier = new Supplier();

    public void decorate() {
        decorationCompany.decorate();
    }

    public void applyBusinessLicense(){
        governmentOffice.applyBusinessLicense();
    }

    public void hireTalent() {
        recruitingWebsite.hireTalent();
    }

    public void orderMeat() {
        supplier.orderMeat();
```

```
    }

    public void orderVegetables() {
        supplier.orderVegetables();
    }
}
```

品牌方就像一個代理，負責聯繫開飯店需要的所有對接方，開店的人只需對接品牌方。People 類別現在只依賴 BrandSideCompany 一個類別，依賴關係簡單多了。

```
public class People {
    public void openRestaurant(){
        BrandSideCompany brandSideCompany = new BrandSideCompany();

        brandSideCompany.decorate();
        brandSideCompany.applyBusinessLicense();
        brandSideCompany.hireTalent();
        brandSideCompany.orderMeat();
        brandSideCompany.orderVegetables();

        System.out.println("飯店成功開業！");
    }
}
```

嗯……我發現一個問題，雖然 People 類別的依賴關係變簡單了，但 BrandSideCompany 承接了原來 People 類別的所有依賴。程式整體的依賴關係似乎並沒有減少。

這是因為還沒有開發新需求。如果現在要開發一個投資公司 Company 類別，也實現開飯店的功能。當沒有品牌方 BrandSideCompany 類別時，你要怎樣寫程式？

Company 類別需要按照上一版 People 類別的實現方式，依次呼叫各個對接方。

你看，這時就能凸顯品牌方的作用了。引入品牌方 BrandSideCompany 類別後，Company 類別只需要依賴 BrandSideCompany 類別，就可以實現開飯店的需求。

```java
public class Company {
    public void openRestaurant(){
        BrandSideCompany brandSideCompany = new BrandSideCompany();

        brandSideCompany.decorate();
        brandSideCompany.applyBusinessLicense();
        brandSideCompany.hireTalent();
        brandSideCompany.orderMeet();
        brandSideCompany.orderVegetables();

        System.out.println(" 飯店成功開業！");
    }
}
```

有道理，使用開飯店子系統的客戶類別肯定不會只有一個。

BrandSideCompany 也屬於子系統，所以它依賴子系統內部類別是合理的，這是子系統類別之間的依賴。BrandSideCompany 將子系統和客戶類別隔離開，子系統變化的影響被限制在其內部。

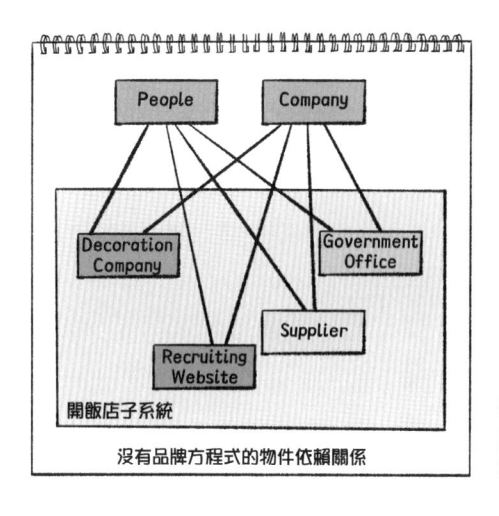

沒有品牌方程式的物件依賴關係　　　有品牌方程式的物件依賴關係

13.4　面板模式的適用場景

下面是面板模式結構圖。

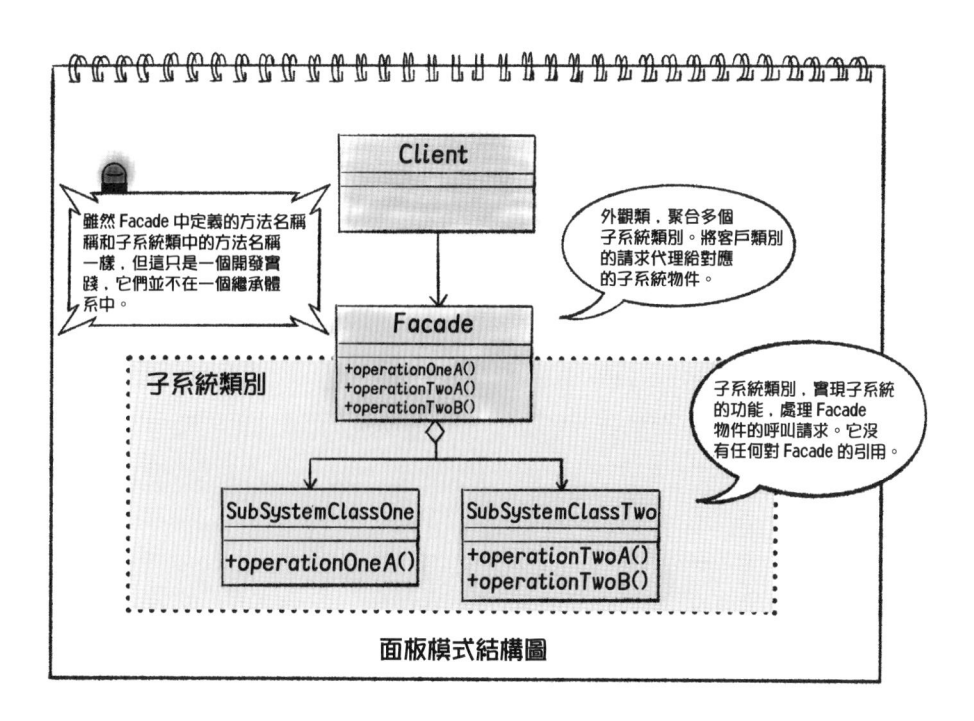

面板模式結構圖

外觀類，聚合多個子系統類別。將客戶類別的請求代理給對應的子系統物件。

雖然 Facade 中定義的方法名稱和子系統類別中的方法名稱一樣，但這只是一個開發實踐，它們並不在一個繼承體系中。

子系統類別，實現子系統的功能，處理 Facade 物件的呼叫請求。它沒有任何對 Facade 的引用。

外觀類別 Facade 是子系統的外觀。所謂外觀，就是子系統想要呈現給客戶類別的樣子。換句話說，外觀類別是子系統對外暴露的介面集合。面板模式透過外觀類別將子系統內部與客戶類別隔離。客戶類別只需要和外觀類別打交道，原則上外觀類別不做任何業務操作。**外觀類別提供的核心價值是對客戶類別隱藏子系統的內部實現，將子系統的內部服務封裝成統一的介面，對外提供服務**。它與連鎖加盟品牌方的作用類似。

面板模式具有以下優點。

（1）降低客戶類別和子系統內部類別的耦合度。透過外觀類別隔離子系統內部類別和客戶類別。客戶類別使用子系統，只需要依賴外觀類別。

（2）降低子系統的使用難度。由於外觀類別對子系統內部進行了封裝，當需要對接子系統時，只需要了解外觀類別，而不需要了解子系統內部所有的類別。另外，外觀類別統一子系統對外的介面標準，避免開發者因子系統類別的差異而感到困惑。就像在加盟開飯店的例子中，品牌方大幅降低了開店難度。

程式需要具備一定的複雜度，面板模式才能發揮它的優勢，不然引入外觀類別反而會提升系統複雜度，降低靈活性。因為多了一層外觀類別，開發時不但要修改子系統內部類別，還要修改外觀類別。面板模式適用於以下場景。

（1）內部結構複雜的子系統。子系統內部複雜有兩個原因，一是業務需求本身就很複雜，導致子系統在設計之初就呈現出複雜性，這時在設計階段就應當採用面板模式，引入外觀類別；二是子系統最初並不複雜，也沒有採用面板模式，但隨著系統不斷演進，子系統變得越來越複雜，當某天實現新需求時，發現用戶端類別已經和多個子系統內部類別緊密耦合，這時就可以用面板模式對子系統進行重構。

（2）複雜的層次結構系統。層次架構是較常見的架構設計，使用面板模式，可以收緊各層之間的進入點，簡化層次間的依賴關係。

（3）封裝子系統的內部實現。如果不想將子系統的內部實現暴露出來，那麼可以利用外觀類別將子系統封裝起來。將子系統作為一個整體，透過外觀類別對外提供服務，這樣可以保持子系統的獨立性和可攜性。

雖然面板模式有諸多優點，但我倒想提出一些反面的質疑。我覺得外觀類別的職責不夠單一，它整合了子系統的大部分職責，是不是違反了單一職責原則？

這個問題提得好！外觀類別雖然對外提供整個子系統的功能，但它並沒有做任何業務處理。實際上，外觀類別的職責很單一，**僅負責子系統介面的對外呈現**，所以它符合單一職責原則。

我還發現一個問題，外觀類別不符合開閉原則，子系統內部類別的介面修改會導致外觀類別的程式修改。

這個問題也切中要害，但這仍然是由面板模式的特性決定的。外觀類別自身不承載任何業務，所以不存在擴充新的外觀類別實現新需求的情況，因此它不需要具備擴充性。另外，外觀類別的改變一般是被動修改，子系統內部類別變化後，如果外觀類別不做相應修改，程式會顯示出錯！因此，它只好對修改開放。

有道理。外觀類別的職責簡單，修改起來很容易，即使違反開閉原則，帶來的弊端也可以接受。

設計原則用來指導軟體設計，但不能成為軟體設計的束縛。具體情況要具體分析，面板模式雖然有悖於開閉原則，但也情有可原。

一個子系統一般只有一個外觀類別，但是當子系統龐大到一定程度時，可以按照業務模組對外觀類別進行拆分。拆分後的外觀類別之間既不應該有業務交集，也不應該相互依賴。下圖展示了在一個複雜子系統中的類別的依賴關係。

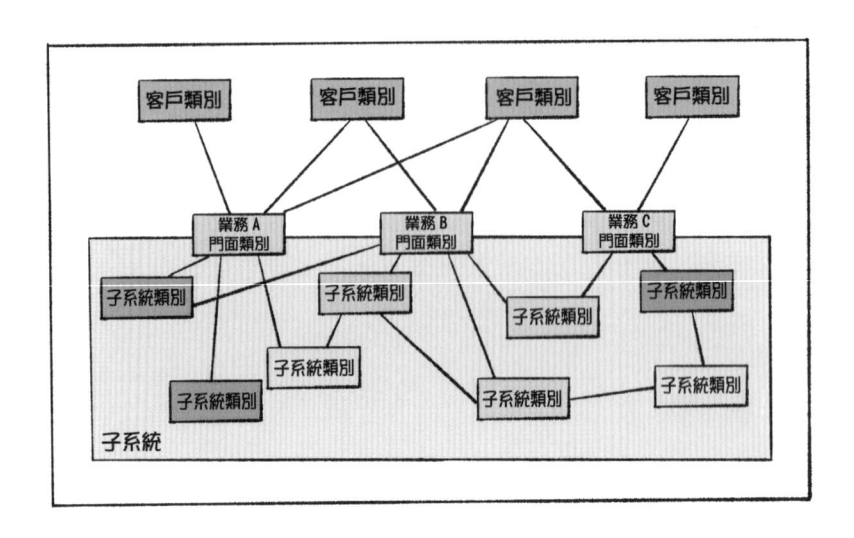

[圖：多個客戶類別透過業務 A/B/C 門面類別存取子系統中的多個子系統類別]

🐜 這樣看來，複雜的子系統用面板模式準沒錯！

🐼 你的結論沒有方向性的錯誤，但什麼樣的子系統算複雜？是對子系統局部使用面板模式，還是對整體使用面板模式？使用一個，還是多個外觀類別？這些問題都需要你不斷累積經驗，才能舉出合理的解答。勤學、多用、多問、多思考，才能真正掌握設計模式。

第 14 章

棋類遊戲中的設計模式 —— 享元模式

14.1 五子棋需要多少枚棋子

熊小貓，中午你不休息一會兒嗎？在玩什麼遊戲呢？

我最近很喜歡玩一款益智遊戲——消消樂！玩法也簡單，只需要交換相鄰棋子的位置，將相同圖案的 3 枚棋子連在一起，就能消除掉。

玩遊戲雖然益智，但要適可而止哦！

我正好不想玩了，想到消消樂遊戲中有一種設計模式，可以給你講一講，這種設計模式在棋牌類遊戲中很常見。你家裡有什麼遊戲棋嗎？

我有好多種呢！跳棋、象棋、五子棋……

我們以五子棋為例，五子棋有多少枚棋子？

我記得黑色、白色棋子各有 50 枚，總共大概 100 枚吧！

在我看來，其實只有兩枚棋子——黑色棋子和白色棋子。所有白色棋子都一樣，你想想為什麼要配備這麼多枚白色棋子呢？

這些白色棋子確實沒什麼區別，但如果只配備 1 枚，就沒法下棋了。

假如是電腦遊戲五子棋，白色棋子之間沒有任何區別，也就是說，所有的白色棋子物件完全一樣。這個場景就可以參考單例模式來實現，50 個白色棋子物件都引用同一個白色棋子實例。同理，50 個黑色棋子物件也只需要一個黑色棋子實例。你看，這樣是不是只需要黑、白兩個棋子實例？

你說的有一定的道理。如果棋子物件只有顏色屬性，建立棋子實例後不會變化，確實可以讓同樣顏色的棋子物件共用一個實例。但在下棋時，棋子一旦被放置到棋盤上，它就擁有了另一個屬性——棋子在棋盤上的位置。每枚白色棋子攜帶的位置資訊不一樣，所以還得需要 50 個白色棋子實例才行。

你找到的問題很準確！想要實現只用兩個棋子實例，確實沒那麼容易，但這也不是障礙，用享元模式就可以完美解決。

享元模式使用共用實例的方式，以極低的空間佔用支援大量的細粒度物件。舉例來說，消消樂遊戲在高峰期同時有上萬人線上，保守假設 1 萬人同時線上玩，棋盤為 5×5 大小，那麼初始化一場消消樂遊戲就需要 25 枚棋子，1 萬場遊戲需要 25 萬個棋子物件。但實際上，消消樂棋子只有幾十種圖案，如果使用享元模式，相同圖案的棋子只需要一個實例，一共只需要幾十個實例即可！

25 萬個物件實例被最佳化成幾十個？這個最佳化效果太厲害了！但是你還沒有解答我剛才的疑問，同樣圖案的棋子物件的座標屬性不同，該怎麼處理呢？

別急，我們一邊寫程式，一邊學習享元模式。

14.2　一枚棋子一個實例

我們就用消消樂遊戲做練習吧！完整遊戲的需求過於龐大，我們的目的是學習享元模式，因此只選取一個有代表性的場景。在一局遊戲開始前，需要在棋盤上擺滿棋子，這就是我們要實現的需求。假設棋盤大小為 5×5，棋子類型只有 3 種。你先用你熟悉的方式來實現，不用考慮棋子實例的數量。

15 分鐘後，兔小白寫完了程式。

我現在寫出來的程式一定不是最佳方式，就當拋磚引玉了！程式不難，包含一個介面、兩個類別。

IChessPiece 定義棋子類別的介面，只有一個繪製棋子的 draw 方法。

```
public interface IChessPiece {
    void draw();
}
```

兩個類別分別是棋子類別 ChessPiece 和棋盤類別 Chessboard。ChessPiece 類別實現 IChessPiece 介面。它有 3 個屬性，分別是圖案、棋子所處棋盤位置的橫垂直座標。draw 方法實現在棋子的座標位置繪製棋子圖案。繪製方法的具體實現省略，僅簡單示意。

```
public class ChessPiece implements IChessPiece {
    private final String pattern;
    private int positionX;
    private int positionY;

    public ChessPiece(String pattern, int positionX, int positionY) {
        this.pattern = pattern;
        this.positionX = positionX;
        this.positionY = positionY;
    }

    public void draw() {
        System.out.println("在棋盤座標 (" + positionX + "," + positionY + ") 位置，繪製 " + pattern + " 圖案棋子 ");
    }
}
```

Chessboard 類別有點複雜。它維護了一個二維陣列，用來儲存棋盤上的 ChessPiece 棋子物件。在 initChessboard 方法中，為二維陣列的每個位置生成 ChessPiece 物件，隨機選擇一種圖案。在 draw 方法中，首先繪製棋盤，然後迭代二維陣列中的 ChessPiece 物件，呼叫 ChessPiece 的 draw 方法，完成所有棋子的繪製。

```java
public class Chessboard {
    // 使用二維陣列維護棋盤上的棋子物件
    private final IChessPiece[][] ChessPieces = new ChessPiece[5][5];

    public void initChessboard() {
        // 可以使用的棋子圖案
        String[] patterns = {"熊小貓", "兔小白", "汪小黃"};
        // 初始化棋盤上的棋子，隨機選擇一種棋子圖案
        for (int i = 0; i < 5; i++) {
            for (int j = 0; j < 5; j++) {
                Random random = new Random();
                String randomChessPattern = patterns[random.nextInt(3)];
                ChessPieces[i][j] =
                        new ChessPiece(randomChessPattern, i, j);
            }
        }
    }

    public void draw() {
        System.out.println("繪製棋盤");
        for (int i = 0; i < 5; i++) {
            for (int j = 0; j < 5; j++) {
                IChessPiece chessPiece = ChessPieces[i][j];
                if (chessPiece != null) {
                    chessPiece.draw();
                }
            }
        }
    }
}
```

在用戶端程式中，首先初始化棋盤，然後繪製棋盤。

```java
Chessboard chessboard = new Chessboard();
chessboard.initChessboard();
chessboard.draw();
```

執行結果如下。

繪製棋盤
在棋盤座標 (0,0) 位置，繪製熊小貓圖案棋子
在棋盤座標 (0,1) 位置，繪製汪小黃圖案棋子
在棋盤座標 (0,2) 位置，繪製汪小黃圖案棋子
在棋盤座標 (0,3) 位置，繪製汪小黃圖案棋子
在棋盤座標 (0,4) 位置，繪製熊小貓圖案棋子
······

現在的程式會在 initChessBoard 方法中為每個棋子物件生成一個實例，這和真實世界中的棋類別遊戲一樣。

我寫程式時在思考，是否可以讓同樣圖案的棋子物件只用一個實例？但是和五子棋一樣，消消樂棋子除了圖案不同，座標屬性也不同。同樣圖案的棋子物件引用同一個棋子實例，這行不通。

14.3　一類棋子一個實例

你還記得橋接模式和裝飾模式嗎？這兩種設計模式中蘊含同一種設計思想——分離變化和不變。對棋子的屬性進行分離，僅保留不會變化的屬性，是不是就可以做到實例共用了？

如果棋子的所有屬性值都是穩定的，那麼同一類棋子物件只需要一個實例。多個棋子物件雖然指向同一個實例，但互不影響。

所以改造的第一步是辨識出 ChessPiece 物件中不變和變化的屬性，標準的叫法是物件的**內部狀態和外部狀態**。內部狀態不隨環境而改變，可以儲存在 ChessPiece 物件中，並且可以被共用。外部狀態根據環境變化，因此不能被共用，需要從 ChessPiece 類別中移除。當 ChessPiece 物件需要使用外部狀態時，透過方法參數傳遞給它，但它並不會儲存外部狀態。

當 ChessPiece 物件只有內部狀態時，就可以做到實例共用了！

在 ChessPiece 類別中，圖案屬性一旦確定就不會再變，為內部狀態。座標屬性會根據環境變化，為外部屬性，需要從 ChessPiece 類別中移除。但是 draw 方法需要使用座標資訊，可以將座標資訊作為方法參數傳遞給它。

你分析得沒錯。ChessPiece 類別只保留內部狀態 pattern 後，即使同一個圖案的棋子物件都指向同一個 ChessPiece 實例，程式也不會出問題。需求中有 3 種圖案類型，現在問題的焦點變為如何確保程式中只有 3 個不同圖案的 ChessPiece 實例。

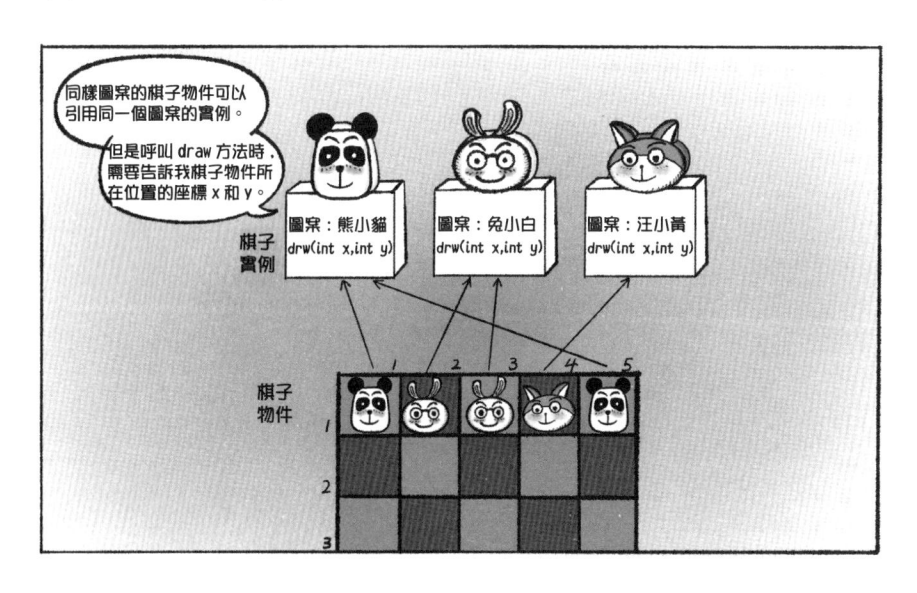

這個問題和如何在單例模式中保證只有一個實例類似！

二者雖然有一定的共通之處，但還有很大區別。在單例模式中，一個物件只有一個實例；在這個場景中，ChessPiece 實例不止一個，實例的數量和棋子圖案的數量相關，需要更動態的實現方式。這裡會用到「池技術」，即透過維護一個 ChessPiece 的物件集區，管理不同圖案的 ChessPiece 物件實例。

根據我們的討論,我來最佳化消消樂遊戲的程式,實現同樣圖案的棋子物件共用一個實例。

10 分鐘後,熊小貓完成了程式最佳化。

首先修改 IChessPiece 介面,draw 方法需要接收外部狀態——兩個座標值。

```
public interface IChessPiece {
    void draw(int positionX, int positionY);
}
```

然後修改 ChessPiece 類別,去掉座標的 positionX 和 positionY 屬性,僅保留 pattern 屬性。draw 方法改為從外部接收座標參數。

```
public class ChessPiece implements IChessPiece {
    private final String pattern;

    public ChessPiece(String pattern) {
        this.pattern = pattern;
    }
```

```
    public void draw(int positionX, int positionY) {
        System.out.println("在棋盤座標 (" + positionX + "," + positionY +
") 位置,繪製 " + pattern + " 圖案棋子 ");
    }
}
```

下面是改造的重頭戲——棋子工廠 ChessPieceFactory 類別。它以 HashTable 維護了一個 ChessPiece 類型的物件集區,ChessPiece 實例的 pattern 屬性值作為 Key 連結實例自身,儲存在執行緒安全的 HashTable 中。客戶類別需要什麼圖案的 ChessPiece 實例,就用相應的 pattern 值作為 Key 來 HashTable 中獲取實例。如果獲取不到,就建立該 pattern 值的 ChessPiece 實例並放入物件集區。

```
public class ChessPieceFactory {
    private final Map<String, ChessPiece> chessPiecePool =
            new Hashtable<>();

    public ChessPiece getChessPiece(String pattern) {
        if (!chessPiecePool.containsKey(pattern)) {
            chessPiecePool.put(pattern, new ChessPiece(pattern));
        }
        return chessPiecePool.get(pattern);
    }
}
```

getChessPiece 方法和單例模式中的 getInstance 方法的作用類似,需要確保同樣圖案的棋子只存在一個 ChessPiece 實例。

最後,對 Chessboard 類別做相應的修改。在 initChessboard 方法中,從 ChessPieceFactory 中獲取 ChessPiece 物件。在 draw 方法中,當迴圈呼叫 ChessPiece 物件的 draw 方法時,將當前 ChessPiece 物件在陣列中的位置,也就是將棋盤上的座標值傳遞給 draw 方法。

```java
public class Chessboard {
    private final ChessPiece[][] ChessPiece = new ChessPiece[5][5];

    public static void main(String[] args) {
        Chessboard chessboard = new Chessboard();
        chessboard.initChessboard();
        chessboard.draw();
    }

    public void initChessboard() {
        // 可以使用的棋子圖案
        String[] patterns = {"熊小貓", "兔小白", "汪小黃"};
        ChessPieceFactory chessPieceFactory = new ChessPieceFactory();
        // 初始化棋盤上的棋子,隨機選擇一種棋子圖案
        for (int i = 0; i < 5; i++) {
            for (int j = 0; j < 5; j++) {
                Random random = new Random();
                String randomChessPattern = patterns[random.nextInt(3)];
                // 從棋子工廠中獲取棋子實例
                ChessPiece[i][j] =
                        chessPieceFactory.getChessPiece(randomChessPattern);
            }
        }
    }

    public void draw() {
        for (int i = 0; i < 5; i++) {
            for (int j = 0; j < 5; j++) {
                ChessPiece chessPiece = ChessPiece[i][j];
                if (chessPiece != null) {
                    // 將位置資訊作為方法參數,從外部傳遞給棋子物件
                    chessPiece.draw(i, j);
                }
            }
        }
    }
}
```

這樣修改完，就算 1 萬人同時線上玩遊戲，伺服器也只需要儲存幾十個棋子實例。前一版程式需要儲存幾十萬個棋子實例，這得浪費多少伺服器資源！享元模式是在真金白銀地給公司節省支出！

這就是享元模式的優勢，它是一種勤儉節約的好模式。

我覺得享元模式和單例模式很像。只不過在單例模式中，一個類別只存在一個實例；在享元模式中，根據類別的內部狀態不同，會生成多個實例。二者都做到了實例共用。

這兩種設計模式確實有相似之處，但要解決的問題存在區別。接下來我們詳細分析享元模式。

14.4　享元模式的優缺點及適用場景

享元模式結構圖如下。

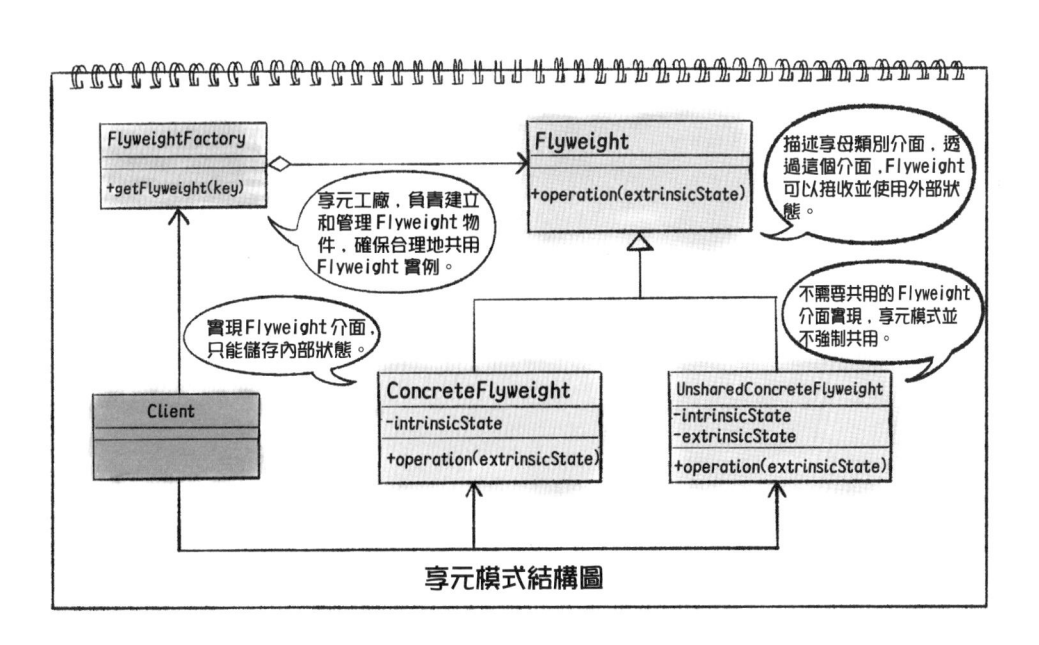

享元模式結構圖

Flyweight 定義享元物件的介面，operation 方法接收外部狀態。ConcreteFlyweight 是可以被共用實例的享母類別，只能擁有內部狀態。享元模式讓實例共用成為可能，但並不是所有的 Flyweight 實現類別都要被共用。UnsharedConcreteFlyweight 就是不能被共用的享母類別，它可以維護外部狀態。FlyweightFactory 是享元工廠，維護享元物件集區。物件集區中的實例數量被嚴格控制，根據享元物件內部狀態的不同來生成實例。客戶類別透過 FlyweightFactory 獲取享元物件，以達到共用享元物件實例的目的。

UnsharedConcreteFlyweight 是不能被「共用」的享母類別。它既然不能被共用，為什麼還被叫作享母類別呢？我理解享元的意思就是「可共用的元物件」呀！

這個問題的角度很刁鑽！你的困惑是因為 Flyweight 被翻譯成了享元。Flyweight 本是拳擊領域的專業術語，意思是「蠅量級選手」，這裡它的意思是「細粒度的輕量級類別」。將 UnsharedConcreteFlyweight 翻譯成「不被共用的輕量級類別」，是不是就消除了你的困惑？

這就能說得通了！不過翻譯成享元也不錯，能直觀地描述出模式的目標是共用元物件。

享元模式的優點非常明顯，它透過共用實例來支援大量細粒度的物件，節省程式佔用的記憶體。它的缺點是物件的內、外部狀態需要分開，提升了系統的複雜度。在使用享元模式前，需要分析投入產出比，看看到底能為系統節省多少儲存空間。

享元模式適合的場景有以下特點。

（1）某種類型的物件被大量使用。透過共用物件實例，可以獲得規模性收益。

（2）物件只有少量內部狀態。物件在僅保留內部狀態後，需要符合細粒度、輕量級。

（3）移除物件的外部狀態後，依然能實現物件的原有行為。理論上，移除物件的外部狀態後，都能找到改造原有行為的方法，但是如果代價過高，可能得不償失。

14.5　享元模式與單例模式的比較

之前你提到享元模式和單例模式有相似之處。的確，使用單例模式也有減少實例數量的效果，但是它們的應用場景並不一樣，實現細節也有區別。

兩種模式對比如下。

（1）單例模式主要解決程式中只能存在一個實例的問題，舉例來說，負責全域協調資源的物件只能存在一個實例。但在享元模式中，對是否僅存在一個享元物件實例不做強制要求，也不會影響程式的正確性。使用享元模式是為了減少實例的數量，但也允許存在不共用實例的 UnsharedConcreteFlyweight 物件。另外，ConcreteFlyweight 類別並沒有私有化自己的建構函數，這意味客戶類別可以繞過享元工廠，直接建立享元物件。

（2）單例物件不需要剝離外部狀態，但客戶類別在使用單例物件時，需要確保執行緒安全。享元物件只有內部狀態，一旦實例化後不會改變，客戶類別在使用享母類別時，不用擔心存在執行緒安全問題。

（3）享元物件是細粒度的輕量級物件，而單例物件並不一定具備這樣的特點。單例物件由於承擔協調、管理的職責，往往會比較複雜。

我來做個總結。相比於單例模式，享元模式對實例化的控制要寬鬆得多。單例模式主要用於嚴格控制單一實例的場景，享元模式則用於以少量實例支援大量輕量級物件的場景。看起來都是在控制實例數量，但解決的問題完全不一樣。

享元模式是軟體設計中常見的設計模式之一，有一個經典的應用——Java 中的 String。舉例來說，下面這段程式的執行結果為 true，相同字面量的字串物件其實指向了同一個實例。當程式建立一個新的 String 物件時，如果已經存在相同字面量的字串實例，那麼新的 String 物件將直接指向該實例，不會建立新的實例。

```
String chessPieceRabbitA = "兔小白";
String chessPieceRabbitB = "兔小白";
System.out.println(chessPieceRabbitA == chessPieceRabbitB);
```

我每天寫程式幾乎都會和 String 類別打交道，沒想到享元模式已經滲透到我的日常程式設計工作中了。

就是因為 String 物件在程式中用得太頻繁，所以才適合使用享元模式。另外，String 物件的內部狀態簡單，也符合享元物件的特徵。

享元模式在減少物件實例的同時，提升了程式的複雜度。只有當程式存在足夠多可以共用實例的物件時，享元模式的價值才能得以充分表現。

第 15 章
辦事不必親自出面 —— 代理模式

15.1 辦理簽證是件麻煩事

兔小白,現在有時間嗎?

有時間,你不會又要給我講設計模式吧?

我下個月要休假,去冰島玩一周。我想和你交代一下工作上的事情,我們抓緊時間,我下午還得去辦理簽證。

說到辦理簽證,我就想起了兩個月前的痛苦經歷。我因為要去歐洲旅遊,提前兩個月就開始辦理簽證,整個過程非常曲折,不堪回首。

哦?我倒想聽聽你都經歷了什麼。

辦理簽證需要準備各種材料、開各種證明、列印各種表單。最鬱悶的是,我在遞交材料時漏了一份檔案,發現後趕緊補交上去,還好沒有影響簽證申請。我還需要在網站上填寫面簽預約表,內容非常多,我的英文不太好,磕磕絆絆填了好久才搞定……

沒想到你辦理簽證這麼麻煩!我找的簽證代理機構幫忙辦理,非常輕鬆!辦理過程基本都由代理人來主導、跟進,我更像是代理人的助理,他讓我做什麼,我就做什麼。代理人還會幫我檢查申請材料,絕對不會出現漏材料的情況。

🐰 我下次也一定要找代理機構。

🐼 其實，代理也是一種設計模式！我們今天就以辦理簽證為例，講一講代理模式吧！

15.2 自己辦理簽證

🐼 我們以在程式中辦理簽證的業務為練習，將需求簡化一下，假設簽證的辦理流程只需要 3 個步驟——準備材料、準備照片和面簽。你來根據自己辦理簽證的經歷寫寫程式。

🐰 我才辦完沒多久，很熟悉辦理流程，這個程式好寫。

15 分鐘後，兔小白完成了開發。

🐰 首先定義申請人介面 Applicant，介面中的 3 種方法對應準備材料、準備照片、面簽。

```java
public interface Applicant {
    void prepareMaterial();
    void preparePhoto();
    void applyVisa();
}
```

簽證人類別 VisaApplicant 實現 Applicant 介面，實現邏輯就是我之前辦理簽證的步驟。

```java
public class VisaApplicant implements Applicant {
    private String name;

    public VisaApplicant(String name) {
        this.name = name;
    }

    public void prepareMaterial() {
        System.out.println(" 申請人 " + name + " - 準備簽證材料 ");
        System.out.println(" 申請人 " + name + " - 列印材料 ");
    }

    public void preparePhoto() {
        System.out.println(" 申請人 " + name + " - 準備簽證電子照片 ");
        System.out.println(" 申請人 " + name + " - 列印照片 ");
    }

    public void applyVisa() {
        System.out.println(" 申請人 " + name + " - 預約面簽 ");
        System.out.println(" 申請人 " + name + " - 面簽 ");
    }
}
```

在用戶端程式中，Applicant 物件依次執行申請簽證步驟的 3 種方法。

```
Applicant rabbit = new VisaApplicant("兔小白");

rabbit.prepareMaterial();
rabbit.preparePhoto();
rabbit.applyVisa();
```

執行結果如下，符合預期。

申請人兔小白 – 準備簽證材料
申請人兔小白 – 列印材料
申請人兔小白 – 準備簽證電子照片
申請人兔小白 – 列印照片
申請人兔小白 – 預約面簽
申請人兔小白 – 面簽

你對每個申請步驟都做了細化，很不錯。現在你想一想，是否每個步驟中的所有事情都需要你親自做呢？

其實很多事情不需要我親自做，比如列印材料、沖洗照片，誰來做都可以。但是準備材料、準備照片檔案，特別是面簽，必須我親自做。

對呀，其實你的精力應該放在必須由你自己做的那些事情上，其他的小事可以交給代理人來辦。在下一版程式中，我們加上代理人！

15.3　代理人協助辦理簽證

增加代理人後，那些不必由你親自做的小事都可以交給代理人。此外，代理人還可以承擔一些附加職責，比如幫助簽證人審查材料。

這次我們把這個需求也加入進來。不過在你動手修改前，我還得冉囉嗦一下。對客戶類別來說，代理人和簽證人應該是透明的，客戶類別不會因為要和代理人打交道而改變自己的行為。

有道理！簽證中心不會因為代理人在幫忙辦理簽證，而改變自己的工作流程。**想做到這一點，應該讓代理人和簽證人實現同一個Applicant介面。**

代理人在辦理過程中，執行到只有簽證人才能執行的步驟，自然會通知簽證人。比如，今天下午我要去面簽，就是代理人提前預約好通知我的。

明白啦！**簽證人要受到代理人的呼叫。**程式已經在我腦海中浮現出來了。

10分鐘後，兔小白在程式中引入了代理人。

VisaApplicantProxy是代理人類別，同樣實現Applicant介面。對客戶類別來說，VisaApplicantProxy和VisaApplicant是透明的，因為二者實現同一個介面。代理人在辦理簽證過程中需要呼叫簽證人完成任務，所以VisaApplicantProxy持有VisaApplicant物件的引用。VisaApplicantProxy透過呼叫VisaApplicant物件對應的方法來實現介面。我把不必由簽證人親自做的事情從VisaApplicant移到了VisaApplicantProxy中，比如列印材料、列印照片、預約面簽。在prepareMaterial方法中，我為代理人增加了檢查材料的職責。

```java
public class VisaApplicantProxy implements Applicant {

    private VisaApplicant visaApplicant;

    public VisaApplicantProxy(VisaApplicant visaApplicant) {
        this.visaApplicant = visaApplicant;
    }

    public void prepareMaterial() {
        visaApplicant.prepareMaterial();
        System.out.println("代理為" +
                visaApplicant.getName() + "-檢查材料");
        System.out.println("代理為" +
                visaApplicant.getName() + "-列印材料");
```

```java
    }

    public void preparePhoto() {
        visaApplicant.preparePhoto();
        System.out.println("代理為" +
                visaApplicant.getName() + "-列印照片");
    }

    public void applyVisa() {
        System.out.println("代理為" +
                visaApplicant.getName() + "-預約面簽");
        visaApplicant.applyVisa();
    }
}
```

VisaApplicant 類別也需要做相應的修改，把不需要本人親自做的事情移除，只保留必須本人親自出面的事情，比如準備材料、準備照片和面簽。

```java
public class VisaApplicant implements Applicant {
    private String name;

    public VisaApplicant(String name) {
        this.name = name;
    }

    public String getName() {
        return name;
    }

    public void prepareMaterial() {
        System.out.println("申請人" +name + "-準備簽證材料");
    }

    public void preparePhoto() {
        System.out.println("申請人" + name + "-準備簽證電子照片");
    }

    public void applyVisa() {
        System.out.println("申請人" + name + "-面簽");
```

        }
}

在用戶端中增加一行程式來建立 VisaApplicantProxy 代理物件,後面的事情就交給代理物件去做啦!

```
VisaApplicant rabbit = new VisaApplicant(" 兔小白 ");
Applicant applicantProxy = new VisaApplicantProxy(rabbit);

applicantProxy.prepareMaterial();
applicantProxy.preparePhoto();
applicantProxy.applyVisa();
```

執行結果如下,可以看到,辦理簽證的部分工作已經由代理人完成。

申請人兔小白 – 準備簽證材料
代理為兔小白 – 檢查材料
代理為兔小白 – 列印材料
申請人兔小白 – 準備簽證電子照片
代理為兔小白 – 列印照片
代理為兔小白 – 預約面簽
申請人兔小白 – 面簽

這版程式設計得不錯,其實你已經使用了代理模式。VisaApplicant 實現辦理簽證的核心職責,VisaApplicantProxy 作為代理類別,以 VisaApplicant 的職責為基礎附加職責。

代理模式的作用只是合理劃分職責嗎?很多設計模式都有這個效果呀!我覺得我還沒有體會到代理模式的精髓。

代理模式的使用非常廣泛,應用場景也非常多,遠遠不止劃分職責這麼簡單。接下來我們看看代理模式的適用場景!

15.4　代理模式的適用場景

我們先來看看代理模式結構圖。

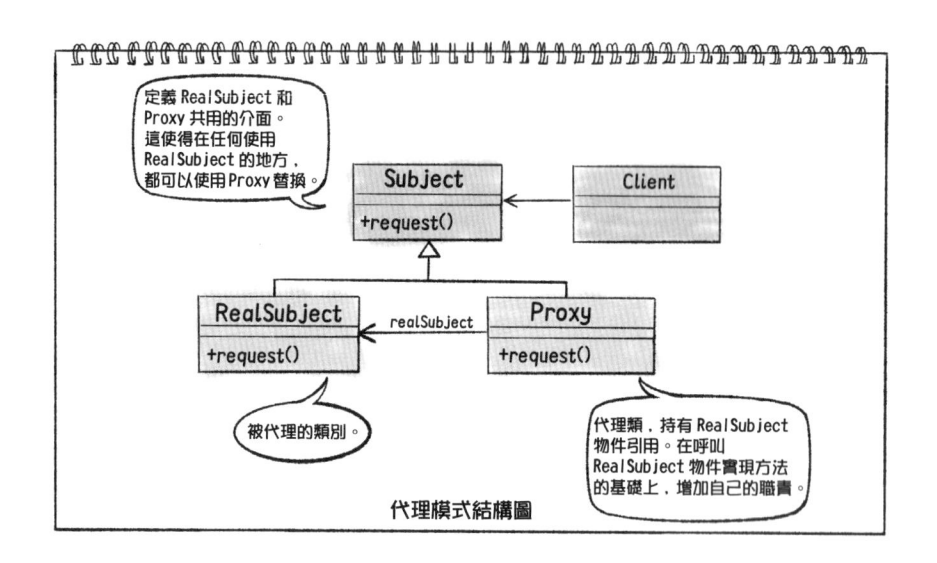

```
定義 RealSubject 和 Proxy 共用的介面。
這使得在任何使用 RealSubject 的地方，
都可以使用 Proxy 替換。
```

```
            Subject
            +request()          ←───  Client
               △
               │
    ┌──────────┴──────────┐
 RealSubject   realSubject   Proxy
 +request()   ←──────────   +request()
```

被代理的類別。

代理類，持有 RealSubject 物件引用。在呼叫 RealSubject 物件實現方法的基礎上，增加自己的職責。

代理模式結構圖

　　代理模式的結構和辦理簽證程式的結構基本一致。Subject 定義了物件的介面，對應例子中的申請人介面。RealSubject 實現該介面，好比例子中的簽證申請人。Proxy 同樣實現 Subject 介面，這使得 Proxy 物件可以透明地替代 RealSubject 物件。Proxy 持有 RealSubject 物件引用，它在 RealSubject 實現 request 方法的基礎上增加自己的職責。例子中的簽證辦理代理人就是 Proxy。

　　代理模式在 Client 和 RealSubject 之間引入了一層緩衝——Proxy。Proxy 相當於「中間商」，可以做很多有附加值的事情。代理模式的優點是可以重複使用 RealSubject 的核心業務實現，將不穩定的業務放在 Proxy 中。Proxy 的擴充不會影響 RealSubject。

下面是使用代理模式的典型場景。

（1）遠端代理。當用戶端程式需要存取遠端伺服器的物件時，可以在用戶端本地建立代理物件，用戶端透過代理物件存取遠端伺服器上的物件。這樣做的好處有兩點：一是代理物件可以隱藏跨網路呼叫的細節，用戶端就像呼叫本地物件一樣；二是不同用戶端可以重複使用代理物件的網路存取功能，避免重複開發。

（2）虛代理。虛代理可以用於「佔位」。類似我們上學時在圖書館用書本佔座，其實，佔座用的書本就是佔座人的虛代理。程式中那些建立銷耗很大的物件，例如圖片清單頁中的圖片物件，可以透過虛代理佔位。虛代理根據圖片尺寸僅畫出邊框，當頁面捲動到圖片附近時，虛代理再觸發建立真實的圖片物件。虛代理可以提升系統性能，避免系統資源浪費。

（3）保護代理。如果真實業務物件有不同的存取權限，那麼可以透過保護代理來實現，在保護代理中實現對真實業務物件的存取控制。

（4）智慧引用。所謂的智慧，是指代理類別可以在真實類別的介面實現基礎上附加更多功能。代理物件可以在呼叫真實物件的方法前、後加入自己的處理邏輯，例如記錄呼叫次數、呼叫時間、方法執行時長等。

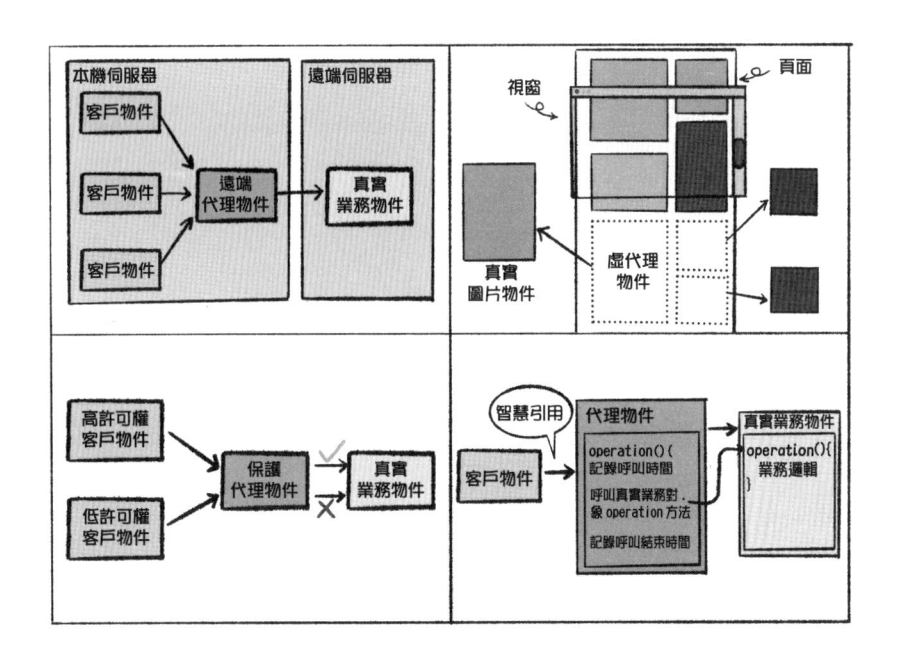

🐰 我之前把代理模式想簡單了，沒想到它的用武之地還真不少！

🐼 從結構上看，代理模式是一種層次結構。代理類別作為緩衝層，承擔的職責完全是開放的，上面列出的場景比較具體，其實想像空間可以更大。

15.5 代理模式與裝飾模式的比較

🐰 說到層次結構，我覺得代理模式和裝飾模式有相似之處。裝飾模式就像俄羅斯套娃，一層套一層，也是層次結構。區別在於，代理模式僅套了一層，裝飾模式套了多層。

🐼 從結構上看，代理模式和裝飾模式確實相似，都是一個介面和兩個實現類別。其實，裝飾模式也運用了代理思想，我們甚至可以將代理模式看作「退化為僅有一層裝飾的裝飾模式」。二者做的事情都是在某個業務類別的基礎上增加職責，但是二者的使用場景存在較大區別。

代理模式中的代理類別所增加的職責與真實類別實現的功能關係不大。換句話講，即使沒有代理類別，真實類別一般也可以滿足業務需求，只是缺失了安全控制、日誌記錄、最佳化性能等非功能性需求。

在裝飾模式中，業務分散在裝飾類別和實現類別中。雖然裝飾類別也是基於組件類別增加職責的，但它增加的是業務職責。舉例來說，在裝飾類別中實現美顏相機的美顏功能，如果沒有裝飾類別，又何談美顏相機呢？為了應對靈活多變的業務，裝飾模式透過巧妙的設計，使裝飾物件可以層層巢狀結構，動態擴充原始元件物件的職責。

🐰 代理模式主要用於附加業務需求之外的職責，而裝飾模式是為了實現靈活多變的業務需求，我可以這樣理解嗎？

這樣理解沒有問題。其實從代理模式和裝飾模式的名字上也看得出來。既然是代理，那麼主要業務肯定不是由代理人負責的，代理人只負責跑腿和提供一些附加價值；裝飾則是在主要職責的基礎上不斷疊加職責，從而組成完整的業務功能。

在實際應用中需要更加靈活，沒必要拘泥於字面意思的限制。假如裝飾物件不需要多層疊加，也就是說，如果只存在一層裝飾，那麼採用代理模式未嘗不可，採用結構更複雜的裝飾模式反而徒增麻煩。

在工作中，我們說到的「代理」不一定指代理模式。舉例來說，A 類別實現某個功能，實現方式主要是透過呼叫 B 類別來實現，A 類別可以被稱為 B 類別的代理。這種場景十分常見，在設計模式中，代理的思想也被廣泛運用。

第 16 章

誰來決定需求變更的命運？
—— 職責鏈模式

16.1 專案臨近上線，需求又變更

> 兔小白，有個壞訊息……昨天業務部門提了一個需求變更。專案經理獅哥覺得工作量大，專案又臨近上線，風險太高，於是轉給了虎老闆審核。沒想到的是，虎老闆居然審核通過了。我們可能週末要來加班啦！

> 我記得需求變更時，專案經理就可以決定做或不做。這次怎麼需要虎老闆審核？

> 工作量在 1 人天以內的需求變更，產品經理貓小咪就有權決定；1 人天以上、10 人天以下的需求變更，需要專案經理獅哥拍板。這次的需求變更，我們評估需要 15 人天，所以獅哥說了不算。最後虎老闆審核通過，據說是因為如果不做會造成業務損失，因此這次需求變更的優先順序非常高。

[漫画：三个场景]

场景一（猫）：专案快上线了提需求变更，工作量还这麼大。我做不了主，找专案经理审核吧！

场景二（狮子）：哎，项目临上线提了一个 15 人天的需求变更，风险太大了。我得找虎老闆审核。

场景三（虎）：这个需求变更确实有风险。但不做的话，业务会承受很大损失。只能辛苦团队了。

🐜 哎，一想到週末要加班，我现在已经无心工作了。

🐼 要不我们换个脑子休息一会儿，你用程式实现一下审核需求变更的业务？

🐜 你这还是让我写程式呀……

🐼 我是想给你讲讲审核需求变更运用的一种设计模式——职责链模式。

🐜 你早说要讲设计模式嘛！我现在就去写程式。

16.2 被指派的审核人

🐼 我们用程式来实现审核需求变更的业务。需求变更申请中有工作量估算和优先顺序资讯。工作量估算的单位为人天。优先顺序为 1、2、3，共三个等级，数字越大，优先顺序越高。参与审核的角色有产品经理、专案经理、老闆。审核逻辑如表 16-1 所示。

表 16-1 需求變更審核邏輯

審核人	審核許可權	審核通過條件
產品經理（貓小咪）	工作量 ≤1 人天	優先順序 ≥2
專案經理（獅哥）	1 人天 < 工作量 ≤10 人天	工作量 ≤3 人天，或優先順序 ≥2
老闆（虎老闆）	10 人天 < 工作量	工作量 ≤20 人天，並且優先順序 =3

審核邏輯有些複雜，我得好好設計一下程式。

半小時後，兔小白終於寫完了程式。

我先定義了需求變更請求類別 ChangeRequest。它包含兩個屬性，estimate 是工作量評估，以人天為單位；priority 是優先順序。

```java
public class ChangeRequest {
    private final int estimate;
    private final int priority;

    public ChangeRequest(int manDay, int priority) {
        this.estimate = manDay;
        this.priority = priority;
    }

    public int getEstimate() {
        return estimate;
    }

    public int getPriority() {
        return priority;
    }
}
```

無論產品經理、專案經理，還是老闆，都屬於審核人。我定義了審核人抽象類別 Approver。審核方法 approveChangeRequest 接收 ChangeRequest 類型的參數。

```java
public abstract class Approver {
    private final String name;

    public Approver(String name) {
        this.name = name;
    }

    public String getName() {
        return name;
    }

    abstract void approveChangeRequest(ChangeRequest changeRequest);
}
```

ProductManager、Boss、ProjectManager 都是 Approver 的子類別，根據實際的審核邏輯實現 approveChangeRequest 方法。

產品經理類別為：

```java
public class ProductManager extends Approver {
    public ProductManager(String name) {
        super(name);
    }

    public void approveChangeRequest(ChangeRequest changeRequest) {
        if (changeRequest.getEstimate() <= 1 &&
                changeRequest.getPriority() >= 2) {
            System.out.println("產品經理" +
                    super.getName() + "，審核通過。");
        } else {
            System.out.println("產品經理" +
                    super.getName() + "，審核未通過。");
        }
    }
}
```

專案經理類別為：

```java
public class ProjectManager extends Approver {
    public ProjectManager(String name) {
        super(name);
    }

    public void approveChangeRequest(ChangeRequest changeRequest) {
        if (changeRequest.getEstimate() <= 3 ||
                changeRequest.getPriority() >= 2) {
            System.out.println("專案經理" +
                    super.getName() + ",審核通過。");
        } else {
            System.out.println("專案經理" +
                    super.getName() + ",審核未通過。");
        }
    }
}
```

老闆類別為:

```java
public class Boss extends Approver {
    public Boss(String name) {
        super(name);
    }

    public void approveChangeRequest(ChangeRequest changeRequest) {
        if (changeRequest.getEstimate() <= 20 &&
                changeRequest.getPriority() == 3) {
            System.out.println("老闆" + super.getName() + ",審核通過。");
        } else {
            System.out.println("老闆" + super.getName() + ",審核未通過。");
        }
    }
}
```

最後是用戶端程式,首先初始化 3 個審核人,然後建立一個 15 人天、優先順序為 3 的需求變更。程式根據需求變更的工作量估算,選擇對應的審核人進行審核。

```
Approver boss = new Boss("虎老闆");
Approver projectManager = new ProjectManager("獅哥");
Approver productManager = new ProductManager("貓小咪");

ChangeRequest changeRequest = new ChangeRequest(15, 3);

if (changeRequest.getEstimate() <= 1) {
    productManager.approveChangeRequest(changeRequest);
} else if (changeRequest.getEstimate() > 1 &&
        changeRequest.getEstimate() <= 10) {
    projectManager.approveChangeRequest(changeRequest);
} else if (changeRequest.getEstimate() > 10) {
    boss.approveChangeRequest(changeRequest);
}
```

ChangeRequest 物件的 estimate 值為 15，應該由老闆審核；priority 值為 3，審核結果應為「通過」。程式輸出符合預期。

老闆虎老闆，審核通過。

你的程式做到了基本的物件導向設計，審核人可擴充，這一點值得肯定。但……

其實我知道這版程式存在問題，用戶端程式中有太多的 if-else 條件分支，但我不知道怎麼最佳化。業務邏輯中存在大量分支是客觀事實，在程式中不應該根據業務邏輯寫分支判斷嗎？

這是因為程式中的 Approver 只會等待用戶端指派它來審核請求，並沒有將是否可以審核的主動權掌握在自己手裡。今天我教你一招，將用戶端中的 if-else 全部消除！

16.3 掌握主動權的審核人

🐼　需求變更中的 3 個審核人屬於層層遞進的審核關係。當收到審核請求後，每個審核人判斷自己是否有審核許可權，並且只審核符合自己許可權的請求。如果自己沒有許可權，就交給下一級審核人進行審核。審核請求會在審核人組成的鏈條上一直向下傳遞，直到遇到符合條件的審核人為止。這其實就是職責鏈模式。

🐰　用戶端中的 if-else 就是用來串聯審核人的，這算不算是職責鏈呢？

🐼　用戶端需要判斷哪個審核人有審核許可權，並進行指派。但在實際的審核過程中，並不存在這樣的角色。審核人不但可以自主判斷審核許可權，而且在自己無權審核時，還知道將審核請求轉發給哪個審核人。審核人之間可以直接串聯起來，這才是真正的職責鏈。現在程式中的用戶端透過條件分支程式區塊串聯審核人，審核人並不知道彼此的存在，因此並不是職責鏈。

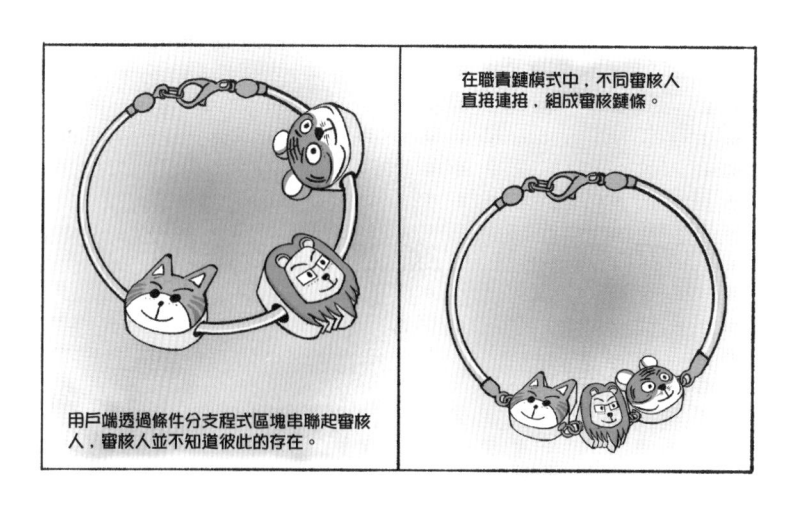

用戶端透過條件分支程式區塊串聯起審核人，審核人並不知道彼此的存在。

在職責鏈模式中，不同審核人直接連接，組成審核鏈條。

🐰　也就是說，用戶端中用來指派審核人的分支判斷，需要被移到相應的審核人類別中，用戶端中自然就沒有了 if-else。當需求變更請求進入職責鏈後，審核人自行判斷自己是否有權審核，若無權審核，則傳遞給後繼審核人。

沒錯，這樣才是職責鏈模式。審核人自己掌握審核與否的主動權。看來你已經理解得比較透徹了，現在嘗試修改程式吧！

20 分鐘後，兔小白修改完了程式。

改版後的程式結構有點複雜，我們先看一下程式結構圖吧。

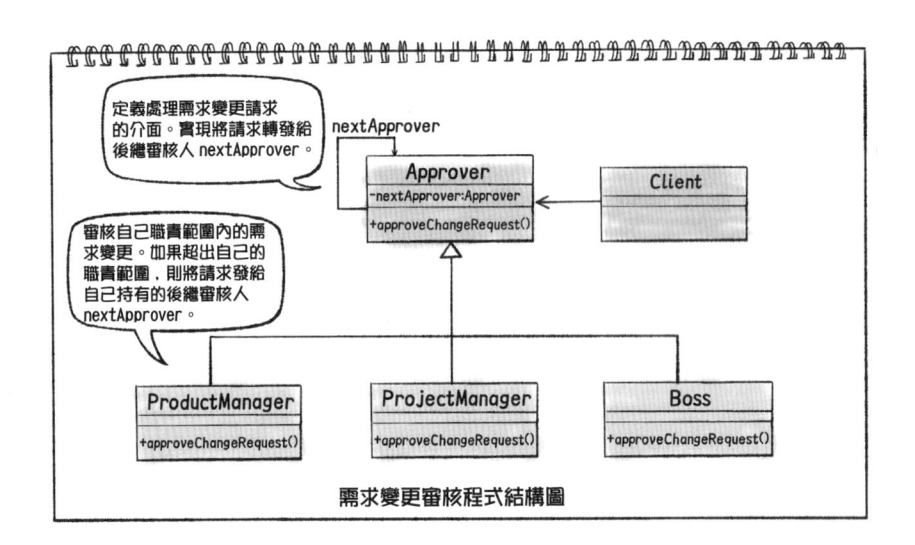

```
定義處理需求變更請求
的介面。實現將請求轉發給
後繼審核人 nextApprover。
                        nextApprover
                    ┌──────────────┐
                    │   Approver   │◄────┐ Client │
                    │-nextApprover:Approver│
                    │+approveChangeRequest()│
                    └──────────────┘
                            △
審核自己職責範圍內的需      │
求變更。如果超出自己的      │
職責範圍，則將請求發給   ┌──┼──┐
自己持有的後繼審核人    │  │  │
nextApprover。
┌──────────────┐ ┌──────────────┐ ┌──────────────┐
│ProductManager│ │ProjectManager│ │    Boss      │
│+approveChangeRequest()│+approveChangeRequest()│+approveChangeRequest()│
└──────────────┘ └──────────────┘ └──────────────┘

        需求變更審核程式結構圖
```

想要像鏈條一樣將 Approver 物件串聯起來，需要讓 Approver 物件持有對下一個 Approver 物件的引用。我在 Approver 抽象類別中增加了 Approver 類型的成員變數，在審核方法 approveChangeRequest 中，實現傳遞 ChangeRequest 給 nextApprover。

```
public abstract class Approver {
    private final String name;
    private final Approver nextApprover;
```

```
    public Approver(String name, Approver nextApprover) {
        this.nextApprover = nextApprover;
        this.name = name;
    }

    public String getName() {
        return name;
    }

    void approveChangeRequest(ChangeRequest changeRequest) {
        if (nextApprover != null) {
            nextApprover.approveChangeRequest(changeRequest);
        } else {
            System.out.println("沒有人能為您審核");
        }
    }
}
```

我改造了 Approver 的 3 個子類別的 approveChangeRequest 方法實現。首先判斷請求是否在自己的審核範圍內，如果不在，則呼叫父類別 Approver 的 approveChangeRequest 方法，將 ChangeRequest 傳遞給下一位審核人。

ProductManager 的程式如下。

```
public class ProductManager extends Approver {
    public ProductManager(String name, Approver nextApprover) {
        super(name, nextApprover);
    }

    public void approveChangeRequest(ChangeRequest changeRequest) {
        if (changeRequest.getEstimate() <= 1) {
            approve(changeRequest);
        } else {
            super.approveChangeRequest(changeRequest);
        }
    }
}
```

```java
    private void approve(ChangeRequest changeRequest) {
        if (changeRequest.getEstimate() <= 1 &&
                changeRequest.getPriority() >= 2) {
            System.out.println("產品經理" +
                    super.getName() + "，審核通過。");
        } else {
            System.out.println("產品經理" +
                    super.getName() + "，審核未通過。");
        }
    }
}
```

ProjectMangaer 類別的程式如下。

```java
public class ProjectManager extends Approver {
    public ProjectManager(String name, Approver nextApprover) {
        super(name, nextApprover);
    }

    public void approveChangeRequest(ChangeRequest changeRequest) {
        if (changeRequest.getEstimate() > 1 &&
                changeRequest.getEstimate() <= 10) {
            approve(changeRequest);
        } else {
            super.approveChangeRequest(changeRequest);
        }
    }

    private void approve(ChangeRequest changeRequest) {
        if (changeRequest.getEstimate() <= 3 ||
                changeRequest.getPriority() >= 2) {
            System.out.println("專案經理" +
                    super.getName() + "，審核通過。");
        } else {
            System.out.println("專案經理" +
                    super.getName() + "，審核未通過。");
        }
    }
}
```

}

Boss 類別的程式如下。

```
public class Boss extends Approver {
    public Boss(String name) {
        super(name, null);
    }

    public void approveChangeRequest(ChangeRequest changeRequest) {
        if (changeRequest.getEstimate() > 10) {
            approve(changeRequest);
        } else {
            super.approveChangeRequest(changeRequest);
        }
    }

    private void approve(ChangeRequest changeRequest) {
        if (changeRequest.getEstimate() <= 20 &&
                changeRequest.getPriority() == 3) {
            System.out.println("老闆" + super.getName() + "，審核通過。");
        } else {
            System.out.println("老闆" + super.getName() + "，審核未通過。");
        }
    }
}
```

原來用戶端程式中的條件分支已經被拆分，轉移到相應的 Approver 子類別的 approveChangeRequest 方法中。現在的用戶端首先用 Approver 子類別物件建構職責鏈，然後將 ChangeRequest 物件交給第一位審核人審核。ChangeRequest 物件會在審核人職責鏈中自動傳遞，直到傳遞給匹配的審核人為止。該審核人執行對 ChangeRequest 的審核。

```
Approver boss = new Boss("虎老闆");
Approver projectManager = new ProjectManager("獅哥",boss);
```

```
Approver productManager = new ProductManager("貓小咪",projectManager);

ChangeRequest changeRequest = new ChangeRequest(15, 3);

productManager.approveChangeRequest(changeRequest);
```

🐼 這版程式使用了職責鏈模式。職責鏈自己完成變更請求的傳遞和審核許可權的判斷。用戶端中的條件分支被消除了。

🐣 原來這樣做就可以消除條件分支，確實很巧妙。

🐼 職責鏈模式雖然可以消除條件分支，但它的目的不止於此。下面來看看職責鏈模式的適用場景。

16.4　職責鏈模式的優缺點及適用場景

🐼 我們先看看職責鏈模式結構圖。

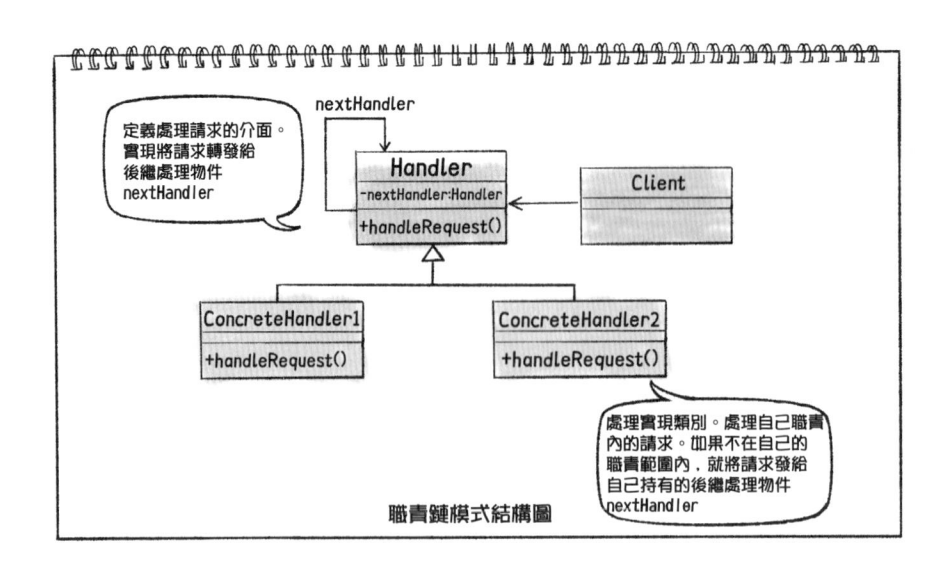

定義處理請求的介面。實現將請求轉發給後繼處理物件 nextHandler

處理實現類別。處理自己職責內的請求。如果不在自己的職責範圍內，就將請求發給自己持有的後繼處理物件 nextHandler

職責鏈模式結構圖

Handler 定義處理請求的介面。在 handleRequest 方法中，Handler 用於將請求傳遞給後繼的 Handler 類型物件。ConcreteHandler 是 Handler 的子類別，負責處理自己職責範圍內的請求，不在自己職責範圍內的請求將被傳遞給後繼的 Handler 類型物件。Client 將處理請求發給職責鏈最前面的 ConcreteHandler 物件，該請求會沿職責鏈傳遞，直到遇到合適的、能夠處理它的 ConcreteHandler 物件。

職責鏈模式將一系列同類型職責細化、解耦後，封裝到多個 Handler 子類別中。Handler 子類別物件可以隨意組裝，形成職責鏈。這樣的程式結構具有以下好處。

（1）提升程式的靈活性。組成職責鏈的 ConcreteHandler 物件可以被增、減、調換，靈活性很高。但要注意職責鏈整體的完整性，如果在組裝職責鏈時遺漏了某個 ConcreteHandler 物件，將導致請求不能被正確處理。

（2）降低程式耦合度。職責鏈被視為一個整體，請求發送方不需要了解職責鏈的內部結構，更不必知道具體是哪個 ConcreteHandler 處理了請求。職責鏈內部的 ConcreteHandler 物件只需要知道自己的後繼處理物件，無須了解整條職責鏈的結構，符合迪米特法則。

職責鏈模式雖然具備以上優點，但會為程式帶來更高的複雜度，它存在以下缺點。

（1）增加程式閱讀和偵錯的難度。由於職責鏈可以靈活組裝，想要看明白職責鏈的業務邏輯，就需要根據組裝順序依次閱讀多個 Handler 子類別的程式。偵錯時，會在多個 Handler 子類別中跳躍。如果職責鏈比較長，容易亂了陣腳。

（2）職責鏈過於靈活，可能導致配置錯誤。職責鏈的配置完全開放，任何 Handler 類型的物件都可以以任何順序進行組合，哪怕邏輯是錯誤的。比如，在本例的審核人職責鏈中，如果未配置專案經理，那麼與專案經理的審核許可權相匹配的需求變更請求就不會得到審核，導致程式出錯。因此，開發者如果想要使用已有的 Handler 子類別物件重新建構職責鏈，一定要確保充分理解每個 Handler 子類別的邏輯，謹慎操作。

> 職責鏈模式將條件分支分解到多個細粒度的 Handler 子類別中，確實提升了程式結構的複雜度，但是帶來了靈活性和低耦合。在實際工作中該如何選擇呢？

> 寫程式時，並不是不能使用 if-else 寫條件判斷敘述。如果你的程式不需要很高的靈活性，每個分支的處理邏輯又不複雜，那麼沒必要用職責鏈模式。職責鏈模式的目的並不僅是解決分支過多的問題。

適合職責鏈模式的場景應具備以下特點。

（1）層次遞進的職責關係。比如，在需求變更審核的例子中，每個審核人的許可權是遞進關係。

（2）不明確指定請求的處理物件，但希望相關處理物件中的某一個物件對請求進行處理。在本例中，只有一位審核人對需求變更請求進行審核，但是當用戶端將請求發給職責鏈時，並不知道這位審核人是誰。

（3）希望動態組成請求處理物件集合的場景。靈活度要求高的場景適合使用職責鏈模式，但需要注意這種靈活性可能是「虛假」的，有時還需要調整 Handler 子類別的實現，而非僅更換職責鏈中的 Handler 物件。比如，對於本例中的審核人職責鏈，如果在職責鏈中加入一個新的審核人，那麼相鄰的兩個審核人都需要調整審核許可權的判斷邏輯，這樣才能和新加入的審核人銜接上。

> 在真實世界中，很多事情的處理過程是鏈式的。我的職責我來處理，不是我的職責，就向上升級；我有能力解決的問題我來解決，我沒能力解決的問題，就求助能力更強的人來解決。

一個人的能力畢竟有限，一個人的職責範圍也不應該過大。想完成一個宏大的目標，需要一支管理有序的隊伍。職責鏈模式可以幫你打造這支隊伍，並且讓這支隊伍看起來不像一群人，而是像一個人。

第 17 章

操作再多，也不必手忙腳亂
—— 命令模式

17.1 專案上線前的準備

兔小白，專案經理約了下午2點的會議，討論專案上線當天的工作，一會兒你和我一起去參加。

專案上線的工作還需要專門開會討論嗎？之前我實習時經歷過一次專案上線，專案經理負責主持大局，開發人員直接找運行維護工程師發佈系統就可以了。

小專案上線，步驟不多，技術也不複雜，像你說的那樣操作，問題不大。但是當專案大到一定程度，再這麼操作可就要出問題了。專案經理需要提前和開發團隊溝通好上線工作，制訂上線計畫，才能確保萬無一失。

我實習時候的專案經理是做開發出身，他和開發人員交流技術問題沒有障礙，專案中的各種技術工作，他也都有所了解。所以即使不專門開專案上線準備會，問題也不大。

做過開發工作的專案經理確實能提升溝通效率，但是可遇不可求。專案經理的工作重點應該是專案管理，懂技術只是加分項。對於大型軟體專案，這種作坊式的管理方式肯定行不通。我們這個專案由30多位開發人員做了三個月，系統複雜度很高。而且由於新系統要替代掉老系統，上線時還要做資料移轉。系統啟動後，還有檢查資料初始化狀態、任務啟動狀態等工作。專案上線當天的操作步驟非常多。

我們的專案的確複雜得多，上線任務大部分是技術工作，如果上線當天再安排，專案經理很難和開發人員溝通清楚。

所以不能讓專案經理負責這麼多事情，複雜專案有複雜專案的上線方式。有一種設計模式——命令模式，正好可以用來最佳化專案上線。合理安排、傳遞命令，是專案經理組織團隊成員工作的主要方式。在程式中，也可以透過在物件間傳遞命令來達到相互呼叫的目的。

我了解的程式中物件間的呼叫，是透過呼叫物件的方法來實現的。「相互呼叫」是什麼意思？

物件間傳遞命令當然也需要透過方法呼叫，但是命令的類型決定了方法執行的邏輯。等我講完命令模式，你就能理解啦！現在距離開會還有 1 小時，我們邊寫程式邊講。

17.2　專案經理獨攬大權

我們先按照你實習時期的專案上線方式來實現專案上線程式。假設上線需要部署、資料移轉、上線驗證這 3 個步驟。

沒問題，我這就去開發。

10 分鐘後，兔小白寫完了程式。

程式中一共有 3 個執行上線的操作人，分別是負責系統發佈的 OperationEngineer、負責資料移轉的 DataEngineer、負責上線驗證的 DevelopEngineer，程式分別如下。

```java
public class OperationEngineer {
    public void deploy() {
        System.out.println(" 部署應用到生產環境 ");
    }
}
```

```java
public class DataEngineer {
    public void migrateData() {
        System.out.println(" 資料移轉 ");
    }
}
```

```java
public class DevelopEngineer {
    public void verifySystem() {
        System.out.println(" 上線驗證 ");
    }
}
```

在用戶端程式中，初始化 3 個操作人物件，依次執行上線操作。

```java
OperationEngineer operationEngineer = new OperationEngineer();
DataEngineer dataEngineer = new DataEngineer();
DevelopEngineer developEngineer = new DevelopEngineer();

operationEngineer.deploy();
dataEngineer.migrateData();
developEngineer.verifySystem();
```

程式輸出如下。

```
部署應用到生產環境
資料移轉
上線驗證
```

在你的程式中，用戶端充當的角色就是實習專案中的專案經理。他直接和各個操作人打交道，知道每個人能做什麼事情，然後依次安排好工作。也就是說，他需要直接呼叫操作人的方法。

這版程式就是參考我實習時的專案上線過程開發的。

我們先拋開程式，看看現實中的情況。我們現在專案的體量非常大，專案經理不可能熟悉專案中的每個人。另外，專案經理不懂技術，也很難清晰地向開發人員傳達任務。因此，在我們的專案團隊中，設有開發經理[*]的角色，也就是我。

呀！我怎麼把你給忘了……

17.3　開發經理加入專案

在大型專案中，專案經理通常與開發經理配合管理專案。所有與技術相關的問題和安排都由開發經理主導。專案經理直接告訴開發經理想要做什麼事情，由開發經理找到合適的技術人選，以合理的方式完成任務。

開發經理在技術人員和非技術人員之間造成黏合劑的作用，使二者溝通更順暢，這樣專案執行才能更順利。

---

[*] 開發經理也稱開發主管或者 Tech Lead，承擔團隊的技術類管理工作。

🐰 有時專案經理也會直接找我，但溝通效率很低，所以我還是更願意和你對接。

🐼 專案經理長時間和開發經理配合，兩個人自然形成了默契。開發經理把專案經理提出的非技術描述和需求轉化為技術語言後，再傳遞給開發人員。如果讓專案經理直接和 30 多位開發人員溝通各種技術問題，可想而知，專案的完成效率和品質一定很差。

一會兒要開上線工作討論會，我們將整理出專案上線要做的任務和操作人。到了專案上線的那一天，專案經理只需要發出上線命令，我就會根據任務分配來組織相應的操作人工作。

🐰 怎麼聽起來有點像代理模式呢？

🐼 命令模式確實運用了代理思想，但與代理模式不同的是，命令模式需要對命令進行抽象和封裝。下面我就用命令模式來改造專案上線程式。

20 分鐘後，熊小貓改完了程式。

🐼 我們先看看專案上線程式結構圖。

```
                        TechLead                    Command
 接收並儲存 Command。    -command:Command                                  不同的 Command 子類別
 執行命令時呼叫          +setCommand(Command command)  +execute()          依賴不同的操作人類別。
 Command.execute()。    +executeCommand()
```

```
        Client
```

```
                DeployCommand          DataMigrationCommand      VerifyCommand
               -operator:OperationEngineer  -operator:DataEngineer  -operator:DevelopEngineer
               +execute()              +execute()                +execute()
```

```
 各個操作人類別，    OperationEngineer        DataEngineer           DevelopEngineer
 可以是任何類別。    +deploy()                +migrateData()         +verifySystem()
```

專案上線程式結構圖

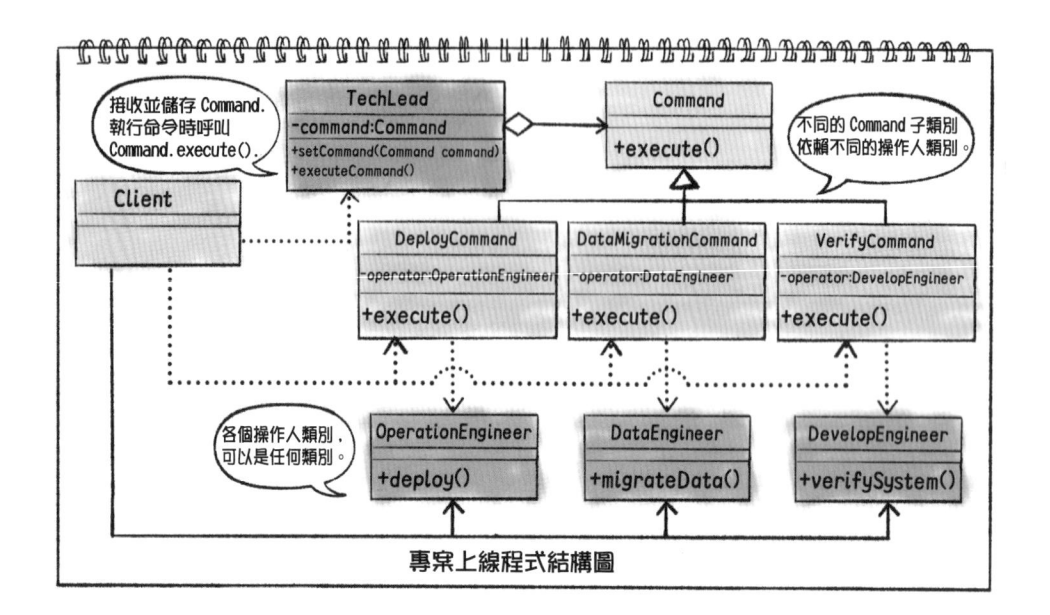

這版程式最大的變化是增加了 Command 繼承系統。Command 類別是對上線任務的命令抽象。不同的 Command 子類別依賴不同的操作人類別。TechLead 負責接收和儲存用戶端指派的命令，並觸發執行。

Command 是命令介面，定義命令執行方法 execute。

```
public interface Command {
    void execute();
}
```

它有 3 個實現類別，分別持有相應的操作人物件引用。透過呼叫操作人物件，實現 execute 方法，程式分別如下。

部署命令類別：

```
public class DeployCommand implements Command {
```

```java
    private final OperationEngineer operator;

    public DeployCommand(OperationEngineer operationEngineer) {
        this.operator = operationEngineer;
    }

    public void execute() {
        operator.deploy();
    }
}
```

資料移轉命令類別：

```java
public class DataMigrationCommand implements Command {
    private final DataEngineer operator;

    public DataMigrationCommand(DataEngineer dataEngineer) {
        this.operator = dataEngineer;
    }

    public void execute() {
        operator.migrateData();
    }
}
```

上線驗證命令類別：

```java
public class VerifyCommand implements Command {
    private final DevelopEngineer operator;

    public VerifyCommand(DevelopEngineer qualityEngineer) {
        this.operator = qualityEngineer;
    }

    public void execute() {
        operator.verifySystem();
    }
}
```

程式中增加了開發經理 TechLead 類別，它負責接收並儲存 Command 類型的參數，透過呼叫 Command 物件的 execute 方法執行命令。

```java
public class TechLead {
    private Command command;

    public void setCommand(Command command) {
        this.command = command;
    }

    public void executeCommand() {
        command.execute();
    }
}
```

用戶端需要做一些準備工作，建立上線需要的 Command 物件，並為 Command 物件分配對應的操作人物件。做完準備工作之後，用戶端想執行什麼任務，只需向 TechLead 發出相應的命令，不必再直接對接多個操作人。

```java
OperationEngineer operationEngineer = new OperationEngineer();
DataEngineer dataEngineer = new DataEngineer();
DevelopEngineer developEngineer = new DevelopEngineer();

TechLead techLead = new TechLead();

Command deployCommand = new DeployCommand(operationEngineer);
Command dataMigrationCommand = new DataMigrationCommand(dataEngineer);
Command verifySystemCommand = new VerifyCommand(developEngineer);

techLead.setCommand(deployCommand);
techLead.executeCommand();

techLead.setCommand(dataMigrationCommand);
techLead.executeCommand();

techLead.setCommand(verifySystemCommand);
techLead.executeCommand();
```

提前將任務分配好，待專案上線的時候，專案經理只需要向技術經理傳達命令，這和我們專案的真實情況一樣。

這版程式和真實情況還有一點差別。既然任務已經提前分配好，那麼專案經理就不需要針對每項工作任務都向開發經理發出一次命令。實際上，專案經理安排好所有上線任務後，只需要通知開發經理可以上線了，然後開發經理按照命令列表依次執行命令即可。這個最佳化就由你來完成吧！

17.4 開發經理掌控全域

15 分鐘後，兔小白完成了程式最佳化。

之前的 TechLead 只能儲存一個 Command 物件，每次給它分配新的命令就會覆蓋已儲存的 Command 物件。這導致 TechLead 必須執行完當前命令，才能接收下一筆命令。這是程式需要最佳化的地方。

現在我將 TechLead 類別改為維護 Command 物件列表，這樣它可以儲存多個 Command 物件。在 executeCommand 方法中迭代所有的 Command 物件，依次執行 Command 物件的 execute 方法。TechLead 只需要接收一次執行命令的呼叫，就會執行完成所有預設好的命令。

```java
public class TechLead {
    private final List<Command> commands = new ArrayList<>();

    public void setCommand(Command command) {
        this.commands.add(command);
    }

    public void executeCommand() {
        for (Command command : commands) {
            command.execute();
        }
    }
```

```
        }
}
```

在用戶端程式中，集中為 TechLead 設置全部命令，然後只需要呼叫一次 TechLead 的 executeCommand 方法，設置好的命令便都會被執行。

```
OperationEngineer operationEngineer = new OperationEngineer();
DataEngineer dataEngineer = new DataEngineer();
DevelopEngineer qualityEngineer = new DevelopEngineer();

TechLead techLead = new TechLead();

Command deployCommand = new DeployCommand(operationEngineer);
Command dataMigrationCommand = new DataMigrationCommand(dataEngineer);
Command verifySystemCommand = new VerifyCommand(qualityEngineer);

techLead.setCommand(deployCommand);
techLead.setCommand(dataMigrationCommand);
techLead.setCommand(verifySystemCommand);
techLead.executeCommand();
```

這版程式和真實的專案上線情況已經相差無幾。專案經理承擔的職責並不是專案上線當天指揮技術工作，而是提前帶領團隊整理好上線任務。等到專案上線時，技術經理才是主角。專業的人做專業的事，換句話講就是職責單一。這版程式的設計更符合真實情況，非常好理解。

設計模式帶來的優點肯定不只是程式易於理解。命令模式還有什麼其他優點呢？

別著急，下面我們就來詳細看看命令模式的優缺點和適用場景。

17.5 命令模式的優缺點及適用場景

我們先來看命令模式結構圖。

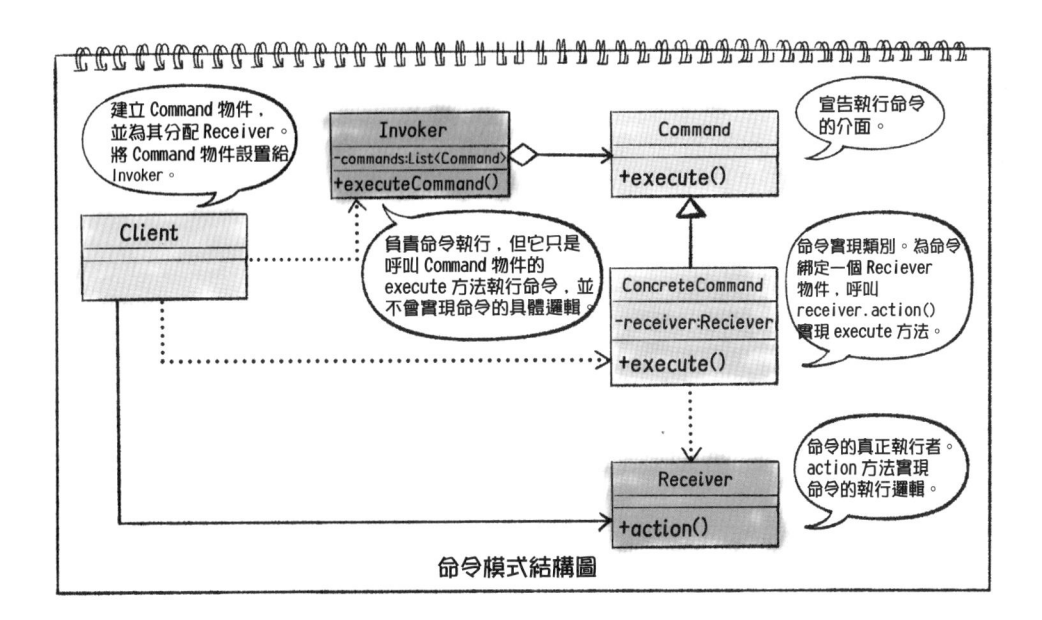

```
建立 Command 物件，
並為其分配 Receiver。
將 Command 物件設置給
Invoker。
```

- Invoker
  - -commands:List<Command>
  - +executeCommand()

- Command （宣告執行命令的介面。）
  - +execute()

- ConcreteCommand （命令實現類別。為命令綁定一個 Receiver 物件，呼叫 receiver.action() 實現 execute 方法。）
  - -receiver:Receiver
  - +execute()

- Receiver （命令的真正執行者。action 方法實現命令的執行邏輯。）
  - +action()

Client 負責命令執行，但它只是呼叫 Command 物件的 execute 方法執行命令，並不會實現命令的具體邏輯。

命令模式結構圖

Command 宣告執行命令的介面。ConcreteCommand 是命令實現類別，呼叫 Receiver 物件實現 execute 方法。在呼叫 Receiver 物件之前或之後，ConcreteCommand 可以加入自己的邏輯，比如記錄日誌。這裡運用了代理模式的思想。

Receiver 是命令的執行類別，action 方法實現命令的具體執行邏輯。它對應專案上線例子中的 3 個 Engineer 類別。

Invoker 對應例子中的 TechLead 類別，負責維護 Command 物件列表，並透過呼叫 Command 物件的 execute 方法來執行命令。

在 Client 中，首先建立 Command 物件，並為其分配具體的 Receiver，然後將 Command 物件設置給 Invoker，最後呼叫 Invoker 的 executeCommand 方法執行所有預設好的 Command。

命令模式使用到的物件比較多，結構確實有些複雜，但能為程式帶來以下好處。

（1）解耦用戶端和接收者。雖然用戶端在建構命令物件時，需要分配接收者，但在執行命令的過程中，只需要呼叫 Invoker 的 executeCommand 方法。用戶端並不需要了解各個 Receiver 的呼叫方式，命令模式隱藏了 Receiver 的差異性。同樣，Invoker 也不需要了解具體的 Receiver，只需要執行 Command 的 execute 方法。

（2）Command 可以被操作和擴充。命令模式將物件之間的呼叫由多個業務介面轉化為一個高度抽象的介面，接收不同的命令物件。命令的執行被封裝在 Receiver 類別中，由 Command 代理執行。Command 支援擴充、可以被傳遞、提前編排，這使得物件間的呼叫更加靈活。

（3）可以在原操作上附加操作。命令模式中用到了代理模式的思想，支援在命令執行的前後附加操作，如日誌記錄等。

命令模式最大的缺點就是複雜度高。Client 本來可以直接呼叫 Receiver，但是命令模式引入了 Command 和 Invoker，大大增加了程式的複雜度。命令模式有以下一些特定的使用場景。

　　（1）需要靈活建構命令清單的場景。建構命令列表可以分離任務的制定和執行。即使工作任務的步驟很多，也可以提前編排好命令列表，在執行命令時只需要呼叫一次執行方法。命令列表是一種資料，可以被儲存和傳遞。甚至在 Invoker 中可以啟動其他的執行緒，監控是否有新的命令被存入命令列表，做閉環處理。

　　（2）需要支援撤回和重做的場景。可以為 Command 子類別增加 unexecute 方法，並在 Invoker 中增加執行過的 Command 列表，這樣在對該列表向前遍歷時呼叫 unexecute 方法，向後遍歷時呼叫 execute 方法，便可以實現命令的撤回和重做。unexecute 方法的實現方式有兩種：一種是 Command 將 execute 方法被呼叫前的系統態記錄下來，在 unexecute 被呼叫時實施狀態恢復；另一種是由 Receiver 來實現 unexecute 方法，處理導回操作。

　　我們在專案上線時也需要導回方案，畢竟不是每次上線都能保證成功。

　　在 2 點的會議上，關於如何導回也是一個重要議題。專案上線的每一步操作都需要支援導回，以免新系統沒上線，老系統又不能用。

　　2 點的會議？學習太投入，忘了看時間，我們趕緊出發！

第 18 章

點菜也需要翻譯 —— 解譯器模式

18.1 記憶力驚人的服務員

🐼 今天我們去吃點好的,我請客,慶祝專案上線成功!

🐰 好啊!我們去吃燒烤吧!

兩人下班後來到了燒烤店。

👩 你們好,請點菜!把菜品編號寫下來就可以了。

兩人點完菜,服務員在核心對菜品。此時,兔小白突然想加一個菜。

🐰 你好,我想加一個疙瘩湯。稍等,我查查編號。

👩 不用查了,2032,我給你加上了。

18-1

🐰　哇，你的記憶力也太好了吧！

🐼　每天做同樣的工作，想忘記都難！兩位如果沒有其他需要，我就下單了。

待服務員離開後，兔小白又開始讚歎服務員的記憶力。

🐰　這位服務員太厲害了！這麼多菜品的編號，她都能記得！

🐼　確實厲害，不過這家飯店的點菜系統有些落後，還是透過鍵盤輸入菜品編號的方式點菜，而現在比較先進的點菜系統都是透過使用者介面操作的。

🐰　透過使用者介面點菜，需要逐一查詢菜品，我覺得不如直接輸入菜品編號快。當然，前提是足夠熟悉菜品編號。

🐼　這就像 DOS 和 Windows 作業系統的區別。DOS 屬於命令列作業系統，如果使用者熟悉 DOS 命令的文法規則，效率會更高。Windows 透過使用者介面操作，使用起來更簡單。

　　點菜終端也一樣，服務員需要按照一定的規則進行輸入，點菜命令才能被正確解析。舉例來說，我們點了 10 串羊肉串，服務員需要輸入「1024*10」，再輸入「#」進行確認。

🐰　這有點像打電話辦理銀行業務時，用電話鍵盤輸入密碼的操作。

🐼　這兩個場景是類似的。你輸入一段文字後，背景伺服器會按照文法規則解析你輸入的文字。如果能夠正確解析，系統將按照解析結果執行操作。這個場景可以使用設計模式中的解譯器模式來實現。

🐰　趁著還沒上菜，正好給我講講解譯器模式！

🐼　哈哈，你可真是走到哪兒學到哪兒！沒問題，下面我們就來講講解譯器模式。

18.2 解析點菜命令的原理

我們回憶一下點菜的過程。服務員按照我們點的菜品，輸入「編號*數量」，按「#」鍵確認。針對每個所點的菜品，重複這種操作。點餐系統背景解析服務員的輸入，獲取菜品名稱和數量，然後在資料庫中檢索價格等資訊，生成點選單並列印出來。

在這個場景中，我們特別注意程式解析輸入文字的過程，解譯器模式正是用來解決這種問題的。服務員在點菜終端上輸入的是按照固定文法規則組織的一段文字。解譯器對這段文字使用到的每條文法規則進行解釋後，最終將其轉化為點選單上呈現的文字。

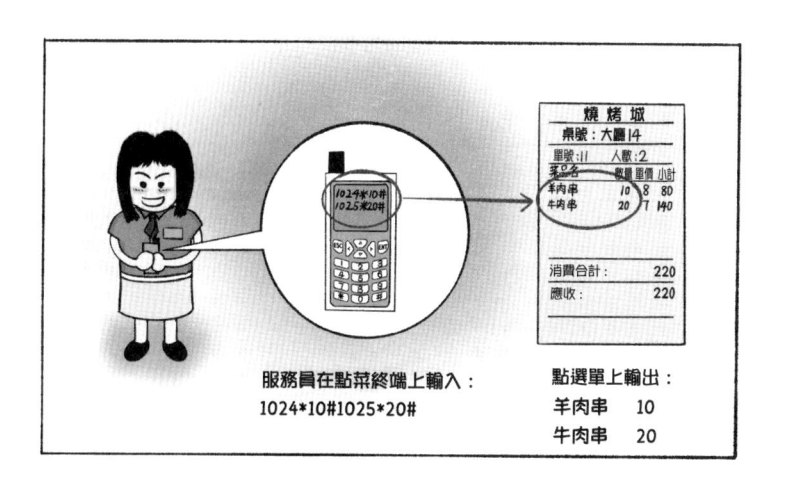

什麼是文法規則呢？

以「*」為例，「*」用來連接菜品編碼和數量，這就是一筆文法規則。在解譯器模式中，這類文法規則被抽象為非終結符號運算式。還有另一類運算式，比如具體的菜品編號和數量會被抽象為終結符號運算式。

按照固定文法規則撰寫的敘述，可以被表示為一棵由非終結符號運算式和終結符號運算式物件組成的抽象語法樹。顧名思義，終結符號運算式物件一定是葉子節點。舉例來說，剛才我們點菜的敘述，可以被表示為下面這樣一棵抽象語法樹。

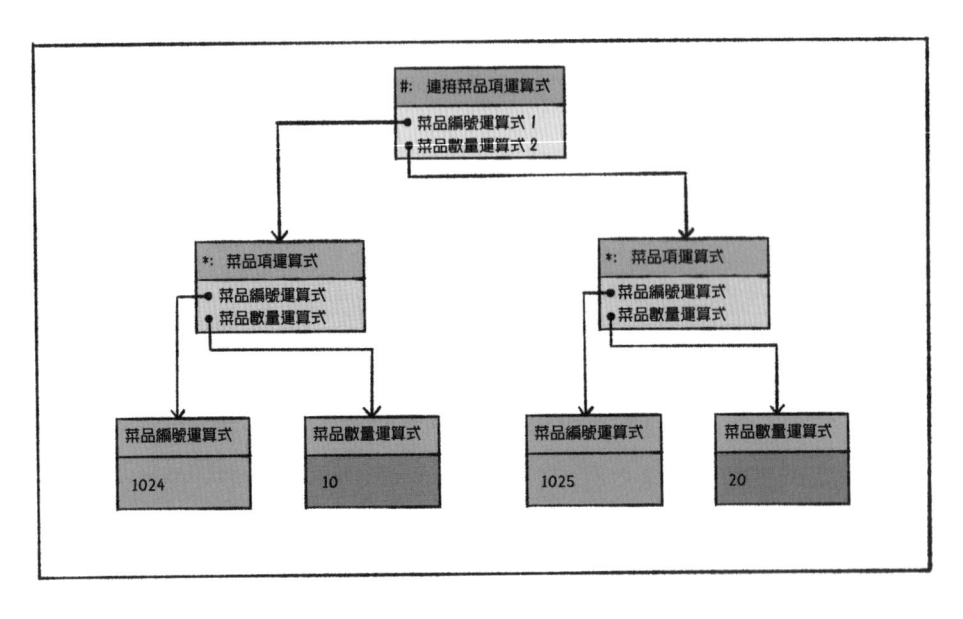

```
                    #: 連接菜品項運算式
                    • 菜品編號運算式 1
                    • 菜品數量運算式 2

        *: 菜品項運算式              *: 菜品項運算式
        • 菜品編號運算式             • 菜品編號運算式
        • 菜品數量運算式             • 菜品數量運算式

  菜品編號運算式  菜品數量運算式   菜品編號運算式  菜品數量運算式
     1024           10              1025           20
```

我們來看看解譯器模式結構圖。

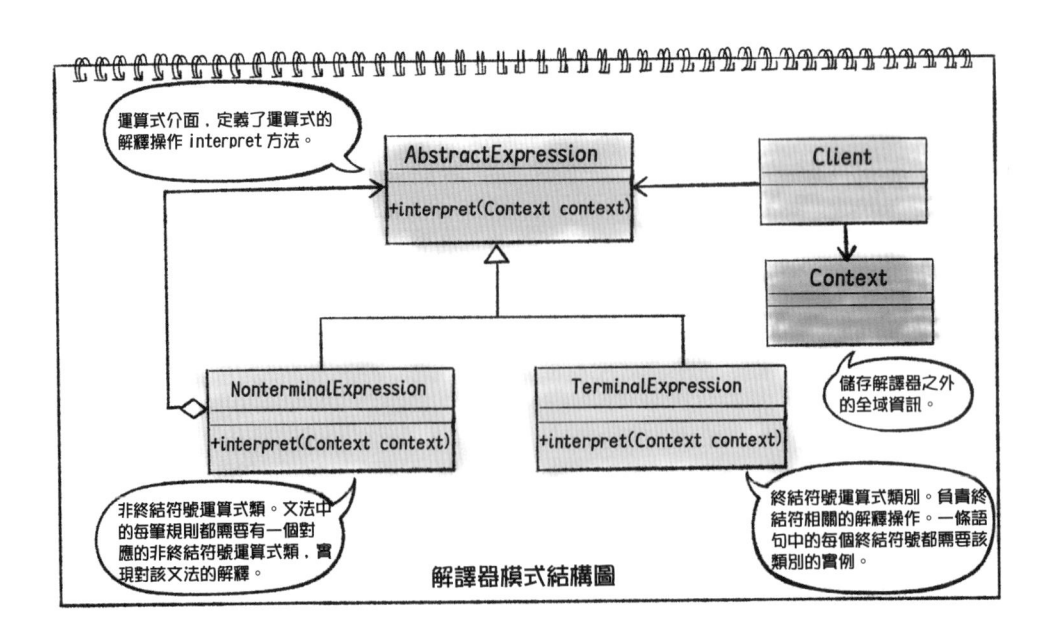

```
                    AbstractExpression              Client
  運算式介面，定義了運算式的
  解釋操作 interpret 方法。      +interpret(Context context)
                                      △                    ↓
                                      |                  Context
                          ┌───────────┴───────────┐
                          |                       |       儲存解譯器之外
              NonterminalExpression      TerminalExpression   的全域資訊。
              +interpret(Context context) +interpret(Context context)

  非終結號運算式類別。文法中                              終結號運算式類別。負責終
  的每筆規則都需要有一個對                                結符相關的解釋操作。一條語
  應的非終結號運算式類別，實                              句中的每個終結符都需要該
  現對該文法的解釋。                                      類別的實例。

                           解譯器模式結構圖
```

AbstractExpression 為運算式介面，定義了運算式的解釋操作 interpret 方法。NonterminalExpression 是非終結符號運算式類別。文法中的每筆規則都需要有一個對應的非終結符號運算式類別，實現對該文法的解釋。TerminalExpression 為終結符號運算式類別，負責終結符號相關的解釋操作。一行敘述中的每個終結符號都需要該類別的實例。

敘述首先被解析成由運算式物件組成的抽象語法樹，然後呼叫根節點物件的 interpret 方法，觸發樹上所有節點的 interpret 方法被遞迴呼叫，從而完成對整行敘述的解釋。

我們還是做個練習，這樣會理解得更清楚。

沒問題，理論基礎已經講完了，下面我們來實際操作一下。

18.3 使用解譯器模式實現點菜系統

我們就以點菜系統做練習，使用解譯器模式來實現它。你先分析一下，點菜系統有哪些文法規則？

點菜系統有以下兩種文法規則。

（1）「*」用於連接菜品和數量，組成一筆完整的菜品項。

（2）「#」代表當前菜品項輸入完成，連接下一個菜品項。

這兩種規則屬於非終結符號規則，需要有對應的非終結符號運算式類別。此外還有菜品編號和數量，它們屬於終結符號，需要定義終結符號運算式類別。分析工作已經完成了，你來嘗試撰寫程式吧！

20 分鐘後，兔小白寫完了程式。

我先定義了運算式介面 Expression，宣告 interpret 方法。

```
public interface Expression {
    String interpret(Context context);
}
```

Context 類別維護了菜品編號和菜品名稱的映射關係，用於實現從編號到名稱的轉換。

```
public class Context {
    public Map<String, String> dishMap = new HashMap<>();

    public Context() {
        dishMap.put("1024", " 羊肉串 ");
        dishMap.put("1025", " 牛肉串 ");
    }

    public String getDishName(String dishNumber) {
        return dishMap.get(dishNumber);
    }
}
```

程式中有兩個非終結符號運算式類別。ConnectExpression 對應「*」的文法規則，interpret 方法負責實現該規則，使用空格連接菜品名稱和數量。

```
public class ConnectExpression implements Expression {
    private final Expression dishName;
    private final Expression amount;

    protected ConnectExpression(Expression dishName,
                                Expression amount) {
        this.dishName = dishName;
        this.amount = amount;
    }
```

```java
    public String interpret(Context context) {
        return dishName.interpret(context) + " " + amount.interpret(context);
    }
}
```

JoinDishItemExpression 類別對應「#」的文法規則,表示一個菜品項輸入完成,負責菜品項之間的換行,interpret 方法負責實現該規則。

```java
public class JoinDishItemExpression implements Expression {
    private final Expression dishOrder;
    private final Expression nextDishOrder;

    public JoinDishItemExpression(Expression dishOrder,
                                  Expression nextDishOrder) {
        this.dishOrder = dishOrder;
        this.nextDishOrder = nextDishOrder;
    }

    public String interpret(Context context) {
        return dishOrder.interpret(context) + "\n" +
                nextDishOrder.interpret(context);
    }
}
```

DishNumberExpression 類別為菜品編號的終結符號運算式。透過 Context 找到編號對應的名稱,對菜品編號進行解釋。

```java
public class DishNumberExpression implements Expression {
    private final String dishNumber;

    public DishNumberExpression(String dishNumber) {
        this.dishNumber = dishNumber;
    }

    public String interpret(Context context) {
```

```
            return context.getDishName(dishNumber);
    }
}
```

DishAmountExpression 為菜品數量的終結符號運算式，負責解釋菜品數量。

```
public class DishAmountExpression implements Expression {
    private final String amount;

    public DishAmountExpression(String amount) {
        this.amount = amount;
    }

    public String interpret(Context context) {
        return amount;
    }
}
```

我在用戶端中建構了「1024*10#1025*20」敘述的語法樹，並呼叫根節點 joinExp 物件的 interpret 方法。

```
Expression connectExp1 = new ConnectExpression(
        new DishNumberExpression("1024"),
        new DishAmountExpression("10"));
Expression connectExp2 = new ConnectExpression(
        new DishNumberExpression("1025"),
        new DishAmountExpression("20"));
Expression joinExp = new JoinDishItemExpression(connectExp1, connect-
Exp2);

System.out.println(joinExp.interpret(new Context()));
```

可以看到，每個 Expression 節點的 interpret 方法被遞迴呼叫，輸出結果也符合預期。

```
羊肉串  10
牛肉串  20
```

非常不錯，這版程式將解譯器模式極佳地應用到了點菜系統中。

不過我覺得有一點做得還不夠好。用戶端程式直接建構了抽象語法樹，而非透過解析點菜敘述生成的抽象語法樹。

這裡不能說你做得不好，解譯器模式原本就不包括敘述分析和建構抽象語法樹的工作。但是為了讓例子更完整，你可以嘗試加上敘述分析、建構抽象語法樹！

15 分鐘後，兔小白撰寫完了敘述分析程式。

我在用戶端中增加了生成抽象語法樹的方法 getExpressionTree。

```java
private static Expression getExpressionTree(String orderSentence) {
    char[] chars = orderSentence.toCharArray();
    String buffer = "";
    Stack<Expression> expressionStack = new Stack<>();

    for (char character : chars) {
        switch (character) {
            case '*' :
                //* 為連接字元，說明之前讀取到 buffer 的值為菜品編號
                expressionStack.push(new DishNumberExpression(buffer));
                buffer = "";
                break;
            case '#' :
                // 讀取到 #，說明當前菜品項已經讀取完成。buffer 中的值為菜品數量
                // 建立連接運算式物件
                ConnectExpression connectExpression =
                        new ConnectExpression(expressionStack.pop(),
```

```
                    new DishAmountExpression(buffer));

    // 如果 Stack 不為空，說明已經生成過 ConnectExpression 物件，
    // 需要和當前 connectExpression 物件
    // 組合成 JoinDishItemExpression 物件
    if (expressionStack.size() > 0) {
        JoinDishItemExpression joinExp =
                new JoinDishItemExpression(
                        expressionStack.pop(),
                        connectExpression);
        expressionStack.push(joinExp);
    } else {
        expressionStack.push(connectExpression);
    }

    buffer = "";
    break;
  default:
    // 讀取字元到緩衝區
    buffer = buffer + character;
  }
}
// 完成敘述分析後，運算式移出堆疊
return expressionStack.pop();
}
```

程式對點菜敘述逐字元進行分析，在遇到「*」或「#」之前，會把字元拼接起來存放在 buffer 中。一旦遇到「*」或「#」，就做相應的解析處理，生成運算式節點物件。

用戶端程式直接呼叫該方法，對點菜敘述進行分析，然後解釋執行抽象語法樹。

```
String orderSentence = "1024*10#1025*20#";
Expression expression = getExpressionTree(orderSentence);
System.out.println(expression.interpret(new Context()));
```

18.4　解譯器模式的適用場景

🐼　解譯器模式的適用場景比較固定，主要用在需要解釋執行由自訂文法結構撰寫的敘述的場景。

🐜　由自訂文法結構撰寫的敘述？聽起來像一種微型程式語言。

🐼　沒錯，可以認為它是一種微型程式語言，解譯器程式做的事情就是讀懂並執行這種語言寫出的敘述。

🐜　我們使用的程式語言已經足夠強大，為什麼還要再自訂一種微型程式語言呢？

🐼　自訂文法規則主要用來解決特定類型的問題。程式語言雖然強大，但文法規則和特定類型的問題不一定匹配，從而產生難以描述的問題。另外，由自訂文法結構撰寫的敘述作為文字資料，可以被儲存和傳輸，在程式語言內部使用非常方便、靈活。

有一個大家非常熟悉的例子——開發時經常用到的正規表示法。正規表示法用來解決字串匹配的特定問題。它能夠描述字串的結構，這有賴於它所定義的各種文法規則。而正規表示法作為規則資料，在程式中的存在形式只是一段文字，可以被方便地儲存、傳輸。

解譯器模式適合文法簡單的場景。如果文法過於複雜，那麼文法規則的類別庫會變得十分龐大，難以管理和維護。同時，解析語法樹的工作難度也會變大，開發門檻較高。

解譯器模式最大的優勢是文法規則易於擴充。無論是終結符號，還是非終結符號運算式，都支援擴充。另外，不同運算式類別的實現大體一致，易於直接撰寫。

18.5　解譯器模式與組合模式的比較

我發現解譯器模式和組合模式的結構幾乎一模一樣。組合模式中的物件結構為樹狀結構，解譯器模式中的運算式物件也組成了抽象語法樹。這兩者是不是存在聯繫？

你觀察得很仔細嘛！從結構上看，這兩種設計模式的相似度非常高。解譯器模式其實可以看作組合模式的一種特殊形式。當將組合模式應用於建構和解釋抽象語法樹時，便轉化為了解譯器模式。

只是名字稍做改變，就成了一種新的設計模式。

其實如果你仔細研究不同設計模式的結構圖，就會發現有多種設計模式的結構只存在細微的差別。萬變不離其宗，設計模式的結構都基於幾種基本的類別關係，因此差異不會太大。

在解決一類新問題的時候，如果已經存在比較匹配的設計模式，當然可以直接修改並使用，從而組成一種新的設計模式。任何解決方案都以問題為出發點，起一個與解決的問題相匹配的名稱，以後在遇到類似的問題時，就能快速匹配到對應的設計模式。

沒想到吃飯前又學了一種設計模式！已經上菜了，我們開動吧！咦，我們沒點烤板筋呀？是不是點菜系統的解譯器出問題了？

系統哪那麼容易出問題？一定是你抄錯菜品編號啦！

哎呀！我還是更喜歡有使用者介面的點菜系統！

第 19 章

捷運安檢，誰都逃不掉 —— 迭代器模式

19.1 兔小白上班遲到

週一早上 9:35，技術團隊已經開始例行晨會，兔小白才急急忙忙地跑進辦公室。會後，兔小白向熊小貓抱怨起來。

🐰 今天早上可急壞我了，緊趕慢趕還是遲到了。

🐼 你是不是睡懶覺起晚了？

🐰 我還真沒睡懶覺。遲到是因為捷運安檢耽誤了時間。今天捷運安檢比平時嚴格，導致安檢隊伍非常長，過安檢比平時多花了 10 分鐘。

🐼 上班時間不能卡得這麼緊張呀！只是多花 10 分鐘，你就遲到了。做任何事情都要留餘地，否則一旦發生變化，就難以應對。軟體設計也是同樣

的道理，兩個元件之間要解耦，留有變化的空間。

🐰 你說的在理。我著急也沒辦法，乘客只能一個個地通過安檢，誰也逃不掉。

🐼 安檢隊伍好比 Java 中的集合。安檢員迭代集合中的每位乘客，如果漏了一位，那就出 Bug 了。

🐰 真有你的，這都能聯想到程式開發上來。

🐼 安檢是為了保護每位乘客的安全，肯定不能出 Bug！這就像在程式中迭代集合，也不能漏掉裡面的元素！

🐰 這可不一定，我就犯過這種錯誤。

🐼 哦？讓我看看你是怎麼寫出 Bug 的。

19.2　迭代只是寫 for 迴圈嗎

🐼 我們就以安檢為例，寫一個非常簡單的小練習。需求是迭代乘客列表，對每位乘客進行安檢。

大約 5 分鐘後，兔小白寫完了程式。

🐰 我定義了乘客 Passenger 類別，其中，屬性 withDangerousGoods 表示是否攜帶危險品。

```
public class Passenger {
    private boolean withDangerousGoods;

    public Passenger(boolean withDangerousGoods) {
        this.withDangerousGoods = withDangerousGoods;
```

```
    }

    public boolean isWithDangerousGoods() {
        return withDangerousGoods;
    }
}
```

在用戶端程式中宣告了一個 List，放入幾個 Passenger 物件，然後用 for 迴圈迭代乘客 List，進行安檢。

```
List<Passenger> passengers = new ArrayList<>();
passengers.add(new Passenger(false));
passengers.add(new Passenger(false));
passengers.add(new Passenger(true));
passengers.add(new Passenger(false));

for (int i = 0; i < passengers.size(); i++) {
  Passenger passenger = passengers.get(i);
  if (passenger.isWithDangerousGoods()) {
    System.out.println(" 安檢未通過 ");
  } else {
    System.out.println(" 安檢通過 ");
  }
}
```

輸出如下，符合預期。

```
安檢通過
安檢通過
安檢未通過
安檢通過
```

這段程式可能出 Bug 的地方是 for 迴圈的寫法。我已經寫得很熟練了，肯定不會犯錯。但是一些初學者可能會把 i 的初始值設為 1，也可能將 i < passengers.size() 的邊界判斷寫成 i <= passengers.size()。

怪不得你以前會出錯，你還在用最原始的方法寫集合迭代。這裡使用迭代器會更好，避免犯低級錯誤。

我一直用 for 迴圈迭代集合呀！你說的迭代器怎麼用？

19.3　迭代不只有 for 迴圈

迭代器是被抽象出來專門負責迭代集合的類別。其實，上述程式中的 for 迴圈實現的就是迭代器的功能，你來講一下這段程式的實現想法吧！

為了實現迭代，for 迴圈確實做了不少事情。它透過游標迭代集合，需要控制好游標的邊界，根據游標取出集合中的元素。

在 for 迴圈中，不但有區域變數，還有多種行為邏輯，它們配合起來才能完成迭代。你能寫得如此順手，完全有賴於 Java 語言的設計，用 for 寫迭代既簡潔，又方便。但是，你每寫一次這樣的 for 迴圈，就相當於重複實現了一次迭代器。重複是軟體開發中的大忌，而且如你所說，一不小心還可能寫錯。

回想一下，我以前可真沒少寫這樣的 for 迴圈，相當於我在一次又一次地寫迭代器。這樣確實不如寫一個可以重複使用的迭代器，既能避免重複工作，還不會出錯。

沒錯！出現重複就要思考如何精簡。迭代器其實也是一種設計模式，就叫作迭代器模式。下面你來參考 for 迴圈的實現，寫一個 List 的迭代器吧！

10 分鐘後，兔小白完成了迭代器的開發。

for 迴圈中的 i 變數造成游標的作用，指示迭代的位置。迭代涉及 3 個關鍵操作。

（1）移動游標。

（2）判斷迭代是否完成。

（3）取出當前游標位置的元素。

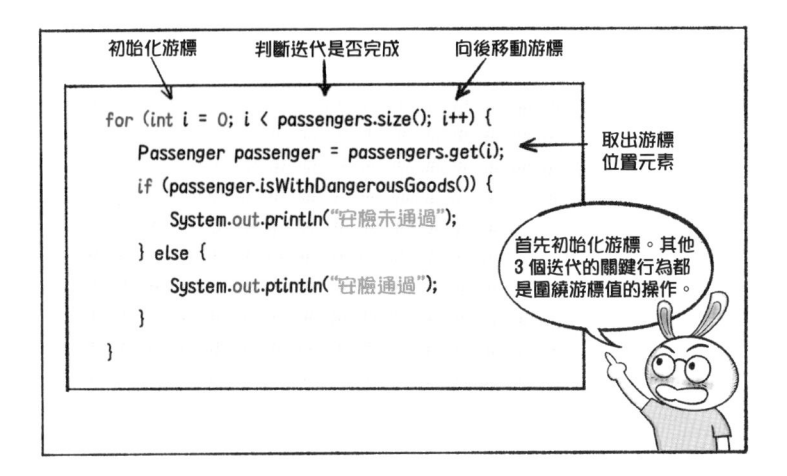

```
for (int i = 0; i < passengers.size(); i++) {
    Passenger passenger = passengers.get(i);
    if (passenger.isWithDangerousGoods()) {
        System.out.println("安檢未通過");
    } else {
        System.out.ptintln("安檢通過");
    }
}
```

初始化游標　　判斷迭代是否完成　　向後移動游標

取出游標位置元素

首先初始化游標。其他 3 個迭代的關鍵行為都是圍繞游標值的操作。

為迭代器介面定義 3 個對應的方法：next、isDone、getCurrentItem。

```java
public interface Iterator<E> {
    void next();
    E getCurrentItem();
    boolean isDone();
}
```

ListIterator 實現 Iterator 介面，cursor 屬性為游標，指示迭代位置。

```java
public class ListIterator<E> implements Iterator{
    private int cursor;
    private List<E> list;

    public ListIterator(List<E> list) {
        this.list = list;
    }
```

```java
    public void next() {
        cursor++;
    }

    public E getCurrentItem() {
        return list.get(cursor);
    }

    public boolean isDone() {
        return cursor == list.size();
    }
}
```

用戶端程式如下。

```java
List<Passenger> passengers = new ArrayList<>();
passengers.add(new Passenger(false));
passengers.add(new Passenger(false));
passengers.add(new Passenger(true));
passengers.add(new Passenger(false));

ListIterator<Passenger> listIterator = new ListIterator<>(passengers);
```

```java
while (!listIterator.isDone()){
  Passenger passenger = listIterator.getCurrentItem();

  if(passenger.isWithDangerousGoods()){
    System.out.println(" 安檢未通過 ");
  }else{
    System.out.println(" 安檢通過 ");
  }

  listIterator.next();
}
```

有了這個迭代器，以後就不用擔心把 for 迴圈寫錯了。

迭代器帶來的好處可不止於此，下面我們詳細講講迭代器模式。

19.4　詳解迭代器模式

我們先來看看迭代器模式結構圖。

Aggregate 是聚合類別介面，例如 Java 語言中的 List 介面。介面中定義的 createIterator 方法傳回一個 Iterator 類型實例。ConcreteAggregate 是實現介面的聚合類別，例如 Java 語言中的 ArrayList。

Iterator 是迭代器介面，你的程式中也有名稱相同介面。它的實現是 ConcreteIterator 類別，對應你寫的 ListIterator 類別。

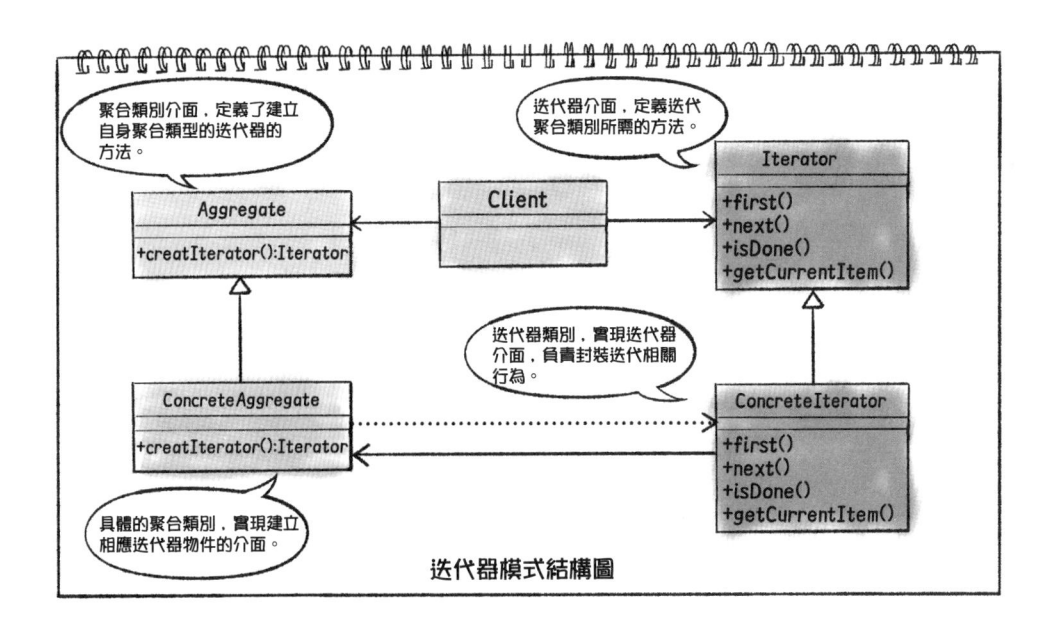

```
聚合類別介面，定義了建立           迭代器介面，定義迭代
自身聚合類型的迭代器的             聚合類別所需的方法。
方法。
                                                    Iterator
                                                    +first()
            Aggregate  ←——— Client ———→            +next()
        +creatIterator():Iterator                   +isDone()
                △                                   +getCurrentItem()
                |                                        △
                |            迭代器類別，實現迭代器          |
                |            介面，負責封裝迭代相關          |
                |            行為。                       |
        ConcreteAggregate  ----------→      ConcreteIterator
        +creatIterator():Iterator             +first()
                                              +next()
                                              +isDone()
                                              +getCurrentItem()
    具體的聚合類別，實現建立
    相應迭代器物件的介面。
                            迭代器模式結構圖
```

Iterator 介面定義了 4 種方法，它們的職責分別如下。

（1）first 方法用於初始化或重置迭代器游標，使游標指向集合中的第一個元素。

（2）next 方法用於將迭代器游標向後移動一位。

（3）isDone 方法用於判斷游標是否已經移過集合中的最後一個元素，判斷迭代是否結束。

（4）getCurrentItem 方法用於傳回迭代器游標當前所處位置的元素。

🐜　我已經用過了其中 3 種方法，只有 first 方法沒有被用到。

🐼　你的迭代器預設將游標初始設置在集合中的第一個元素的位置。另外，你的程式不需要重置迭代器，因此用不到 first 方法。

迭代器的適用場景顯而易見，需要迭代集合中每個元素的場景都適合使用迭代器模式。迭代器有一個缺點，在迭代處理邏輯中，如需獲取元素的位置，迭代器無法直接提供，需要透過計數器等方式實現。當然，也可以用最原始的 for 迴圈實現，直接獲取游標值。

迭代器還有一個重要的基礎知識——內部迭代器和外部迭代器，即迭代發生在迭代器的內部還是外部。在上述例子中，迭代發生在用戶端程式中，所以你寫的是外部迭代器。內部迭代器接收用戶端提交的待執行操作，然後在迭代器內部完成迭代，對每個元素實施該操作。

🐜　看來我的程式還有提升空間，比如迭代器的實例應該由集合類別建立並傳回。另外，我再想想如何實現內部迭代器。

🐼　你這種追求卓越的精神值得表揚！不過……其實 Java 語言已經為開發者實現了迭代器，而且兼備內、外部迭代器的特性，可以直接拿來使用。

🐜　啊！那你還讓我自己開發！

自己開發才印象深刻，多動動手沒壞處。迭代器由於使用太廣泛，已經成為一種基礎工具，大多數高級程式語言都會提供，不再需要自己開發。

那我不用再寫內部迭代器了，研究一下 Java 提供的迭代器就好啦！

19.5　淺析 Java 中的迭代器

Java 1.2 版本中定義了 Iterator 介面。

```
public interface Iterator<E> {
    boolean hasNext();

    E next();

    default void remove() {
        throw new UnsupportedOperationException("remove");
    }

    default void forEachRemaining(Consumer<? super E> action) {
        Objects.requireNonNull(action);
        while (hasNext())
            action.accept(next());
    }
}
```

Java 提供的 Iterator 介面在迭代器模式的基礎上做了改進。hasNext 方法對應迭代器模式中的 isDone。next 方法將迭代器模式中的 next 和 getCurrentItem 方法合二為一，實現將游標向後移動一位，並取出游標位置的元素[*]。remove 方法用於安全移除處於迭代中的集合內的元素，它是一個可選的方法。forEachRemaining 方法用於內部迭代，它接收 Consumer 類型的函數，然後將該函數應用到每個元素上。Consumer 屬於函數式程式設

---

[*] 不同集合類別對 Iterator 介面的實現略有區別，但思路相似。

計的範圍，我們暫時不展開說明。你如果有興趣，可以自己找些相關資料來學習。

Java 中的每個集合類別幾乎都在內部實現了自己的迭代器，並不需要開發者自己撰寫。我把安檢的例子改為使用 Java 提供的迭代器來實現，具體如下。

```
List<Passenger> passengers = new ArrayList<>();
passengers.add(new Passenger(false));
passengers.add(new Passenger(false));
passengers.add(new Passenger(true));
passengers.add(new Passenger(false));

Iterator<Passenger> iterator = passengers.iterator();

while ((iterator.hasNext())){
  Passenger passenger = iterator.next();
  if(passenger.isWithDangerousGoods()){
    System.out.println(" 安檢未通過 ");
  }else{
    System.out.println(" 安檢通過 ");
  }
}
```

此外，Java 還提供了更方便的 foreach 語法，開發者可以繼續用 for 敘述來實現迭代。上面的 while 程式區塊可以改寫為以下形式。foreach 的執行過程其實與直接用 Iterator 是一樣的。

```
for(Passenger passenger:passengers){
  if(passenger.isWithDangerousGoods()){
    System.out.println(" 安檢未通過 ");
  }else{
    System.out.println(" 安檢通過 ");
  }
}
```

今天學到了不少迭代的方法!

還有內部迭代呢!在使用內部迭代前,需要定義一個 Consumer 類型的函數。比如,在用戶端程式中定義以下方法。

```java
private Consumer<Passenger> checkLanguage() {
  return (passenger) -> {
    if(passenger.isWithDangerousGoods()){
      System.out.println("安檢未通過");
    }else{
      System.out.println("安檢通過");
    }
  };
}
```

用戶端程式不需要再寫迭代的過程,只需要將該 Consumer 函數傳遞給迭代器,呼叫 forEachRemaining 方法。

```java
// 省略 passengers 建構過程
Iterator<Passenger> iterator = passengers.iterator();
iterator.forEachRemaining(checkLanguage());
```

除此之外,還有不使用迭代器的「內部迭代」,直接在集合類別的內部實現迭代。實現方式和 forEachRemaining 方法類似。大多數集合類別實現了 Collection 介面,而 Collection 介面繼承自 Iterable 介面。Iterable 介面中定義了一個名為 forEach 的方法,程式如下。

```java
default void forEach(Consumer<? super T> action) {
        Objects.requireNonNull(action);
        for (T t : this) {
            action.accept(t);
        }
}
```

forEach 方法同樣接收一個 Consumer 類型的函數，將該函數作用於集合中的每個元素。實現 Iterable 的集合類別可以直接使用 forEach 方法執行內部迭代，不需要透過迭代器。

```
List<Passenger> passengers = new ArrayList<>();
passengers.add(new Passenger(false));
passengers.add(new Passenger(false));
passengers.add(new Passenger(true));
passengers.add(new Passenger(false));

passengers.forEach(checkLanguage());
```

今天的基礎知識有點多，讓我來整理一下迭代的實現方式。

（1）使用 for 迴圈：這是最基礎的迭代方式。

（2）使用 Iterator：透過集合物件獲取 Iterator 物件，對集合進行迭代。

（3）使用 foreach 語法：可以看作 Iterator 的語法糖，底層仍然使用 Iterator 實現。

（4）使用 Iterator 的 forEachRemaining 方法：這是 Iterator 內部迭代。需要在 Consumer 函數中撰寫處理邏輯，將 Consumer 函數傳入 forEachRemaining 方法。

（5）使用集合的 forEach 方法：直接使用集合物件進行內部迭代。同樣需要先定義好 Consumer 函數，然後將它傳給 forEach 方法。

在這些方式中，我比較推薦使用 foreach 語法和集合類別的 forEach 方法。使用 foreach 比直接使用 Iterator 更簡便。使用集合類別的 forEach 方法，既不需要宣告迭代器，也不需要寫迴圈本體，但需要了解函數式程式設計。

我們再看看其他實現方式的優點。for 迴圈雖然麻煩一點，但可以方便地獲取游標位置。Iterator 可以提供額外的功能，比如 remove 方法。當用

Iterator 迭代幾個元素之後，需要對後面的元素執行另一種操作時，可以使用 forEachRemaining。

總之，儘量不要自己實現 Iterator，這永遠是排在最末位的選項。

第 20 章

房產仲介的存在價值 —— 仲介者模式

20.1 仲介的價值有幾何

🐜 熊小貓,下午我要請假去簽租房合約。

🐼 沒問題!生活不易啊,你又得交出去一大筆房租錢。

🐜 是呀,仲介費也很高,但是不透過仲介很難找到房子。仲介賺錢也太容易了,只是帶我看看房,幾千元的仲介費就賺到手了。

🐼 仲介的工作可不像你說的這麼簡單。仲介公司要開發 App,仲介需要收集房源,還得帶人看房。簽合約時,仲介有規範的流程,雙方才會更安心。所以說,仲介賺的是辛苦錢。

🐜 主要是房源問題,其他對我來說都是小事。

🐼 那你想想,為什麼房主更喜歡將房源交給仲介呢?

🐜 因為把房源交給仲介,房主就不用操心了,否則那麼多房客都聯繫房主,房主也忙不過來呀!

🐼 對!這就是仲介存在的價值,有了仲介,房客和房主不用直接接觸,消除了雙方的多對多依賴。

🐜 聽起來像在分析程式設計……你說的有些道理,但我還是覺得仲介提供的價值不足以支撐高昂的仲介費。

那我推薦你一種新的仲介形式，不但不用交仲介費，而且仲介提供的服務更多！

還有這等好事？趕快給我說說！

沒問題！不過我們先趁此機會學習一種設計模式——仲介者模式。

20.2　讓仲介出局會怎樣

我們先看看沒有仲介會怎樣。你來寫一個沒有仲介的租房程式，租房的過程很簡單，房客交租金，房主收租金。

這太簡單了，首先定義房主 HouseOwner 類別，它只有一個收房租的方法。

```java
public class HouseOwner {
    public void acceptRent(){
        System.out.println("房主：已收到租金");
    }
}
```

然後定義房客 Tenant 類別，它依賴 HouseOwner 類別，在 rentHouse 方法中向房主交房租。

```java
public class Tenant {
    private HouseOwner houseOwner;

    public Tenant(HouseOwner houseOwner) {
        this.houseOwner = houseOwner;
    }

    public void rentHouse(){
```

```
        System.out.println("房客：我要交租金");
        houseOwner.acceptRent();
    }
}
```

用戶端類別程式如下。

```
HouseOwner houseOwner = new HouseOwner();
Tenant tenant = new Tenant(houseOwner);
tenant.rentHouse();
```

程式輸出如下。

房客：我要交租金
房主：已收到租金

程式很簡單，租房的過程並不複雜。如果只是參與租房過程，那麼仲介的價值確實有限。因此，仲介也在不斷最佳化自己的業務模式。現在有一種新的租房模式，仲介能夠發揮更大的價值。

我對這種新的租房模式很感興趣，說來聽聽？

在整個租房週期中，這套房子涉及的相關方不止房客和房主，至少還有管委會公司。我們先在需求中加上管委會公司，房主向管委會公司交管委會費，管委會公司向房主和房客發佈通知。房客還會找管委會公司修理基礎設施，例如自來水管道。你看看如何修改程式。

房客、房主、管委會之間組成了三角依賴關係，他們的關係有點複雜，我先畫圖整理一下。

[插图：房主、房客、物業、仲介四方關係示意圖]

- 房主：「又到了交租金的日子，租戶怎麼還沒把錢轉過來？」
- 房客：「水龍頭漏水，房主讓我找物業修理。對了，我該交房租了！」
- 物業：「明天維修自來水管道，我得通知業主和租戶停水一天。」
- 仲介：「要是有我在，哪用你們這麼麻煩！」

🐼 如果在需求中加入清潔公司，關係會更加複雜，房主、房客、管委會都可以找清潔公司打掃衛生；再繼續加入供暖公司，供暖公司會給房主和房客發通知，房主需要交取暖費。

🐜 再加上清潔公司和供暖公司，我就徹底理不清頭緒了。即使我硬著頭皮開發完，程式早晚也得出問題，肯定不能這樣設計。

🐼 哪裡混亂，哪裡就有最佳化的空間。因此，仲介也是精準定位到了混亂地帶，從而開展了新業務。

20.3　仲介協調，多方受益

🐜 新業務是指不用交仲介費的業務嗎？

🐼 沒錯，現在房產仲介有一種公寓式房源。仲介從房主這裡收房，房客將租金交給仲介，仲介再交給房主。在租房期間，房子的一切事宜都可以找仲介解決，比如水管漏水，房客不用找管委會，而是直接找仲介，仲介會聯繫管委會進行維修；房主要繳納管委會費時，也可以找仲介代繳；管委會只需要將通知發給仲介，仲介便會轉給房主和房客。

有了仲介後，房子的相關方之間的聯繫都只依賴仲介。哪怕加上清潔公司、供暖公司，也不會讓各個相關方的依賴關係變得雜亂無序。各相關方都以仲介為中心，組成星狀結構。

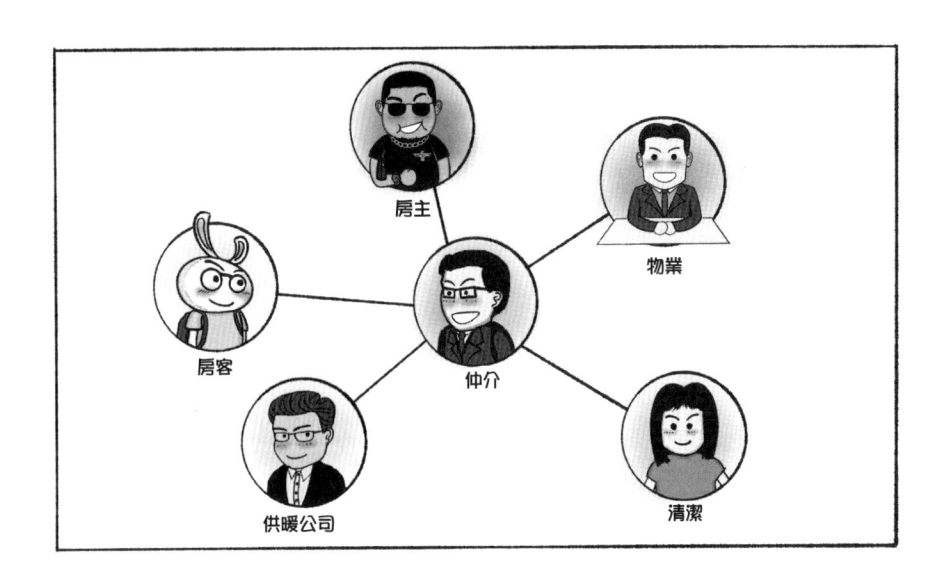

在房屋出租期內，房子的所有相關方要辦任何事情，都只需要找仲介，由仲介負責協調辦理。這樣做確實表現了仲介的價值。

房屋的相關方越多，仲介的價值就越明顯。在你的程式中加上仲介類別，同樣能消除複雜的依賴關係。快去修改吧！

20 分鐘後，兔小白改好了程式。

這版程式中增加了仲介類別 EstateMediator，它涵蓋了所有相關方的行為，但它只負責接收請求，然後轉發給能夠處理該請求的相關方。我最後再詳細介紹它。

對於房客 Tenant 類別，acceptNotification 方法用於接收通知，供仲介物件呼叫。在 rentHouse 方法中，呼叫仲介的方法實現交房租和修理自來水管道，而非呼叫房主和管委會公司的方法。Tenant 類別只依賴 EstateMediator 類別。

```
public class Tenant {
    private EstateMediator estateMediator;

    public Tenant(EstateMediator estateMediator) {
        this.estateMediator = estateMediator;
    }

    public void acceptNotification(String notification) {
        System.out.println("房客：已收到通知 \"" + notification + "\"");
    }

    public void rentHouse() {
        System.out.println("房客：我要交租金");
        estateMediator.handleRentFee();

        System.out.println("房客：我要修理自來水管道");
        estateMediator.fixWaterPipe();
    }
}
```

HouseOwner 類別有兩種方法供仲介呼叫，一種是 acceptRent 方法，用於接收租金；另一種是 acceptNotification 方法，用於接收通知。它還有一種方法 payPropertyFee，用於交管委會費，這透過呼叫仲介的方法來實現，而非呼叫管委會公司的方法。

```
public class HouseOwner {
    private EstateMediator estateMediator;

    public HouseOwner(EstateMediator estateMediator) {
        this. estateMediator = estateMediator;
    }
```

```java
    public void payPropertyFee() {
        System.out.println("房主：我要交管委會費");
        estateMediator.handlePropertyFee();
    }

    public void acceptRent() {
        System.out.println("房主：已收到租金");
    }

    public void acceptNotification(String notification) {
        System.out.println("房主：已收到通知\"" + notification + "\"");
    }
}
```

管委會公司 PropertyCompany 類別中的 publishNotification 方法，用於透過仲介發佈通知，而不需要將通知直接發給房主或房客。handlePropertyFee 方法用於收取管委會費，fixWaterPipe 用於修理自來水管道，這兩種方法供仲介呼叫。

```java
public class PropertyCompany {
    private EstateMediator estateMediator;

    public PropertyCompany(EstateMediator estateMediator) {
        this.estateMediator = estateMediator;
    }

    public void handlePropertyFee() {
        System.out.println("管委會公司：已收到管委會費，我給您開發票");
    }

    public void fixWaterPipe() {
        System.out.println("管委會公司：自來水管道已經修好");
    }

    public void publishNotification(String notification) {
        System.out.println("管委會公司：我發佈了訊息，內容是\"" + notification + "\"");
        estateMediator.acceptNotification(notification);
```

        }
    }

下面重點介紹相關方協作的中心——仲介類別 EstateMediator。它封裝了以上 3 個相關方的職責，統一對外提供呼叫介面。相關方能做的事情，EstateMediator 都能做，但它其實只是「傳話筒」，其核心職責是整合資源、協調工作，而非處理業務。

```java
public class EstateMediator {
    private HouseOwner houseOwner;
    private Tenant tenant;
    private PropertyCompany propertyCompany;

    public void init(HouseOwner houseOwner, Tenant tenant,
                     PropertyCompany propertyCompany) {
        this.houseOwner = houseOwner;
        this.tenant = tenant;
        this.propertyCompany = propertyCompany;
    }

    public void handlePropertyFee() {
        propertyCompany.handlePropertyFee();
    }

    public void fixWaterPipe() {
        propertyCompany.fixWaterPipe();
    }

    public void handleRentFee() {
        houseOwner.acceptRent();
    }

    public void acceptNotification(String notification) {
        tenant.acceptNotification(notification);
        houseOwner.acceptNotification(notification);
    }
}
```

在用戶端程式中，先建立 3 個相關方物件以及仲介物件，然後呼叫 3 個相關方執行租房、交管委會費、發佈通知的操作。

```
EstateMediator estateMediator = new EstateMediator();

HouseOwner houseOwner = new HouseOwner(estateMediator);
PropertyCompany propertyCompany = new PropertyCompany(estateMediator);
Tenant tenant = new Tenant(estateMediator);

estateMediator.init(houseOwner,tenant,propertyCompany);

tenant.rentHouse();
houseOwner.payPropertyFee();
propertyCompany.publishNotification("11月5日修理自來水管道，8：00-9：00停水");
```

程式輸出如下，符合預期。

房客：我要交租金
房主：已收到租金
房客：我要修理自來水管道
管委會公司：自來水管道已經修好
房主：我要交管委會費
管委會公司：已收到管委會費，我給您開發票
管委會公司：我發佈了訊息，內容是 "11月5日修理自來水管道，8：00-9：00停水"
房客：已收到訊息 "11月5日修理自來水管道，8：00-9：00停水"
房主：已收到訊息 "11月5日修理自來水管道，8：00-9：00停水"

有了仲介後，房屋相關方不再直接耦合，各方只與仲介對話。仲介收到請求後，找到匹配的相關方來處理業務，這就是仲介者模式。

20.4　仲介者模式的優缺點及適用場景

我們先看看仲介者模式結構圖。

仲介者模式結構圖

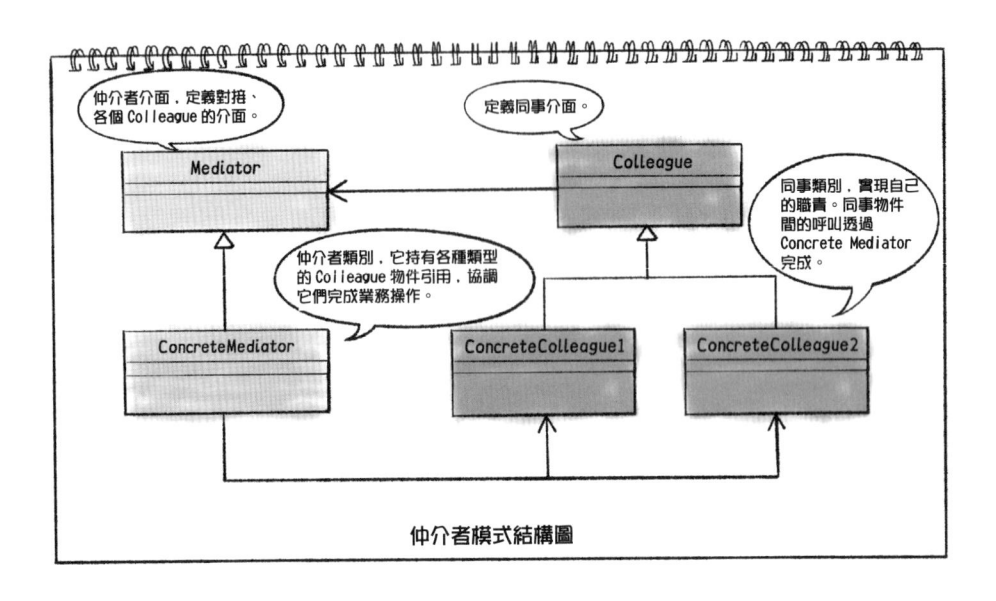

Mediator 是仲介者介面，如果不需要擴充仲介者，則可以不定義該介面。我們在練習中就沒有定義該介面。ConcreteMediator 是仲介者類別，它持有各種類型的 Colleague 物件引用，協調它們完成業務操作，它對應練習中的 EstateMediator。

我們可以把一起配合完成工作的相關方看作「同事」。Colleague 是同事介面，例子中的各個同事類差異很大，因此沒有定義該介面。ConcreteColleague 是同事類，只需實現自己的職責，它對應練習中的 HouseOwner、Tenant、PropertyCompany。ConcreteColleague 物件間的呼叫透過 ConcreteMediator 完成。

仲介者模式主要有以下兩個優點。

（1）將各個 Colleague 類別解耦。每個 Colleague 都有自己獨特的職責，複雜的業務往往需要多個 Colleague 相互配合才能完成，這導致各個 Colleague 之間的依賴呈現網狀的多對多關係。Mediator 將各個 Colleague 的職責集中在自己身上，從而讓各個 Colleague 只需要依賴 Mediator。

（2）對協作行為進行抽象。房屋仲介對租房期間需要協調的行為進行抽象、整合，無論在業務層面，還是設計層面，仲介者都來自更高層面的抽象和提煉。Mediator 在協調 Colleague 完成業務時，也可以加入自己的處理。舉例來說，在仲介發佈通知的操作中，Mediator 可以結合觀察者模式，實現訂閱/發佈訊息。

仲介者模式的優點確實明顯，但是我發現一個問題。Mediator 成了協作的中心，所有 Colleague 都要圍繞它來工作。隨著系統的發展，它很可能成為一個無所不能的龐然大物，變得難以維護。

中心化確實是仲介者模式的「致命傷」。使用仲介者模式時要慎重，千萬不要因為類別之間的依賴關係比較複雜就引入仲介者。類別之間存在依賴關係再正常不過了，一個類如果和其他類別沒有任何連結，那麼它就失去了存在的價值。

適合使用仲介者模式的場景具備以下特徵。

（1）同事類歸屬於同一部分業務。處理同一部分業務的相關方，才能被稱為同事類。同一部分業務也為仲介者限定了業務範圍，避免仲介者的職責無序擴張。但要注意，即使針對同一部分業務，也要關注業務擴張的問題，不要讓仲介者的職責增長失控。

（2）同事類屬於同一類型。舉例來說，軟體介面中的視窗、按鈕、輸入框等都屬於視窗元件類別，可以透過仲介者協調工作。同一類型元件的連結度更高，一個元件的變化可能引起其他元件的變化。「同一類型」為仲介者劃清了協調職責的邊界，避免仲介者變得過於龐大。

（3）同事類之間呈網狀依賴關係。如果依賴關係非常清晰，比如層次型的依賴關係，那麼即使依賴關係非常多，也不需要使用仲介者模式最佳化。當類別之間的依賴關係呈現網狀，既抓不住重點，也分不出層次時，才適合使用仲介者模式。

當多方依賴、陷入混亂時，就是採用仲介者模式的時候了。對了，你還沒告訴我不收仲介費是怎麼回事呢？為什麼仲介提供的服務更多，反而不收仲介費了？

哈哈，房租是錢，仲介費也是錢，既然房客只和仲介打交道，那麼仲介自然可以把仲介費勻到房租裡。仲介提供價值，那麼收費也是合情合理的。這就像我們做程式設計，雖然增加仲介者需要付出更多開發成本，但也會帶來收益。

你說的有道理，下午我就心甘情願地去交仲介費。

第 21 章

管委會通知，每戶必達 —— 觀察者模式

21.1 沒有送達的停水通知

🐰 哎……今天管委會修理自來水管道，導致早上停水，我的臉都沒洗。

🐼 管委會沒有提前通知嗎？

🐰 管委會給房主發了資訊，但沒有通知我。我也沒有留意管委會貼出來的通知。

🐼 管委會不知道房客的存在，沒法給你發資訊。如果你租住的是由仲介統一管理的公寓，那麼仲介會轉發管委會通知給房客和房主。在仲介者模式的例子中，就有仲介轉發管委會通知的場景。

🐰 我記得這個場景。仲介收到管委會通知後，會呼叫房客和房主接收通知的介面，將通知轉發過去。

[漫畫圖：仲介騎車通知房主和房客停水事宜]

🐼 在之前的練習中，仲介只維護一名房主和一名房客。但真實情況是，仲介要為很多房主和房客提供服務。當仲介要通知多名房主和房客時，轉發通知就會變得複雜。

🐰 你說的這個場景更符合實際情況，但是仲介者模式沒有提到如何處理這種場景呀！

🐼 在實際工作中，往往需要將多種設計模式結合起來使用。比如在這個場景中，可以結合使用觀察者模式。我們把之前的程式找出來，看看如何使用觀察者模式進行改造。

21.2 將房主和房客分開通知

🐼 首先對仲介者模式練習中的需求做減法，只保留仲介接收通知，並將通知轉發給房主和房客。房客收到停水通知後，需要提前準備生活用水；房主收到通知後不需要做任何處理。然後對需求做加法，仲介可以維護多位房主和房客，並且確保將通知送達他維護的所有房主和房客。

聽起來不難，將仲介類別修改成維護房主和房客的列表，其他變化不大。

10 分鐘後，兔小白寫完了程式。

仲介類別 EstateMediator 維護房客和房主兩個列表。acceptNotification 方法迭代房客和房主列表，發送通知。

```java
public class EstateMediator {
    List<HouseOwner> houseOwners = new ArrayList<>();
    List<Tenant> tenants = new ArrayList<>();

    public void attachHouseOwner(HouseOwner houseOwner) {
        houseOwners.add(houseOwner);
    }

    public void attachTenant(Tenant tenant) {
        tenants.add(tenant);
    }

    public void acceptNotification(String notification) {
        for (HouseOwner houseOwner : houseOwners) {
            houseOwner.acceptNotification(notification);
        }

        for (Tenant tenant : tenants) {
            tenant.acceptNotification(notification);
        }
    }
}
```

房主類別 HouseOwner 在收到通知後，不需要做任何處理。

```java
public class HouseOwner {
    public void acceptNotification(String notification) {
        System.out.println("房主：收到維修通知 -" + notification);
    }
}
```

房客類別 Tenant 在收到通知後，需要準備生活用水。

```java
public class Tenant {
    public void acceptNotification(String notification) {
        System.out.println("房客：收到維修通知-" + notification);
        System.out.println("房客：我會提前準備生活用水");
    }
}
```

在用戶端中，首先建立仲介 EstateMediator，然後建立兩個 HouseOwner 物件和兩個 Tenant 物件，分別儲存到 EstateMediator 維護的 houseOwners 和 tenants 列表中。最後，用戶端向 EstateMediator 發出通知，EstateMediator 將通知發送給每位 HouseOwner 和 Tenant。HouseOwner 和 Tenant 收到通知後，各自進行處理。

```java
EstateMediator estateMediator = new EstateMediator();

HouseOwner houseOwner1 = new HouseOwner();
HouseOwner houseOwner2 = new HouseOwner();
Tenant tenant1 = new Tenant();
Tenant tenant2 = new Tenant();

estateMediator.attachHouseOwner(houseOwner1);
estateMediator.attachHouseOwner(houseOwner2);
estateMediator.attachTenant(tenant1);
estateMediator.attachTenant(tenant2);

estateMediator.acceptNotification("[金色家園]11月5日修理自來水管道，8：00-9：00停水");
```

程式輸出如下。

```
房主：收到維修通知-[金色家園]11月5日修理自來水管道，8：00-9：00停水
房主：收到維修通知-[金色家園]11月5日修理自來水管道，8：00-9：00停水
```

房客：收到維修通知 -[金色家園]11 月 5 日修理自來水管道，8：00-9：00 停水
房客：我會提前準備生活用水
房客：收到維修通知 -[金色家園]11 月 5 日修理自來水管道，8：00-9：00 停水
房客：我會提前準備生活用水

這版程式只是將仲介類別維護單一物件改成了維護物件列表，變化並不大。

功能實現沒有問題，但還有很大的最佳化空間。最明顯的問題是兩個列表的迭代。HouseOwner 和 Tenant 接收通知的方法定義一模一樣，可以抽象出接收通知介面。EstateMediator 發送通知的行為依賴此介面，不再需要區分 HouseOwner 和 Tenant，可以一視同仁。現在的 EstateMediator 依賴具體的 HouseOwner 類別和 Tenant 類別，並不符合依賴倒置原則。

另外，Tenant 和 HouseOwner 接收通知的 acceptNotification 方法不具備擴充性，只能處理仲介的通知。假如房主還要接收居委會的通知，現在的程式很難應對。

我也覺得迭代兩個列表寫得不夠優雅。聽你說完，我知道問題出在哪裡了。至於如何處理通知發送人的擴充問題，我得仔細想想。

21.3　對房主和房客一視同仁

半小時後，兔小白對熊小貓提出的兩個問題進行了最佳化。

我在程式中增加了 Observer 介面，定義收到通知後的處理行為。HouseOwner 類別和 Tenant 類別實現該介面。此外，我將 EstateMediator 中維護通知物件列表、發送通知的職責分離出來，抽象成 Subject 父類別。EstateMediator 繼承 Subject，獲得通知相關的能力。其他有發送通知需求的類別也可以繼承 Subject，重複使用通知能力。程式結構圖如下。

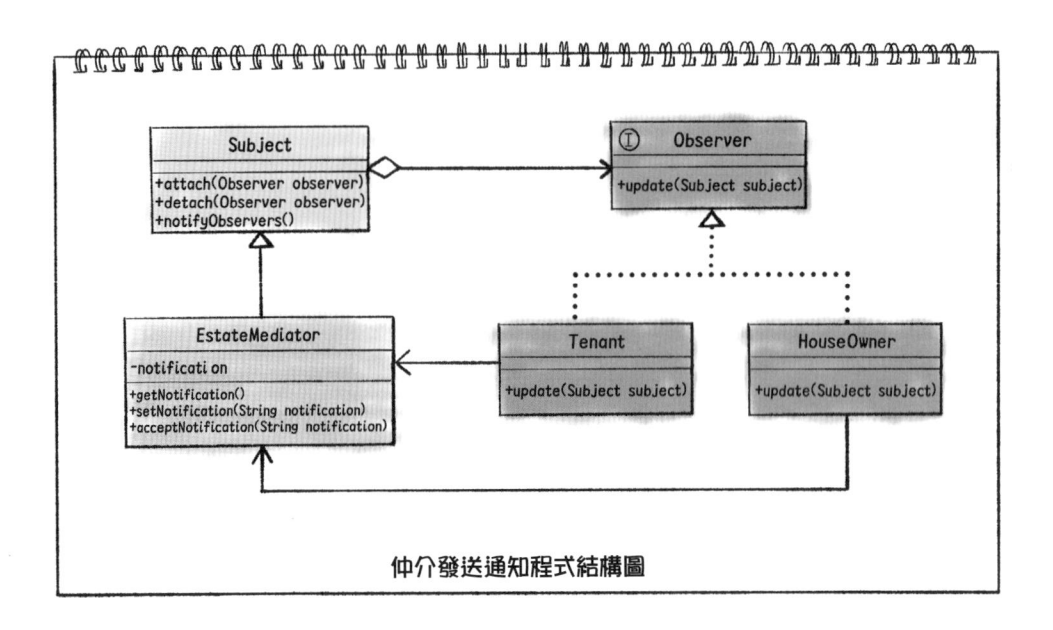

![仲介發送通知程式結構圖]

仲介發送通知程式結構圖

首先，Observer 介面只定義了一個處理通知的方法，接收 Subject 類型的參數，供通知發送者呼叫。這表示通知發送者在呼叫該介面時，需要將自己作為參數傳入。

```
public interface Observer {
    void update(Subject subject);
}
```

HouseOwner 類別和 Tenant 類別實現 Observer 介面。

在 HouseOwner 中，update 方法用於判斷 Subject 的具體類型，選擇相應的處理分支。目前只有 EstateMediator 一種 Subject 子類型，未來可以擴充出「居委會」子類型。

```
public class HouseOwner implements Observer {
    public void update(Subject subject) {
        if (subject instanceof EstateMediator) {
```

```
            System.out.println(" 房主：收到維修通知 -" +
                    ((EstateMediator) subject).getNotification());
        }
    }
}
```

Tenant 類別程式如下。

```
public class Tenant implements Observer {
    public void update(Subject subject) {
        if (subject instanceof EstateMediator) {
            System.out.println(" 房客：收到維修通知 -" +
                    ((EstateMediator) subject).getNotification());
            System.out.println(" 房客：我會提前準備生活用水 ");
        }
    }
}
```

Subject 封裝了向 Observer 發送通知的行為。它維護一個 Observer 類型的物件列表，提供了註冊和移除 Observer 的方法。它的 notifyObservers 方法負責迭代 Observer 物件列表，呼叫 Observer 的 update 方法，將自己作為參數傳入，從而讓 Observer 知道此通知的發送者是誰，以便 Observer 根據發送者的類型進行相應處理。

```
public class Subject {
    private final List<Observer> observers = new ArrayList<>();

    public void attach(Observer observer) {
        observers.add(observer);
    }

    public void detach(Observer observer) {
        observers.remove(observer);
    }
```

```java
    public void notifyObservers() {
        for (Observer observer : observers) {
            observer.update(this);
        }
    }
}
```

EstateMediator 類別繼承 Subject 類別，它透過繼承獲得了維護 Observer 物件列表以及通知每個 Observer 物件的能力。除此之外，EstateMediator 提供介面來儲存外部傳遞給它的通知，然後將通知轉發給每個 Observer。

```java
public class EstateMediator extends Subject {

    private String notification;

    public String getNotification() {
        return notification;
    }

    public void setNotification(String notification) {
        this.notification = notification;
    }

    public void acceptNotification(String notification) {
        setNotification(notification);
        notifyObservers();
    }
}
```

用戶端程式的變化不大，只改為統一用 attach 方法向 EstateMediator 註冊 HouseOwner 和 Tenant 物件。

```java
EstateMediator estateMediator = new EstateMediator();

HouseOwner houseOwner1 = new HouseOwner();
```

```
HouseOwner houseOwner2 = new HouseOwner();
Tenant tenant1 = new Tenant();
Tenant tenant2 = new Tenant();

estateMediator.attach(houseOwner1);
estateMediator.attach(houseOwner2);
estateMediator.attach(tenant1);
estateMediator.attach(tenant2);

estateMediator.acceptNotification("[金色家園]11月5日修理自來水管道，8：00-9：00停水");
```

輸出結果和之前一樣，符合預期。

這版程式改造得怎麼樣，我透過修改需求一試便知。在需求中加入新的通知發送者——居委會。居委會發佈活動通知，只有房主會關注居委會的通知，收到通知後報名參加活動。你看看如何實現。

這個簡單，可以增加居委會Committee類別，同樣繼承自Subject類別。這樣它也擁有了維護Observer物件列表、發送通知的能力。Committee類別還可以舉辦活動，在建立活動後發出通知。

```java
public class Committee extends Subject {
    private String activityRegistration;

    public String getActivityRegistration() {
        return activityRegistration;
    }

    public void setActivityRegistration(String activityRegistration) {
        this.activityRegistration = activityRegistration;
    }

    public void holdActivity(String activity) {
        setActivityRegistration(activity);
        notifyObservers();
```

}
}

HouseOwner 類別的 update 方法需要增加對 Committee 類別發送的通知的處理。

```java
public class HouseOwner implements Observer {
    public void update(Subject subject) {
        if (subject instanceof EstateMediator) {
            System.out.println(" 房主：收到維修通知 -" +
                    ((EstateMediator) subject).getNotification());
        }

        if (subject instanceof Committee) {
            System.out.println(" 房主：收到活動通知 -" +
                    ((Committee) subject).getActivityRegistration());
            System.out.println(" 房主：報名參加 ");
        }
    }
}
```

在用戶端程式中，建立兩個 HouseOwner 物件，並註冊到 Committee 的 Observer 列表中。呼叫 Committee 物件的舉辦活動方法 holdActivity，觸發發送活動通知。

```java
HouseOwner houseOwner1 = new HouseOwner();
HouseOwner houseOwner2 = new HouseOwner();
Committee committee = new Committee();
committee.attach(houseOwner1);
committee.attach(houseOwner2);
committee.holdActivity("[ 南湖街道居委會 ] 將於 11 月 8 日 14：00-15：00 舉辦親子閱讀活動 , 歡迎諮詢報名 ");
```

HouseOwner 收到 Committee 發出的活動通知後，將執行報名邏輯，程式輸出如下。

房主：收到活動通知-[南湖街道居委會]將於 11 月 8 日 14：00-15：00 舉辦親子閱讀活動，歡迎諮詢報名
房主：報名參加
房主：收到活動通知-[南湖街道居委會]將於 11 月 8 日 14：00-15：00 舉辦親子閱讀活動，歡迎諮詢報名
房主：報名參加

仲介、居委會、房主、房客的關係如下。

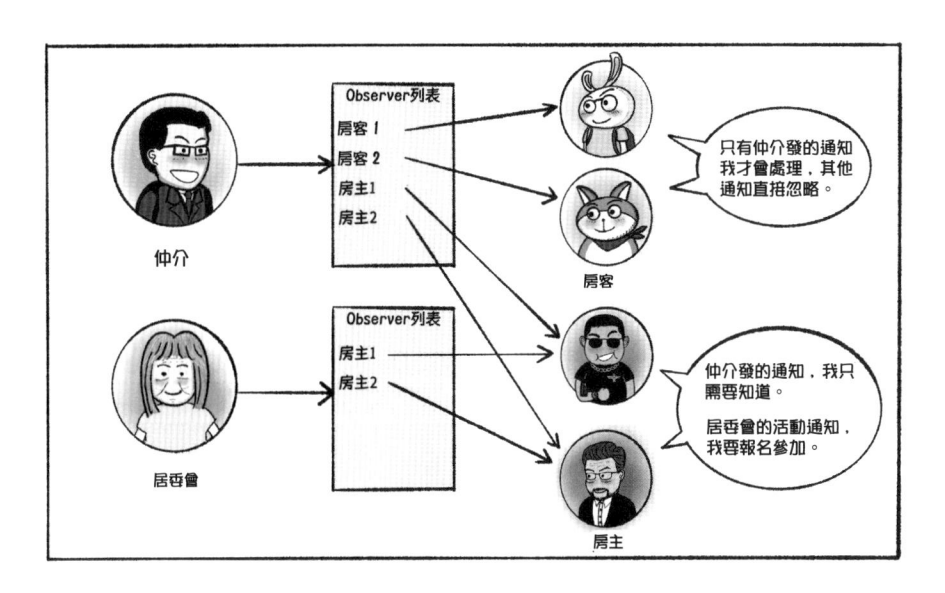

恭喜你！你的程式經受住了考驗。這版程式為通知發送者和接收者都做了介面抽象，程式實現了依賴倒置。發送者不用區分接收者是房主還是房客，它們都是觀察者。接收者也能接收不同發送者的通知。介面程式設計，從而避免把兩個具體導向的類別徹底綁定，物件之間的依賴只認「類型」。擴充性便來自於此。

這版程式大體上實現了觀察者模式。下面我再來講解觀察者模式，你一定很容易就能理解。

21.4 觀察者模式的優缺點及適用場景

我們先來看看觀察者模式結構圖。

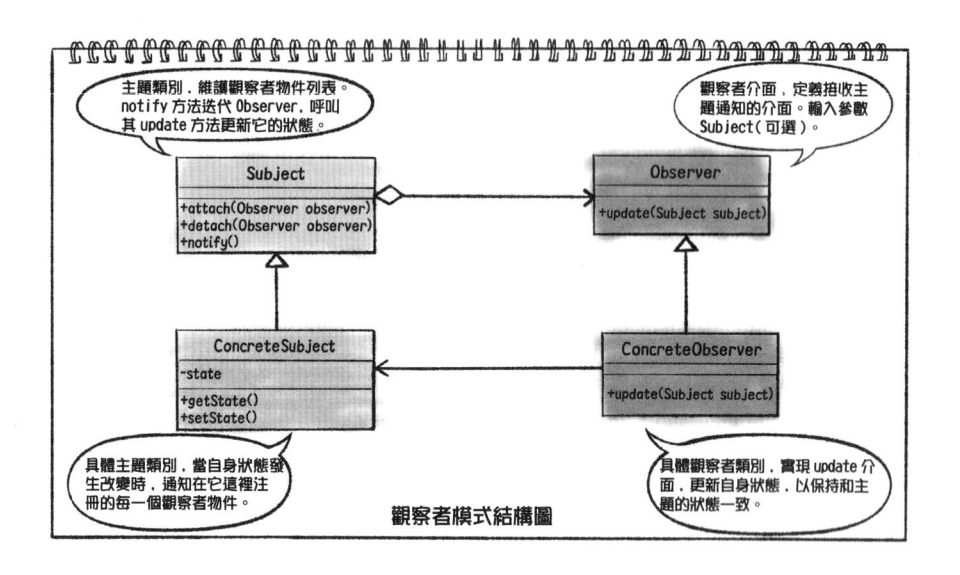

```
主題類別，維護觀察者物件列表。
notify 方法迭代 Observer，呼叫
其 update 方法更新它的狀態。

                    Subject
            +attach(Observer observer)
            +detach(Observer observer)
            +notify()
                       △
                       │
                ConcreteSubject
                    -state
                  +getState()
                  +setState()

具體主題類別，當自身狀態發
生改變時，通知在它這裡註
冊的每一個觀察者物件。

                                觀察者介面，定義接收主
                                題通知的介面。輸入參數
                                Subject (可選)。

                    Observer
              +update(Subject subject)
                       △
                       │
               ConcreteObserver
              +update(Subject subject)

                                具體觀察者類別，實現 update 介
                                面，更新自身狀態，以保持和主
                                題的狀態一致。

                    觀察者模式結構圖
```

觀察者模式也被稱為發佈/訂閱模式。它的結構很簡單，分為 Subject 和 Observer 兩個繼承系統。Subject 意為主題，是被觀察的主體；Observer 是主題的觀察者。

Subject 可以透過 attach 方法將 Observer 物件註冊為自己的觀察者。一個 Subject 允許多個 Observer 觀察它，當 Subject 的狀態發生變化時，會使用 notify 方法通知每一個觀察它的 Observer，觸發 Observer 的 update 方法。

一個 Observer 也可以同時關注多個 Subject。當 Observer 的 update 方法被觸發時，它需要判斷是被哪一個 Subject 觸發，並進行相應的處理。

練習中的 EstateMediator 和 Committee 屬於 Subject。HouseOwner 和 Tenant 則屬於 Observer。

觀察者模式定義了一種一對多的物件依賴關係。當 Subject 物件的狀態發生改變時，所有關注它的 Observer 都將得到通知。觀察者模式讓 Subject 和 Observer 只依賴對方的介面，它具有以下優點。

（1）觀察者易於撰寫。某個類別只要實現了 Observer 介面，就可以成為主題的觀察者。Observer 的介面非常簡單，只含有一個高度抽象的 update 方法。這使得已經存在的類別可以被方便地改造為觀察者。

（2）主題和觀察者可以獨立發展。主題和觀察者的關係滿足依賴倒置原則，在符合介面定義的前提下，既可以發展出一系列豐富多彩的主題，又可以擴充出功能各異的觀察者。

> 觀察者之所以這麼容易被擴充，高度抽象的 update 方法功不可沒。

> 確實如此。在實際開發中，update 方法也可以不接收任何參數，只作為一個更新觸發點。如果 Observer 需要更多的資訊支撐 update 操作，也可以擴充 update 方法的參數列表，將與 Subject 的狀態無關、與 update 的行為有關的資訊單獨作為參數傳遞給 Observer。

> 我覺得觀察者模式有一個不太好的地方。update 方法的抽象程度過高，當 Subject 傳遞了不正確的資料給 Observer 時，由於參數類型匹配，介面仍然可以正常呼叫，但在執行時會出現問題。這類問題在編譯期無法被暴露出來。

> 介面抽象程度的提高，可以帶來更好的通用性。但介面定義過於寬泛，導致寬進嚴出，會延遲問題暴露的時間。如果使用 update 介面傳遞複雜資料結構的物件，Observer 需要對參數做嚴格驗證。在實際開發中，最好讓 Observer 根據 Subject 的狀態變化，自己獲取 update 操作所需要的資料，簡化 update 介面的參數。

觀察者模式的適用場景如下。

（1）在一對多的物件關係中，一方物件的狀態改變會聯動多方回應。舉例來說，在資料視覺化的場景中，同一份資料可以綁定多種展示圖表，資料的變化會觸發所有依賴它的圖表發生變化。

（2）廣播訊息。訊息的發行者將訊息廣播給每一位訂閱者，這是觀察者模式的核心應用場景。舉例來說，在表單介面中存在多個視窗，某個視窗狀態的改變會引起其他視窗的變化。此時可以使用仲介者＋觀察者模式，變化的視窗將自己狀態變更的事件發佈給仲介者，仲介者使用觀察者模式，將該視窗狀態變更的訊息廣播給所有感興趣的表單元件。

（3）Subject 不關心 Observer 的處理結果。如果 Subject 需要使用 Observer 的處理結果執行後續操作，那麼就不適合使用觀察者模式。原因在於，不同 Observer 實現類別的 update 執行結果可能存在較大差異，難以傳回類型一致的結果。

觀察者模式除了用在物件間解耦，還被廣泛應用於系統間的解耦。如果兩個系統透過 API 直接呼叫，會造成系統間高度耦合，那麼可以借助訊息中介軟體（如 Kafka），使系統間以收發訊息的形式進行通訊，消除系統間的直接耦合。

> 看來學習好設計模式對系統架構也非常有幫助！

> 把底層原理弄清楚，才能觸類旁通。這也是為什麼 Java 內建了觀察者模式的實現，我還要讓你自己思考，寫了一遍程式。

> 啊……我又在重複造輪子？！

21.5 Java 內建的觀察者模式實現

這個輪子造得有意義，自己動手實踐，才能深入理解。Java 從 JDK 1.0 開始，內建了 Observable 類別和 Observer 介面。Observable 類別對應觀察者模式中的 Subject 類別。下面我將你的程式改造為使用 Java 內建介面實現觀察者模式。

這裡不再需要你定義的 Subject 類別和 Observer 介面，可以將它們直接移除。

讓 EstateMediator 類別繼承 Java 內建的 Observable 類別。在 acceptNotification 中，需要先呼叫 Observable 的 setChanged 方法，設置 changed 為 true。這樣在呼叫 notifyObservers 方法時，才會發佈通知給 Observer。

```java
public class EstateMediator extends Observable {

    private String notification;

    public String getNotification() {
        return notification;
    }

    public void setNotification(String notification) {
        this.notification = notification;
    }

    public void acceptNotification(String notification) {
        setNotification(notification);
        setChanged();
        notifyObservers();
    }
}
```

HouserOwner 類別和 Tenant 類別改為實現 Java 內建的 Observer 介面，為 update 方法增加一個 Object 類型的參數，用來傳遞不包含在 Observable 中、但 update 操作需要的資料。以 Tenant 類別為例，程式如下。

```java
public class Tenant implements Observer {
    public void update(Observable observable, Object arg) {
        if (observable instanceof EstateMediator) {
            System.out.println("房客：收到維修通知 -" +
                    ((EstateMediator) observable).getNotification());
            System.out.println("房客：我會提前準備生活用水 ");
        }
    }
}
```

用戶端程式幾乎沒有改動，只是將註冊 Observer 物件的方法改為 addObserver。

```java
EstateMediator estateMediator = new EstateMediator();

HouseOwner houseOwner1 = new HouseOwner();
HouseOwner houseOwner2 = new HouseOwner();
Tenant tenant1 = new Tenant();
Tenant tenant2 = new Tenant();

estateMediator.addObserver(houseOwner1);
estateMediator.addObserver(houseOwner2);
estateMediator.addObserver(tenant1);
estateMediator.addObserver(tenant2);

estateMediator.acceptNotification("[ 金色家園 ]11 月 5 日修理自來水管道，8：00-9：00 停水 ");
```

程式的改動並不大。使用 Java 提供的觀察者模式介面可以滿足大多數場景。但是由於 Java 不支援多重繼承，如果一個類別已經存在父類別，那麼它將無法繼承 Observable 類別。我們只能找到它所在繼承鏈頂端的類別來繼承 Observable 類別。

> 根據我的經驗，儘量使用 Java 的內建實現，不到萬不得已，不要自己造輪子，否則可能費力不討好。

第 22 章
甲方要求改回第一版 —— 備忘錄模式

22.1　來自設計師的無奈

　　兔小白，早就到下班時間了，你怎麼還沒回家？

　　今天收到一個需求變更，我想開發完再走。哎！要是軟體開發永遠沒有需求變更該多好！

　　你的願望太理想化了。如此複雜的軟體系統，想要在需求分析階段做到毫無紕漏，是不可能的。軟體工程的一切方法論都只能降低需求變更的可能性。只要程式設計得足夠靈活，需求變更一般不難應對。

　　不知道其他行業有沒有需求變更，又是怎樣處理的。

　　當然有了，我有一位平面設計師朋友，他的工作是設計海報。他曾經和我抱怨，一張海報改了十多版。甲方最後說，看了這麼多版設計，還是覺得第一版最好。

　　暈倒……你的朋友白忙活了那麼多。

　　這倒沒什麼，起碼做出了令甲方滿意的設計。但讓他崩潰的是，由於改了太多版本，他已經找不到第一個版本的原始檔案了。

如果設計師使用類似 Git* 的軟體管理海報版本，按照軟體開發「小步快跑**」的原則，絕對不會漏掉任何一個版本。

版本 1.0　　　　版本 2.0　　　　版本 3.0

我還是更喜歡第一版設計。

啊！

這是好多年前的事情了，再說很少有設計師會用 Git。通常的備份方法是將檔案複製一份，改名留存。

什麼工具都不用，純手工操作，難怪會漏掉某個版本。

手工操作既麻煩，又容易出錯。說到這裏，我想到一個問題。假如程式中需要儲存物件的歷史狀態，你會怎麼做？

這還不好辦，將物件在某個時刻的快照儲存下來就行啦！

確實需要儲存快照。但怎麼照、怎麼儲存，並沒有那麼簡單，否則也不會有一種設計模式專門用來解決這種問題。這種設計模式叫作備忘錄模

---

* Git 是一個免費開放原始碼的分散式版本控制系統。在軟體開發中，Git 用於管理程式版本。

** 這裡的"小步快跑"是一種敏捷開發實踐，指開發人員完成一個單元測試對應的業務程式，就會向程式庫提交一次程式。

式。

看起來似乎並不難，你給我講講備忘錄模式？

22.2 「複製」實現海報設計存檔

你還是先自己嘗試實現，我再來講解。具體需求是，設計一張包含圖片、標題和演出時間的海報，在設計過程中，海報可以隨時存檔，並且可以讀取歷史存檔。

放心，我設計的程式一定能解決你設計師朋友的痛點。

15 分鐘後，兔小白完成了第一版程式。

Poster 為海報類別，3 個屬性分別對應圖片、標題和演出時間。print 方法用於輸出海報內容。由於存檔需要儲存當前海報物件的快照，Poster 實現了 Cloneable 介面。

```
public class Poster implements Cloneable {
    private String picture;
    private String title;
    private String time;

    public Poster(String picture, String title, String time) {
        this.picture = picture;
        this.title = title;
        this.time = time;
    }

    public void setPicture(String picture) {
        this.picture = picture;
    }

    public void setTitle(String title) {
```

```java
        this.title = title;
    }

    public void setTime(String time) {
        this.time = time;
    }

    public void print() {
        System.out.println("--------------------");
        System.out.println("標題:" + title);
        System.out.println("背景圖片:" + picture);
        System.out.println("時間:" + time);
        System.out.println("--------------------");
    }

    public Poster clone() {
        Poster poster = null;
        try {
            poster = (Poster) super.clone();
        } catch (CloneNotSupportedException e) {
            e.printStackTrace();
        }
        return poster;
    }
}
```

Caretaker 類別是存檔管理器,用於儲存和讀取存檔。在初始化時,需要設置存檔的數量限制。

```java
public class Caretaker {
    private int size;
    private Map<String, Poster> posters = new HashMap<>();

    public Caretaker(int size) {
        this.size = size;
    }

    public Poster getPost(String key) {
        return posters.get(key);
```

```
    }

    public void removePost(String key) {
        posters.remove(key);
    }

    public void setPoster(String key, Poster poster) {
        if (posters.size() < size) {
            posters.put(key, poster);
        }
    }
}
```

在用戶端程式中,先設計一版海報,進行存檔;然後更改海報的圖片,再次存檔;最後使用 Caretaker 讀取第一版存檔,進行輸出。

```
Caretaker caretaker = new Caretaker(5);

Poster poster = new Poster("樂隊正面照片", "我們的時代", "2024年5月1日 19:00");
caretaker.setPoster("v1", poster.clone());
poster.print();

poster.setPicture("樂隊Logo圖片");
caretaker.setPoster("v2", poster.clone());
poster.print();

poster = caretaker.getPost("v1");
poster.print();
```

從輸出結果可以看到,第一版存檔被正確儲存和讀取,背景圖片被恢復為樂隊正面照片。

```
--------------------
標題:我們的時代
背景圖片:樂隊正面照片
```

```
時間：2024 年 5 月 1 日 19：00
----------------------
----------------------
標題：我們的時代
背景圖片：樂隊 Logo 圖片
時間：2024 年 5 月 1 日 19：00
----------------------
----------------------
標題：我們的時代
背景圖片：樂隊正面照片
時間：2024 年 5 月 1 日 19：00
----------------------
```

🐼 「將管理存檔的職責抽象成 Caretaker 類別」的想法很好，但是距離備忘錄模式還差一步！你再想一想，組成海報的元素有哪些？

🐰 組成海報的元素只有圖片、標題和時間。

🐼 所以在存檔時，是不是只儲存這 3 個屬性的值就可以？在讀取存檔時，將這 3 個屬性的存檔值恢復到 Poster 物件中，Poster 物件就可以還原到存檔時的狀態。

🐰 現在存檔的是整個 Poster 物件，確實沒有必要。

22.3　存檔「瘦身」，只留資料

🐼 這就是要最佳化的地方，可以將存檔需要的屬性分離出來，存檔時僅儲存屬性值。

🐰 我明白了，將 Poster 存檔相關的屬性封裝到一個新的類別中，這個類別用來儲存存檔資料。

15 分鐘後，兔小白改好了程式。

我增加了 Memento 類別，它的 3 個屬性值 picture、title、time 用於儲存 Poster 的存檔資料，並提供讀取方法。

```
public class Memento {
    private final String picture;
    private final String title;
    private final String time;

    public Memento(String picture, String title, String time) {
        this.picture = picture;
        this.title = title;
        this.time = time;
    }

    public String getPicture() {
        return picture;
    }

    public String getTitle() {
        return title;
    }

    public String getTime() {
        return time;
    }
}
```

Poster 增加了兩種方法，createMemento 方法用於生成存檔 Memento 物件，setMemento 方法讀取 Memento 物件的資料，將自己恢復到存檔時的狀態。Clone 方法不再需要，直接移除。

```
public class Poster {
    private String picture;
    private String title;
    private String time;
```

```java
    public Poster(String picture, String title, String time) {
        this.picture = picture;
        this.title = title;
        this.time = time;
    }

    public void setPicture(String picture) {
        this.picture = picture;
    }

    public void setTitle(String title) {
        this.title = title;
    }

    public void setTime(String time) {
        this.time = time;
    }

    public void print() {
        System.out.println("--------------------");
        System.out.println("標題：" + title);
        System.out.println("背景圖片：" + picture);
        System.out.println("時間：" + time);
        System.out.println("--------------------");
    }

    public Memento createMemento() {
        return new Memento(picture, title, time);
    }

    public void setMemento(Memento memento) {
        this.picture = memento.getPicture();
        this.title = memento.getTitle();
        this.time = memento.getTime();
    }
}
```

由於存檔物件從 Poster 變為 Memento，需要將 Caretaker 改為維護 Memento 物件。

```
public class Caretaker {

    private final int size;
    private final Map<String, Memento> mementos = new HashMap<>();

    public Caretaker(int size) {
        this.size = size;
    }

    public Memento getMemento(String key) {
        return mementos.get(key);
    }

    public void removeMemento(String key) {
        mementos.remove(key);
    }

    public void setMemento(String key, Memento memento) {
        if (mementos.size() < size) {
            mementos.put(key, memento);
        }
    }
}
```

用戶端程式的改動不大，Poster 使用從 Caretaker 中取得的 v1 版本的 Memento 物件，恢復到 v1 版本的狀態。輸出結果和之前一樣，符合預期。

```
Caretaker caretaker = new Caretaker(5);

Poster poster = new Poster("樂隊正面照片", "我們的時代", "2024年5月1日 19：00");
caretaker.setMemento("v1", poster.createMemento());
poster.print();

poster.setPicture("樂隊 Logo 圖片");
caretaker.setMemento("v2", poster.createMemento());
poster.print();

poster.setMemento(caretaker.getMemento("v1"));
```

```
poster.print();
```

22.4　備忘錄模式的適用場景

這版程式改得很好，已經符合備忘錄模式的結構。下面我們來看看備忘錄模式結構圖。

Originator 為原發器，它是有存檔需求的類別，例如練習中的 Poster。它既可以建立備忘錄物件，記錄自己在某個時刻的內部狀態，還可以使用備忘錄物件恢復自己的狀態。Memento 為備忘錄，負責儲存 Originator 的內部狀態。Caretaker 為備忘錄管理器，負責儲存和讀取備忘錄，即 Memento 物件。

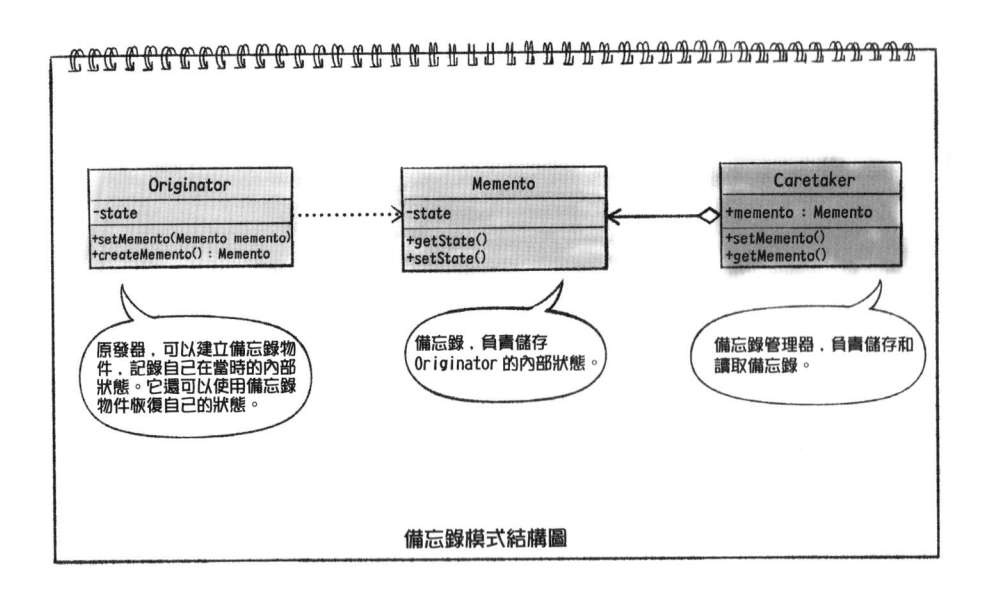

備忘錄模式結構圖

備忘錄模式的優點是不破壞物件的封裝性，將物件的內部狀態儲存在物件之外。備忘錄模式的適用場景如下。

（1）需要存檔，並按存檔恢復的場景。舉例來說，文件存檔、遊戲存檔等。

（2）可撤銷的命令。命令模式可以結合備忘錄模式，使用 Memento 記錄 Originator 物件的歷史狀態。當命令撤銷時，使用 Memento 恢復 Originator 物件的狀態。

（3）支援導回的操作。如果一個操作支援導回，那麼可以用 Memento 來記錄操作前 Originator 物件的狀態。一旦操作失敗，發生導回，Originator 物件可以使用 Memento 恢復到操作前的狀態。

（4）需要記錄物件狀態變化的場景。如果程式想要追蹤、分析某個物件在一系列業務操作下的狀態變化，可以使用備忘錄模式提取相關的屬性。此場景不需要恢復物件的狀態，因此可以對備忘錄模式做相應的簡化。

我最常使用備忘錄模式的場景是遊戲存檔。關鍵時刻先存檔，失敗了可以從頭再來！

哈哈，你這是使用了存檔功能，而非備忘錄模式，等你在以後的工作中有合適的機會再用起來吧！

第 23 章

狀態改變行為 —— 狀態模式

23.1 立體停車場如何運轉

🐼 兔小白,我今天開車了,一會兒下班順路送你一程,我們一起走吧!

🐰 好啊!你的車停在哪裡了?公司附近可不好停車。

🐼 公司對面新建了一個立體停車場,我把車停在那裡了。

🐰 立體停車場?聽起來很高科技!

🐼 立體停車場使用機械裝置運送車輛,不需要人進入停車場,這樣可以降低停車場層高,並減少通道面積,將空間利用到極致。正好你和我一起去取車,可以好好研究一下。

🐰 好呀,我們這就出發!

兔小白和熊小貓一起來到了立體停車場。熊小貓刷卡取車,停車場開始運轉,停車場顯示幕提示「開始取車」。

🐼 這張卡片連結了我的存車資訊,取車時需要先刷卡,然後運輸車輛的裝置開始工作,將我的車運送到車輛出口。我駕車駛離後,停車場才能再次刷卡取車。

🐰 趁你的車還沒取出來,我再刷卡試一下。

兔小白再次刷卡，刷卡器提示「正在取車，請稍後」。

同樣是刷卡操作，停車場的狀態不同，舉出的回應也不同。

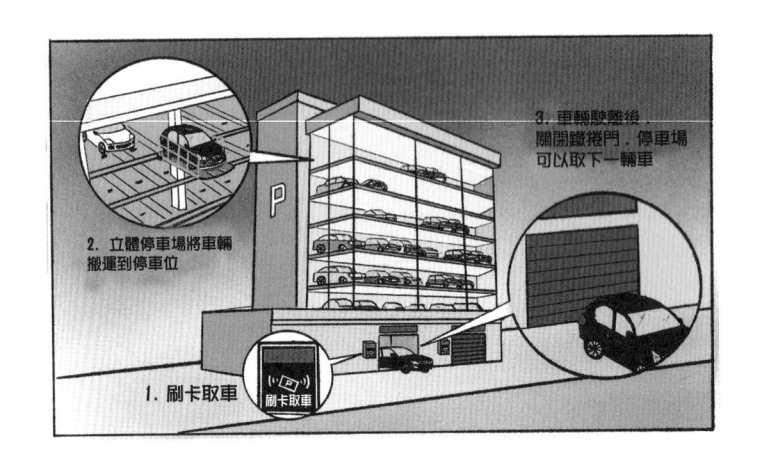

停車場現在處於執行中狀態。當汽車被運送到車輛出口後，停車場轉換到等待汽車駛離狀態。車主將車開走後，停車場恢復到空閒狀態，才能繼續取下一輛車。如果車還沒開走，又取出來一輛車，就要出事故啦！

管控停車場的軟體系統很關鍵，搞不好會出大亂子！

管控的關注點是停車場的狀態，當停車場處於不同的狀態時，對同一操作舉出的回應也不同。有一種設計模式很適合這個場景。一會兒要不要先去我家？我給你講一講這種設計模式。

好啊，今晚沒什麼重要的事情，正好去你家「充電」！

23.2　停車場的狀態決定行為實現

半小時後，兩人駕車來到了熊小貓家。

我們還是從練習入手，這個練習就是立體停車場的取車管控。

23.2 停車場的狀態決定行為實現

首先來整理一下需求。立體停車場存在 3 種狀態。停車場在每種狀態下的運轉邏輯如下。

（1）空閒：在這個狀態下，可以刷卡取車，刷卡後狀態變為「取車中」。

（2）取車中：在這個狀態下，如果再次刷卡取車，停車場提示「正在取車，請稍後再試」。當車輛被運送至車輛出口後，停車場狀態變為「待駛離」。

（3）待駛離：在這個狀態下，依舊不能執行取車操作。車主將車開走後，停車場狀態變為「空閒」，此時才能取下一輛車。

需求很清晰，程式只需要按照不同的狀態撰寫處理分支。

20 分鐘後，兔小白完成了程式開發。

我先將需求整理成了狀態和行為的對應表格。刷卡取車會觸發「取車」行為；當停車場檢查到車輛已駛離，會觸發「結束取車」行為。在不同的狀態下，對同一行為的執行邏輯不同。

狀態 行為	IdleState 空閒	PickingUpState 取車中	ReadyToDriveAwayState 待駛離
pickUpCar 取車	1. 切換狀態為取車中 2. 取車 3. 取車完畢後，切換狀態為待駛離	提示停車場正在取車，請稍後再試	提示車輛未駛離，不能取車
finishPickingUp 結束取車	提示沒有就位車輛	提示停車場正在取車，車輛還未就位	1. 取車完成，關閉鐵捲門 2. 切換狀態為空閒

3 種狀態的轉換示意圖如下。

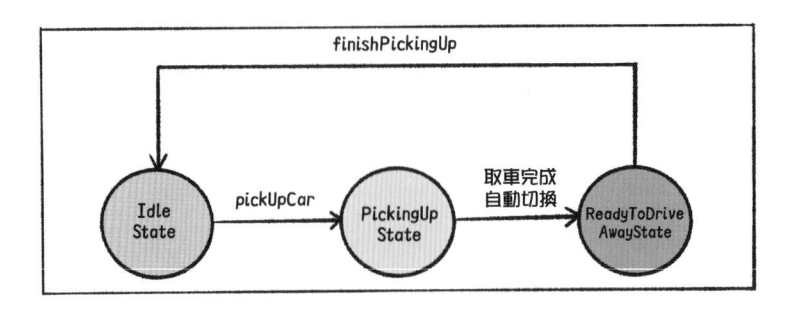

程式中的 Parking 為停車場類別，它的 pickUpCar 方法實現取車行為，finishPickingUp 實現結束取車行為。這兩種方法都根據停車場的狀態來選擇處理邏輯。

```java
public class Parking {
    //1：空閒；2：取車中；3：待駛離
    private int state = 1;

    public void pickUpCar() {
        if (state == 1) {
            state = 2;
            System.out.println(" 停車場開始取車 ");
            System.out.println(" 車輛已取出，請駛離停車場 ");
            state = 3;
        } else if (state == 2) {
            System.out.println(" 停車場正在取車，請稍後再試 ");
        } else if (state == 3) {
            System.out.println(" 車輛未駛離，不能取車 ");
        }
    }

    public void finishPickingUp() {
        if (state == 1) {
            System.out.println(" 沒有就位車輛 ");
        } else if (state == 2) {
            System.out.println(" 停車場正在取車，車輛還未就位 ");
        } else if (state == 3) {
            System.out.println(" 取車完成，關閉鐵捲門 ");
            state = 1;
        }
    }
```

23.2 停車場的狀態決定行為實現

```
        }
}
```

在用戶端程式中,先執行取車操作;在車輛駛離前,再次執行取車操作;最後執行結束取車操作。

```
Parking parking = new Parking();
parking.pickUpCar();
parking.pickUpCar();
parking.finishPickingUp();
```

透過程式輸出可以看到,當車輛未駛離時,再次取車會觸發警告提示,符合預期。

```
停車場開始取車
車輛已取出,請駛離停車場
車輛未駛離,不能取車
取車完成,關閉鐵捲門
```

🐼 功能沒有問題,但是 Parking 類別中的兩種方法存在大段的分支判斷,程式寫得並不夠優雅。你動動腦筋,想想如何將分支判斷消除掉。

🐰 我記得職責鏈模式可以消除分支判斷。

🐼 職責鏈模式將一系列同類型職責細化、解耦,封裝到多個處理子類別中。但現在的場景只存在一個停車場類別,立體停車場表現出來的特性是,在不同狀態下對同一行為的回應不同,並不適合使用職責鏈模式。如果生搬硬套,即使能夠解決當前的問題,也很可能寫出令人難以理解的程式,帶來的危害反而更大。

🐰 看來這個場景需要使用一種新的設計模式。

23.3 為停車場的狀態綁定行為

今天我們要講的狀態模式正是用來解決這種問題的。Parking 類別的 pickUpCar 和 finishPickingUp 方法都是根據停車場的狀態來選擇並處理相應的邏輯，也就是說，狀態決定了行為實現。我們可以換一種想法，不在行為中判斷狀態，而是為狀態綁定行為。等我一會兒，看我如何用狀態模式來最佳化程式。

10 分鐘後，熊小貓完成了程式最佳化。

程式最佳化的想法是定義 3 個狀態類別，然後將 pickUpCar 和 finishPickingUp 方法中的狀態分支邏輯分解到對應的狀態類別中，每個狀態類別都按照該狀態下的處理邏輯實現這兩種方法。

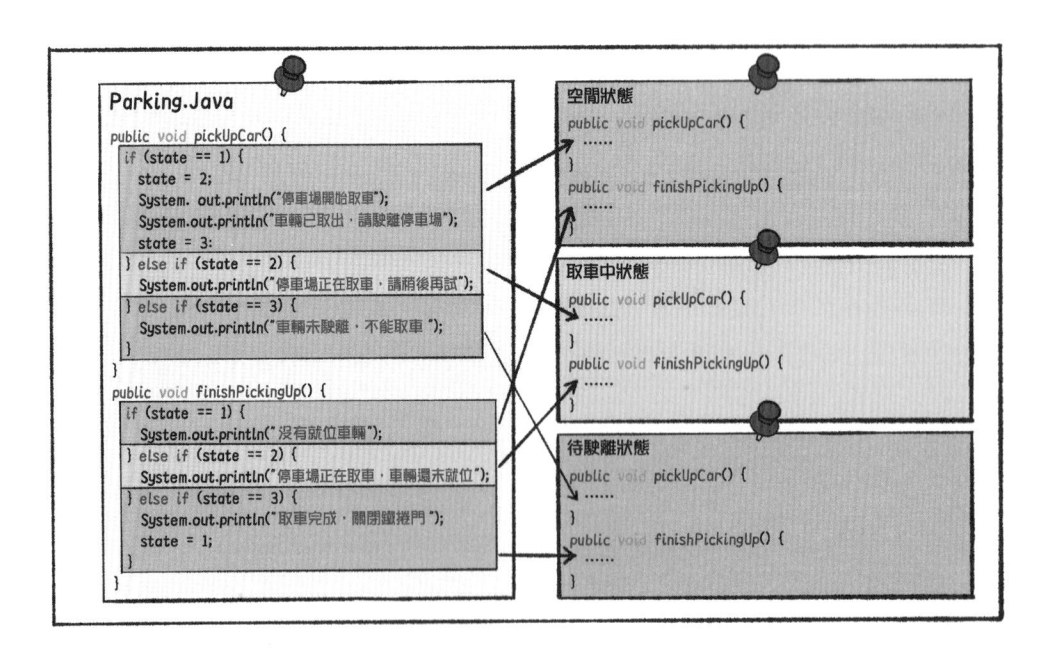

首先增加狀態抽象類別 State，然後在 State 中定義 pickUpCar 和 finishPickingUp 方法，將停車場的行為綁定到狀態上。changeState 方法用來改

變停車場的狀態。

```java
public abstract class State {
    public abstract void pickUpCar(Parking parking);
    public abstract void finishPickingUp(Parking parking);
    protected void changeState(Parking parking, State state) {
        parking.changeState(state);
    }
}
```

我們暫且不看 State 的子類別，先來看看 Parking 類別的變化。

首先，將 Parking 類別的 state 屬性改為 State 類型。它的 pickUpCar 和 finishPickingUp 方法透過呼叫 State 物件的名稱相同方法來實現業務邏輯，自己不做任何處理。由於行為被綁定在狀態類別中，當停車場的狀態改變時，停車場的行為實現也會隨之改變。Parking 類別的 changeState 方法用來改變自身狀態，供 State 抽象類別呼叫。

```java
public class Parking {
    private State state;

    public Parking() {
        this.state = new IdleState();
    }

    public void pickUpCar() {
        state.pickUpCar(this);
    }

    public void finishPickingUp() {
        state.finishPickingUp(this);
    }

    public void changeState(State state) {
        this.state = state;
    }
}
```

}

下面是改造的核心——State 的 3 個子類別,即 IdleState、PickingUpState 和 ReadToDriveAwayState。以 IdleState 為例,它繼承 State 抽象類別,它對 pickUpCar 方法和 finishPickingUp 方法的實現分別對應空閒狀態下兩種行為的邏輯。

```java
public class IdleState extends State {
    public void pickUpCar(Parking parking) {
        changeState(parking,new PickingUpState());
        System.out.println(" 停車場開始取車 ");
        System.out.println(" 車輛已取出,請駛離停車場 ");
        changeState(parking,new ReadToDriveAwayState());
    }

    public void finishPickingUp(Parking parking) {
        System.out.println(" 沒有就位車輛 ");
    }

}
```

State 的其他兩個子類別也是如此。PickingUpState 和 ReadToDriveAwayState 類別均按照符合自身狀態的邏輯去實現相應的行為。

```java
public class PickingUpState extends State {
    public void pickUpCar(Parking parking) {
        System.out.println(" 停車場正在取車,請稍後再試 ");
    }

    public void finishPickingUp(Parking parking) {
        System.out.println(" 停車場正在取車,車輛還未就位 ");
    }
}
```

```
public class ReadToDriveAwayState extends State {
    public void pickUpCar(Parking parking) {
        System.out.println(" 車輛未駛離，不能取車 ");
    }

    public void finishPickingUp(Parking parking) {
        System.out.println(" 取車完成，關閉鐵捲門 ");
        changeState(parking,new IdleState());
    }
}
```

用戶端程式不變，輸出結果和前一版程式一樣。

```
Parking parking = new Parking();
parking.pickUpCar();
parking.pickUpCar();
parking.finishPickingUp();
```

高！實在是高！將行為封裝在狀態類別中，停車場在切換狀態的同時會切換一整套行為實現！

23.4　狀態模式的優缺點及適用場景

我在最佳化這版程式時使用的就是狀態模式。下面我們來看看狀態模式結構圖。

Context 類別是狀態所有者，它透過呼叫自己維護的 State 類型物件實現自身的行為。因此，當它的狀態發生變化時，行為實現也會隨之變化。它好比例子中的 Parking 類別。

State 是抽象狀態類別，Context 中與狀態相關的行為被定義在 State 中。Context 在不同狀態下的行為邏輯被分別封裝在各個具體狀態類別

ConcreteState 中。

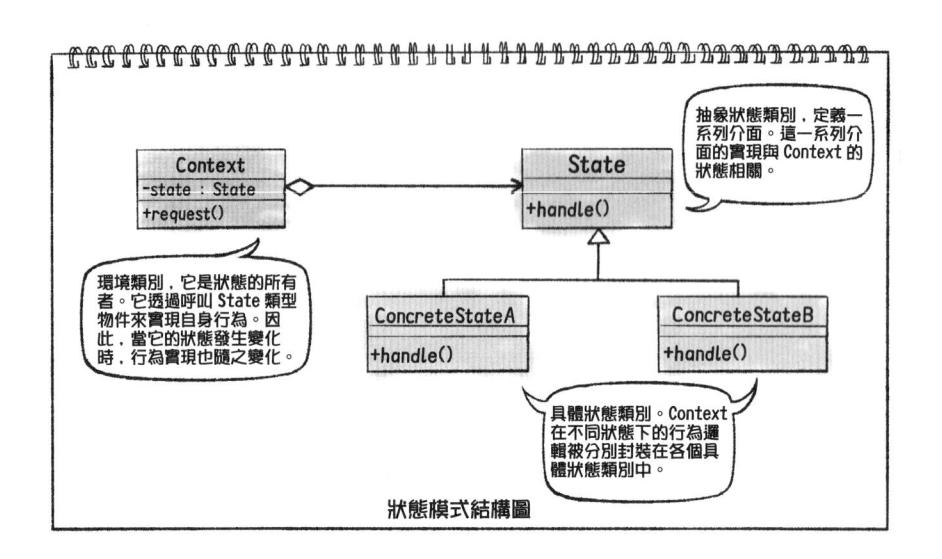

```
┌─────────────────────────────────────────────────────────┐
│                                                         │
│                                          ╱ 抽象狀態類別，定義一 ╲
│                                         │ 系列介面。這一系列介   │
│    ┌──────────┐         ┌──────────┐    │ 面的實現與 Context 的 │
│    │ Context  │◇────────│  State   │    ╲ 狀態相關。          ╱
│    ├──────────┤         ├──────────┤
│    │-state:State│       │+handle() │
│    │+request()│         └──────────┘
│    └──────────┘              △
│  ╱ 環境類別，它是狀態的所有 ╲    │
│ │ 者。它透過呼叫 State 類型  │   ├─────────────┐
│ │ 物件來實現自身行為。因     │   │             │
│ │ 此，當它的狀態發生變化    │ ┌─────────┐  ┌─────────┐
│ │ 時，行為實現也隨之變化。  │ │ConcreteStateA│ │ConcreteStateB│
│  ╲                      ╱  ├─────────┤  ├─────────┤
│                            │+handle()│  │+handle()│
│                            └─────────┘  └─────────┘
│                                 ╱ 具體狀態類別。Context ╲
│                                │ 在不同狀態下的行為邏    │
│                                │ 輯被分別封裝在各個具    │
│                                 ╲ 體狀態類別中。        ╱
│                       狀態模式結構圖                    │
└─────────────────────────────────────────────────────────┘
```

咦？剛才練習中的 State 類別有一個 changeState 方法，怎麼不見了？

其實，狀態模式並沒有限制改變 Context 狀態的職責在哪裡實現。Context 和 ConcreteState 都可以決定在某種條件下 Context 的下一個狀態是什麼。只不過在練習中，我們將這部分職責放在 ConcreteState 中來實現。

狀態模式具有以下優點。

（1）消除多條件分支。透過分離不同狀態下的行為邏輯，消除 Context 中的狀態條件分支。

（2）程式結構清晰。State 封裝同一狀態下的行為實現，以狀態為單元撰寫程式，結構更加清晰。

（3）狀態可擴充。在狀態模式中，「狀態」的地位得以提升——從 Context 的屬性提升為獨立的類別。這使得狀態既可以擁有行為，又可以被擴充，為程式帶來更好的靈活性。

狀態模式潛在的問題是存在過多的 State 實現類別。為了符合單一職責原則，勢必會引入更多的類別，這無可厚非。不要因為擔心 State 子類別過多而刻意刪減或合併狀態，程式設計需要貼合實際。

我還想到一個問題。狀態模式中對狀態變化的修改看似符合開閉原則，但在擴充 State 子類別時，大機率會增加觸發轉變到新狀態的行為。這表示所有的 State 子類別都要增加該行為的實現。

你說的這個問題確實存在。不過在大多數情況下，新狀態引入的行為只需要在新狀態的前序狀態中重點實現，在其他狀態中只需要空實現或簡單實現。

我們已經學習了這麼多種設計模式，相信你應該明白沒有十全十美的設計模式，只有更適合某種場景的設計模式。

狀態模式的適用場景如下。

（1）物件存在多種狀態，行為實現由狀態決定。這是狀態模式適用的典型場景。使用狀態模式，可以避免在行為實現中產生大量的狀態條件分支。

（2）最佳化存在大量條件分支的程式。每個條件分支都可以看作物件的一種狀態，只不過此時的狀態是多個條件組合，還沒有被抽象。我們對不同分支中的條件組合進行抽象，便可以得到一系列狀態。

學完狀態模式，終於可以回家休息了！我要馬上切換到休息狀態！從現在起，所有對我工作、學習行為的呼叫，我全部不回應。等明天上班後，我再切換回工作狀態！

第 24 章

購買手機選項多，如何選購是難題 —— 策略模式

24.1 如何挑選一部手機

🐰 熊小貓，我的手機螢幕摔壞了，打算換一部新手機。可是手機的款式太多，我已經挑花了眼。你能給我點建議嗎？

🐼 沒問題呀！但我得先了解你的需求，才知道用哪種策略給你推薦。

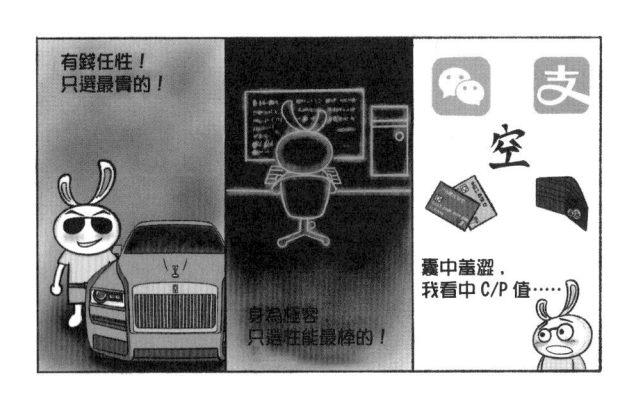

🐰 我更傾向於選擇 C/P 值高的手機。不過你還是按照不同的策略為我各推薦一部，我再綜合考慮考慮。

🐼 可是這樣我得按照 3 種不同的策略挑選手機，工作量翻了 3 倍呀！其實，類似的選擇問題在生活中很常見，程式可以拿來重複使用。我們寫程式來解決手機推薦的問題，這個問題雖然不大，但程式設計卻值得思考。

好，挑選手機的事情暫且擱置一會兒，我倒是很有興趣挑戰一下程式設計！

24.2 用簡單工廠模式實現手機推薦程式

我們就根據你挑選手機的需求來開發程式。需求對應以下 3 種不同演算法的手機推薦策略。

（1）選擇價格最高的手機。

（2）選擇性能最好的手機

（3）選擇 C/P 值最高的手機。C/P 值的計算規則為手機性能得分除以價格。

這個需求場景似曾相識，我先想想如何設計程式。

20 分鐘後，兔小白寫完了程式。

我定義了手機類別 Mobile。

```
public class Mobile {
    private final String name;
    private final double price;
    private final double performanceScore;

    public Mobile(String name, double price, double performanceScore) {
        this.name = name;
        this.price = price;
        this.performanceScore = performanceScore;
    }

    public String getName() {
        return name;
    }
```

```
    public double getPrice() {
        return price;
    }

    public double getPerformanceScore() {
        return performanceScore;
    }
}
```

簡單工廠模式完全匹配這個場景。在程式中,首先定義推薦策略介面,然後根據需求分別實現 3 個推薦策略類別。

RecommendStrategy 為策略介面,定義推薦手機的方法。

```
public interface RecommendStrategy {
    Mobile recommendMobile(List<Mobile> mobiles);
}
```

這個介面有 3 種不同演算法的推薦策略實現類別。

HighestPriceStrategy 為最高價格推薦策略實現類別。

```
public class HighestPriceStrategy implements RecommendStrategy {
    public Mobile recommendMobile(List<Mobile> mobiles) {
        Mobile recommendMobile = null;

        for (Mobile mobile : mobiles) {
            if (recommendMobile == null) {
                recommendMobile = mobile;
            } else if (mobile.getPrice() > recommendMobile.getPrice()) {
                recommendMobile = mobile;
            }
        }

        return recommendMobile;
```

        }
    }

HighestPerformanceStrategy 為最佳性能推薦策略實現類別。

```java
public class HighestPerformanceStrategy implements RecommendStrategy {
    public Mobile recommendMobile(List<Mobile> mobiles) {
        Mobile recommendMobile = null;

        for (Mobile mobile : mobiles) {
            if (recommendMobile == null) {
                recommendMobile = mobile;
            } else if (mobile.getPerformanceScore() >
                    recommendMobile.getPerformanceScore()) {
                recommendMobile = mobile;
            }
        }

        return recommendMobile;
    }
}
```

CostPerformanceStrategy 為最佳 C/P 值推薦策略實現類別。

```java
public class CostPerformanceStrategy implements RecommendStrategy {
    public Mobile recommendMobile(List<Mobile> mobiles) {
        Mobile recommendMobile = null;

        for (Mobile mobile : mobiles) {
            if (recommendMobile == null) {
                recommendMobile = mobile;
            } else {
                double highestScore =
                        recommendMobile.getPerformanceScore() /
                                recommendMobile.getPrice();
                double score =
                        mobile.getPerformanceScore() /
```

```
                                    mobile.getPrice();
            if (score > highestScore) {
                recommendMobile = mobile;
            }
        }
    }

    return recommendMobile;
    }
}
```

RecommendStrategyFactory 是推薦策略工廠，負責建立推薦策略實例。

```
public class RecommendStrategyFactory {
    public RecommendStrategy createStrategy(String category)
            throws Exception {
        switch (category){
            case "price":
                return new HighestPriceStrategy();
            case "performance":
                return new HighestPerformanceStrategy();
            case "costPerformance":
                return new CostPerformanceStrategy();
            default:
                throw new Exception();
        }
    }
}
```

在用戶端程式中，使用工廠建立推薦策略物件，用不同的推薦策略物件進行推薦。

```
List<Mobile> mobiles = new ArrayList<>();
mobiles.add(new Mobile("Huawei", 3200, 5100));
mobiles.add(new Mobile("Xiaomi", 2500, 4800));
mobiles.add(new Mobile("Vivo", 3000, 5200));
```

```
RecommendStrategyFactory recommendStrategyFactory =
        new RecommendStrategyFactory();

RecommendStrategy highestPriceStrategy =
        recommendStrategyFactory.createStrategy("price");
Mobile mobile = highestPriceStrategy.recommendMobile(mobiles);
System.out.println("推薦的最具 C/P 值手機是 " + mobile.getName());

RecommendStrategy highestPerformanceStrategy =
        recommendStrategyFactory.createStrategy("performance");
mobile = highestPerformanceStrategy.recommendMobile(mobiles);
System.out.println("推薦的性能最佳手機是 " + mobile.getName());

RecommendStrategy costPerformanceStrategy =
        recommendStrategyFactory.createStrategy("costPerformance");
mobile = costPerformanceStrategy.recommendMobile(mobiles);
System.out.println("推薦的價格最高手機是 " + mobile.getName());
```

從程式輸出結果中可以看到，每種推薦策略都按照自己的演算法實現了推薦一部手機。[*]

```
推薦的最具 C/P 值手機是 Huawei
推薦的性能最佳手機是 Vivo
推薦的價格最高手機是 Xiaomi
```

簡單工廠模式是你最早給我講的設計模式，我掌握得還算熟練吧？

使用簡單工廠模式確實能解決這個問題，但我的目的並不是讓你複習這個模式。

---

[*] 手機資訊為虛構，推薦結果僅作為練習使用，不反映真實情況。

24.3　加入推薦人的手機推薦程式

🐼　程式設計需要貼合真實場景，這樣的設計符合直覺，無論是自己開發還是別人理解，都會變得容易。我們回到真實場景中，你想一想，給你推薦手機的是推薦策略嗎？

🐰　推薦策略是演算法實現，給我推薦手機的是人，也就是你。

🐼　沒錯，是我運用不同的策略給你推薦手機。現在程式的寫法好比你自己拿到了 3 種推薦策略的說明文檔，自己根據推薦策略找到適合的手機。但真實情況是，我作為推薦人，你只需要將需求告訴我，我就可以給你推薦手機。

🐰　你的意思是需要在程式中增加推薦人！用戶端應該和推薦人打交道，而非直接和推薦策略打交道。

🐼　這樣才符合真實場景，也符合迪米特法則。用戶端並不需要和那麼多的推薦策略「對話」。推薦人提供切換策略的方法，可以隨選改變自己的推薦策略。在用戶端和推薦策略之間加入推薦人，也是一種代理的思想。

🐰　代理的思想真是無處不在！我再想想怎麼最佳化。

15 分鐘後，兔小白最佳化完了程式。

🐰　策略介面和 3 個策略實現類別沒有做任何修改。我只增加了推薦人類別 Recommender，去掉了工廠類別 RecommendStrategyFactory。我們先看看程式結構圖。

有推薦人的手機推薦程式結構圖

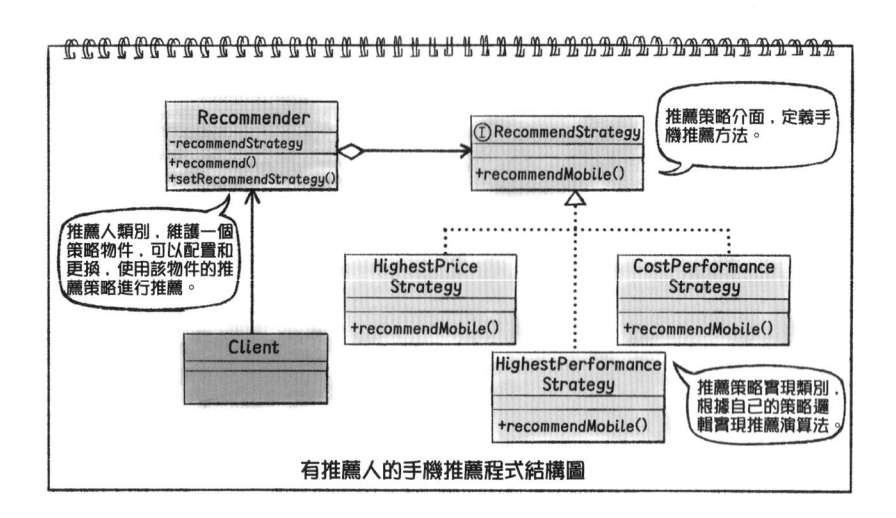

Recommender 維護一個策略物件，可以配置和更換。Recommender 使用策略物件的推薦策略進行推薦。

```
public class Recommender {
    private RecommendStrategy recommendStrategy;

    public Recommender(RecommendStrategy recommendStrategy) {
        this.recommendStrategy = recommendStrategy;
    }

    public void setRecommendStrategy(
            RecommendStrategy recommendStrategy) {
        this.recommendStrategy = recommendStrategy;
    }

    public Mobile recommend(List<Mobile> mobiles) {
        return recommendStrategy.recommendMobile(mobiles);
    }
}
```

在用戶端程式中，使用 Recommender 進行推薦。用戶端可以透過 Recommender 的 setRecommendStrategy 方法切換推薦策略。

```
List<Mobile> mobiles = new ArrayList<>();
mobiles.add(new Mobile("Huawei", 3200, 5100));
mobiles.add(new Mobile("Xiaomi", 2500, 4800));
mobiles.add(new Mobile("Vivo", 3000, 5200));

Recommender panda = new Recommender(new CostPerformanceStrategy());
Mobile mobile = panda.recommend(mobiles);
System.out.println(" 推薦的最具 C/P 值手機是 " + mobile.getName());

panda.setRecommendStrategy(new HighestPerformanceStrategy());
mobile = panda.recommend(mobiles);
System.out.println(" 推薦的性能最佳手機是 " + mobile.getName());

panda.setRecommendStrategy(new HighestPriceStrategy());
mobile = panda.recommend(mobiles);
System.out.println(" 推薦的價格最高手機是 " + mobile.getName());
```

最佳化得很好，正是我想看到的程式！現在用戶端只需要和 Recommender「對話」，Recommender 按照用戶端設置的 Strategy 進行推薦。而在原來的程式中，用戶端需要和 3 個不同的 Strategy 直接「對話」。

但是 Recommender 仍然需要和 3 個 Strategy「對話」，Recommender 需要使用不同的推薦策略進行推薦。依賴關係只是被轉移了，並沒有被消除。

依賴關係確實沒有被消除，但轉移是有意義的。Recommender 和 Strategy 組成了「推薦組件」，二者的依賴關係是組件內依賴，而用戶端和 Strategy 的依賴是組件間依賴。當出現多個用戶端呼叫推薦元件時，優劣勢便顯而易見。

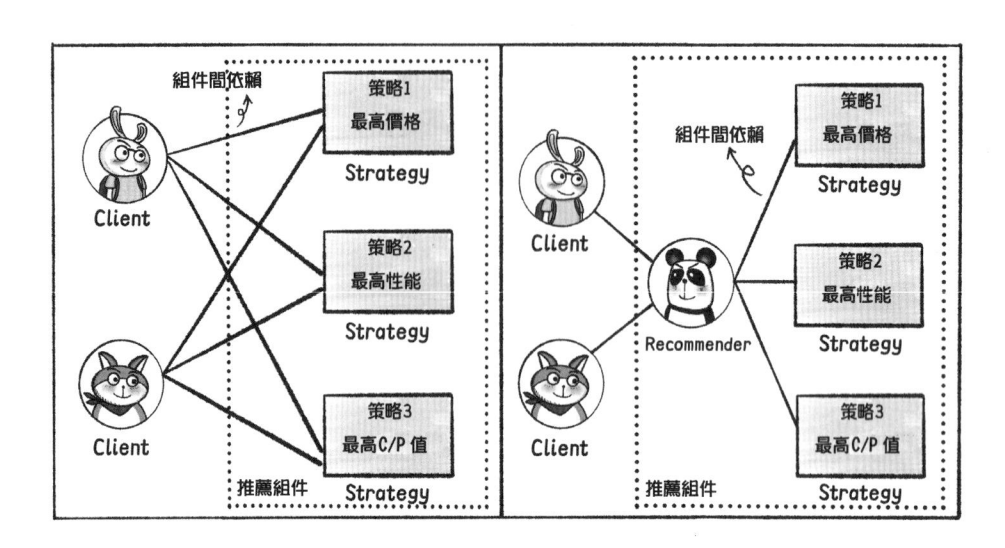

[圖：左側為 Client 直接依賴三個 Strategy（策略1 最高價格、策略2 最高性能、策略3 最高C/P值）的推薦組件；右側為 Client 透過 Recommender 依賴三個 Strategy 的推薦組件，標示「組件間依賴」]

🐜 將依賴關係轉移到元件內部後，程式整體的依賴關係確實簡單了很多。

🐼 類別是一種封裝，多個類別組成的元件也是一種封裝。類別和類別之間的依賴要儘量減少，元件和元件之間的依賴更要儘量減少。這就像在公司中，部門內部的問題都好解決，一旦跨部門，問題就會變得複雜。

🐜 這讓我想起了面板模式，Recommender 就像推薦組件的外觀。

🐼 在這一點上，兩者的設計思想是類似的。面板模式適合元件比較複雜，甚至已經升級為子系統的場景。面板模式的目的是降低子系統的使用複雜度，而策略模式的目的是策略的擴充和靈活切換。策略模式有其獨特的適用場景。

24.4　策略模式的適用場景

🐼 我們先來看看策略模式結構圖。

Strategy 是策略類別，定義演算法的公共介面。ConcreteStrategy 是具體策略類別，根據自己的策略邏輯實現演算法。Context 是上下文類別，它作為演算法元件的視窗，對外提供演算法呼叫的方法。Context 維護了一個 Strategy 物件的引用，可以配置、更換。它對演算法的實現，實際是包裝了 Strategy 物件的 algorithmInterface 方法。Context 透過更換自己持有的 Strategy 物件，達到切換策略的目的。

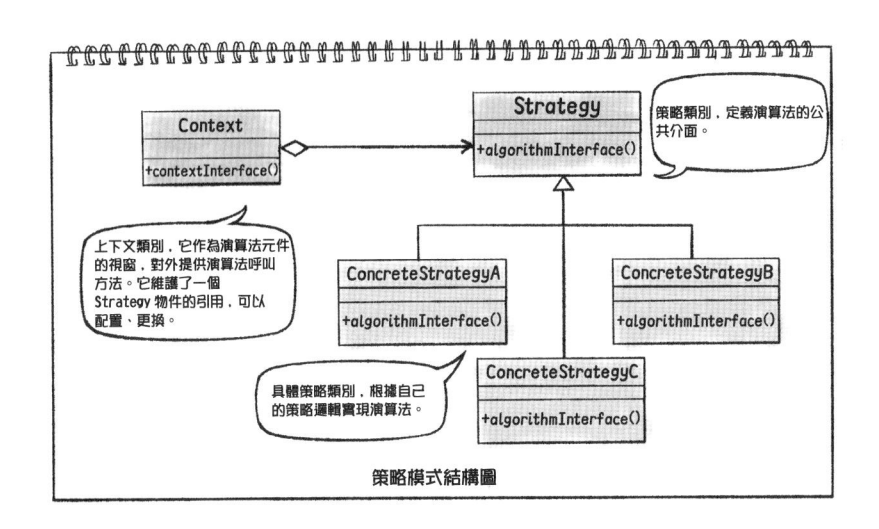

策略模式結構圖

策略模式將演算法封裝成策略類別，支援策略的擴充和切換。策略模式的適用場景具有以下特點。

（1）同一種行為存在多種演算法。比如，例子中的商品推薦存在不同的推薦演算法，駕車路線的推薦演算法分為時間優先和費用優先。

（2）需要靈活切換演算法。既然有多種演算法，就應該靈活切換，但這也取決於業務需要。

24.5　策略模式與簡單工廠模式的比較和結合

有時，開發人員會在應該使用策略模式的場景中錯誤地使用簡單工廠模式。這是因為策略類別可以獨立提供服務，用戶端透過簡單工廠建立需要的策略物件，也可以實現需求。

🐰 你就直接報我的名字吧……不過你說的確實是事實。

🐼 其實兩種模式的區別很大。簡單工廠模式屬於建立型設計模式，重點在於建立物件；策略模式屬於行為型設計模式，重點在於演算法的擴充和切換。當你發現簡單工廠生產的產品類具有的行為很少，而且是與演算法相關的，產品不同子類別的行為只是演算法實現不同，那麼可能更適合使用策略模式。

其實兩者還可以結合起來使用。我之前說策略模式符合迪米特法則，這個說法其實並不準確。

🐰 我也發現了這個問題。用戶端雖然不用與策略物件直接「對話」，但在使用 Context 物件時，仍然需要先建立策略物件，然後為 Context 設置策略物件。

🐼 Context 需要設置策略物件，那麼策略物件從何而來呢？建立物件自然要交給建立型設計模式。這裡可以結合簡單工廠模式進行最佳化，你要不要來挑戰一下？

🐰 好啊，兩種設計模式都學完了，我看看怎麼結合起來！

10 分鐘後，兔小白改好了程式。

🐰 結合簡單工廠模式建立產品物件的方式，改造 Recommender 設置 Strategy 物件的方法。直接看程式吧！

```java
public class Recommender {
    private RecommendStrategy recommendStrategy;

    public Recommender(String category) throws Exception {
```

```
            setRecommendStrategy(category);
    }

    public void setRecommendStrategy(String category) throws Exception {
        switch (category) {
            case "price":
                this.recommendStrategy = new HighestPriceStrategy();
                break;
            case "performance":
                this.recommendStrategy = new HighestPerformanceStrat-
egy();
                break;
            case "costPerformance":
                this.recommendStrategy = new CostPerformanceStrategy();
                break;
            default:
                throw new Exception();
        }
    }

    public Mobile recommend(List<Mobile> mobiles) {
        return recommendStrategy.recommendMobile(mobiles);
    }
}
```

用戶端不用建立策略物件，只需要告訴 Recommender 想要使用的推薦策略名稱。

```
Recommender panda = new Recommender("costPerformance");
Mobile mobile = panda.recommend(mobiles);
System.out.println("推薦的最具 C/P 值手機是 " + mobile.getName());

panda.setRecommendStrategy("performance");
mobile = panda.recommend(mobiles);
System.out.println("推薦的性能最佳手機是 " + mobile.getName());

panda.setRecommendStrategy("price");
mobile = panda.recommend(mobiles);
System.out.println("推薦的價格最高手機是 " + mobile.getName());
```

這版程式的優點很明顯。用戶端不用知道任何策略類別，和策略類別徹底說再見！推薦元件的內部實現被完全隱藏，程式的依賴關係更簡單，完全符合迪米特法則。

# 第 25 章

遵循策略，不走彎路 —— 範本方法模式

25.1 自駕草原行，意外出事故

🐼 兔小白，聽說你上週末自駕去草原了，玩得怎麼樣？

🐰 草原的景色很美，只是開車比較累，我還出了點小事故。

🐼 草原地廣人稀，沒有多少車輛，你怎麼會出事故呢？

🐰 哎，我朋友的車是手排的，我開不習慣，忘了鬆手剎……還好是我的單方事故。

🐼 你居然忘了鬆手剎！手排和自排汽車的起步流程差不多，只是細節上有差別。但不管是手排還是自排，起步前都需要鬆手剎。你對自排汽車那麼熟悉，怎麼會忘記鬆手剎這一步呢？

25-1

我當然清楚起步流程，但是手排需要操作離合器，導致我在手忙腳亂中忘了鬆手剎。

這也可以理解，人又不是機器，犯錯在所難免。不過在軟體開發中，有辦法解決這種問題。有一種設計模式專門針對這種流程化、範本化的操作，確保執行時不會漏掉某一個步驟。這種設計模式叫作範本方法。

你可以思考一下，我們生活中的很多事情都是範本化的。在摸清規律後，類似的事情就可以按照規律去執行，只需要改變某些執行細節。舉例來說，對學習過程來說，無論學什麼內容，都要經過預習、聽課、練習這3個步驟。開發程式也一樣，如果開發的是經典三層架構系統，那麼大部分需求都需要開發 Controller、Service、Dao 類別。一旦你開發完第一個需求，熟悉了程式結構，後面的需求就可以按照同樣的步驟開發，只不過具體實現有所不同。

你讓我想起做年終總結 PPT，我一般會在前一年的 PPT 的基礎上修改，保持整體結構不動，只把具體內容改成當年的。你說的範本方法模式是不是可以這樣理解？

是這個意思，但還是有些區別。我們做個練習，你就明白啦！

25.2　程式出 Bug，不掛擋也能開車

練習很簡單，你先寫一段程式，演示自排汽車的起步過程。

自排汽車我熟悉，很快搞定！

10 分鐘後，兔小白寫完了程式。

我先定義了司機介面 Driver，介面中只有一個 startCar 方法。

```
public interface Driver {
    void startCar();
}
```

　　AtCarDriver 是自排汽車司機類別，實現 Driver 介面，按照自排汽車起步的步驟實現 startCar 方法。

```
public class AtCarDriver implements Driver {
    public void startCar() {
        System.out.println(" 踩剎車 ");
        System.out.println(" 一鍵啟動 ");
        System.out.println(" 掛 D 擋 ");
        System.out.println(" 放開電子手剎 ");
        System.out.println(" 鬆剎車 ");
        System.out.println(" 踩油門 ");
    }
}
```

用戶端程式如下。

```
Driver atCarDriver = new AtCarDriver();
atCarDriver.startCar();
```

程式輸出如下。

```
踩剎車
一鍵啟動
掛 D 擋
放開電子手剎
鬆剎車
踩油門
```

　　程式沒問題，下面你繼續來實現手排汽車的起步過程。

5 分鐘後，兔小白完成了開發。

我新增了一個 Driver 介面的實現類別 MtCarDriver。

```java
public class MtCarDriver implements Driver {
    public void startCar() {
        System.out.println(" 踩剎車 ");
        System.out.println(" 踩離合 ");
        System.out.println(" 插入鑰匙 ");
        System.out.println(" 轉動鑰匙打火 ");
        System.out.println(" 放開手剎 ");
        System.out.println(" 鬆剎車 ");
        System.out.println(" 抬起離合 ");
        System.out.println(" 踩油門 ");
    }
}
```

手排和自排汽車的起步過程差不多，剛才我直接把 AtCarDriver 的 startCar 方法複製到 MtCarDriver 中，稍做修改就搞定了！這就是你說的範本方法模式吧？

你這只是複製、貼上，哪裡是範本方法模式呀！我們執行程式看看。

```
踩剎車
踩離合
插入鑰匙
轉動鑰匙打火
放開手剎
鬆剎車
抬起離合
踩油門
```

咦？怎麼沒有掛擋？汽車是怎麼開起來的？

哎呀……我修改程式時，一不小心把掛擋操作的程式誤刪除了！

25.3 汽車起步操作範本化

你複製 AtCarDriver 的 startCar 方法程式，其實是為了重複使用自排汽車的起步流程，然後按照手排汽車的操作修改細節。以複製的方式來「重複使用」程式是錯誤的。我們需要在程式設計上做文章，才能真正實現重複使用。

我們先整理一下汽車起步的流程：（1）點火前準備；（2）汽車點火；（3）掛擋；（4）鬆手剎；（5）加油出發。

無論是手排還是自排汽車，汽車起步都分為上述 5 步。你可以將每個步驟定義為一種方法。在父類別 Driver 的 startCar 方法中，按照順序呼叫這 5 種方法。Driver 子類別透過繼承獲得 startCar 方法，那麼一定會按照父類別中定義的步驟循序執行汽車起步過程。每個步驟的方法由各個子類別自己實現。

我先按照你的想法畫出程式結構圖，你看看對不對。

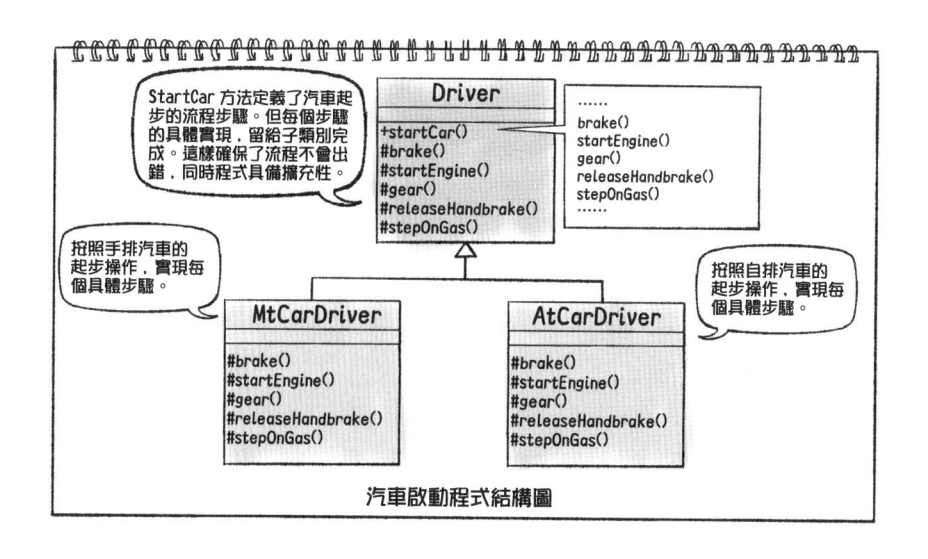

汽車啟動程式結構圖

沒有問題，可以按照你設計的結構圖開發程式。

15 分鐘後，兔小白改好了程式。

首先將 Driver 介面改為抽象類別，按汽車起步流程定義相應的方法。汽車起步的流程被固化在 startCar 方法中。在 startCar 方法中，依次呼叫這幾個步驟的方法。

```java
public abstract class Driver {
    public void startCar(){
        prepareToStart();
        startEngine();
        gear();
        releaseHandbrake();
        stepOnGas();
    }

    protected abstract void prepareToStart();
    protected abstract void startEngine();
    protected abstract void gear();
    protected abstract void releaseHandbrake();
    protected abstract void stepOnGas();
}
```

AtCarDriver 和 MtCarDriver 類別繼承 Driver 抽象類別，這表示它們重複使用了 Driver 的 startCar 方法，也就是汽車起步的固定流程。這兩個子類別可以根據汽車類型去實現每個步驟的具體操作。

AtCarDriver 的實現如下。

```java
public class AtCarDriver extends Driver {

    protected void prepareToStart() {
        System.out.println(" 踩剎車 ");
    }
```

```java
    protected void startEngine() {
        System.out.println(" 一鍵啟動 ");
    }

    protected void gear() {
        System.out.println(" 掛 D 擋 ");
    }

    protected void releaseHandbrake() {
        System.out.println(" 放開電子手剎 ");
    }

    protected void stepOnGas() {
        System.out.println(" 鬆剎車 ");
        System.out.println(" 踩油門 ");
    }
}
```

MtCarDriver 的實現如下。

```java
public class MtCarDriver extends Driver {

    protected void prepareToStart() {
        System.out.println(" 踩剎車 ");
     System.out.println(" 踩離合 ");
    }

    protected void startEngine() {
        System.out.println(" 插入鑰匙 ");
        System.out.println(" 轉動鑰匙打火 ");
    }

    protected void gear() {
        System.out.println(" 掛 1 擋 ");
    }

    protected void releaseHandbrake() {
        System.out.println(" 放開手剎 ");
    }
```

```
protected void stepOnGas() {
    System.out.println(" 鬆剎車 ");
    System.out.println(" 抬起離合 ");
    System.out.println(" 踩油門 ");
}
}
```

AtCarDriver 和 MtCarDriver 對每個步驟的實現都有所不同，但起步的流程保持一致。

父類別定義好固定的起步流程，子類別透過繼承獲得 startCar 能力，重複使用固化的起步流程。子類別只需要關心每個步驟的具體實現，也就是變化的部分。

父類別中定義的固化流程就是範本，子類別負責實現流程中每個步驟的方法。這就是範本方法模式。

25.4　範本方法模式的適用場景

我們來看看範本方法模式結構圖。

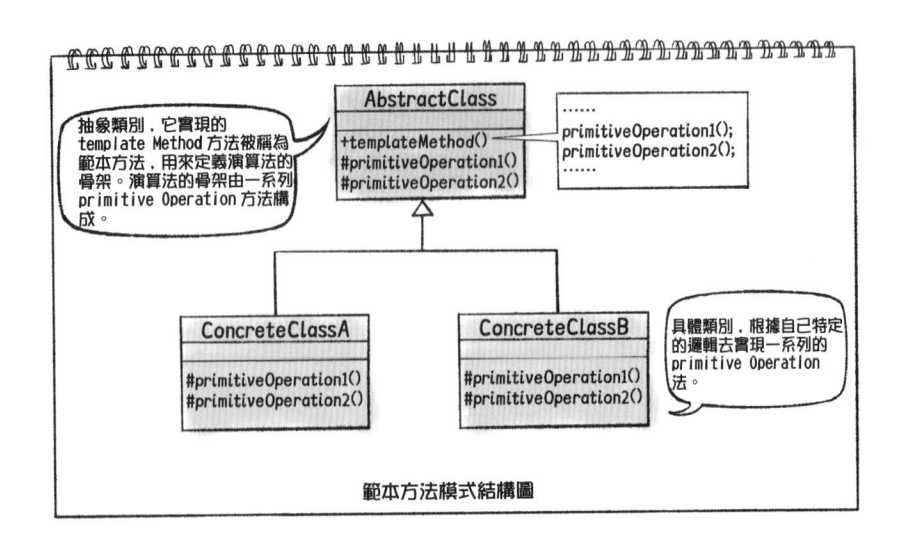

範本方法模式結構圖

範本方法模式的結構非常簡單，只有一個抽象類別和若干個實現類別。

AbstractClass 好比練習中的 Driver 類別。它實現的 templateMethod 方法被稱為範本方法，用來定義演算法的骨架。演算法的骨架由一系列 primitiveOperation 方法組成。

ConcreteClass 好比練習中的 AtCarDriver 和 MtCarDriver。它重複使用 AbstractClass 的 templateMethod 實現，確保演算法骨架的穩定。ConcreteClass 會根據自己特定的邏輯去實現一系列的 primitiveOperation 方法。

範本方法不但保證了演算法骨架的穩定，還做到了演算法骨架中的每個步驟都是靈活可擴充的。

我們分析得更深入一些，範本方法分離了演算法中「不變」和「變化」的部分。演算法高層次的步驟定義和執行順序固定不變，在父類別中實現。每個步驟的具體實現可以有多種方式，交給各個子類別實現。

範本方法模式的適用場景具有以下特點。

（1）演算法複雜。如果演算法簡單，那麼演算法的骨架也會比較簡單，這樣便失去了重複使用演算法骨架的意義。

（2）演算法的不同實現呈現出相同的步驟流程。如果演算法的不同實現大相徑庭，無法抽象出同一套演算法骨架，那麼也無法使用範本方法。使用範本方法模式，一定是建立在演算法骨架一致的基礎上的。試想，如果手排和自排汽車的起步流程完全不一樣，那麼範本方法模式也派不上用場。

我有辦法讓所有演算法都能用上範本方法模式。你看，做任何事情都可以分為準備、執行、收尾這 3 步，這不就是演算法的骨架嗎？

這 3 個步驟的抽象程度太高，放之四海而皆準，這就失去了抽象的意義。在工作中，我們可以以這 3 個步驟為基礎，考慮具體的業務，抽象出更細粒度的演算法骨架。

25.5 範本方法模式與策略模式的比較和結合

😀 策略模式也可以解決演算法的擴充問題。這兩種設計模式各有什麼側重點呢？

🐼 兩者的相同之處在於，都解決了同一個演算法的不同實現的擴充問題。但是策略模式的側重點在於演算法的靈活切換；範本方法模式的側重點是複雜演算法的骨架重複使用。

😀 兩者的側重點完全不同，我以後在使用時還需要多思考。

🐼 你要思考的並不僅是該用哪一種設計模式。有時，這兩種模式可以結合起來使用，只需要將策略模式中的 Strategy 繼承系統替換成範本方法模式的結構。我們看下面的結構圖。

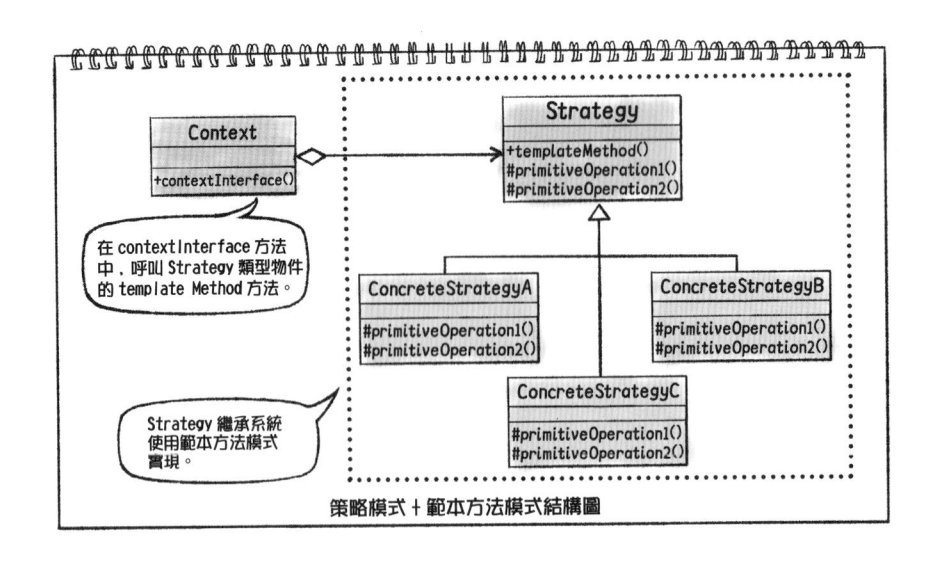

策略模式 + 範本方法模式結構圖

這樣的程式設計既可以重複使用演算法骨架，又可以靈活切換演算法。

工作中遇到的場景都比較複雜，需要將多種設計模式配合使用。我們需要從問題出發，使用一種設計模式解決一個問題。如果還有未解決的問題，就繼續思考還可以用哪種設計模式來解決，最後思考如何將多種設計模式結合起來。

雖然沒有萬能的設計模式，但是將設計模式組合起來卻有無限可能！

第 26 章

尊重個體差異，提供個性化服務
—— 存取者模式

26.1 如何計算年終獎

這個月就要發年終獎了！辛苦了一年，你準備怎麼獎勵一下自己？

這是我工作以來第一次拿年終獎，想想就興奮！不過我的薪水基數低，年終獎不會太多。我計畫過年回家給父母買點禮物，剩下的錢存起來。你呢，有什麼計畫？

我也沒多少獎金，打算先存起來，以備不時之需。

你可別謙虛了！普通員工按年薪的 12% 發獎金，管理人員按年薪的 15% 發獎金。而且你的薪水基數大，獎金一定少不了！

管理人員的薪酬組成中獎金的比例更大，是為了將管理層的收入和公司業績綁定得更緊，刺激管理層帶領團隊，為公司取得更高的業績。但是萬一公司業績不及格，獎金就會被打折扣，管理人員的損失也更大。

今年公司的業績還不錯，你肯定可以拿到全額獎金。太令人羨慕了！

只要你腳踏實地，學好技術，早晚會超過我。我們學習了這麼久的設計模式，只差最後一個就學完了。等把設計模式全部攻克，我們繼續學習新知識。

今天就把最後一個設計模式學完吧！我期待早日升職加薪呢！

沒問題，最後一個設計模式叫作存取者模式。獎金計算這個場景正好適合使用存取者模式。

26.2　循規蹈矩的程式實現

老規矩，先從練習開始，我們來撰寫獎金計算程式。首先，假設員工拿到全額獎金，其中，普通員工的獎金是年薪的 12%，管理人員的獎金是年薪的 15%。程式設計的核心問題是，同為員工，獎金的計算演算法卻不同。你來想想程式怎麼實現？

這有什麼複雜的？等我 10 分鐘。

10 分鐘後，兔小白寫完了程式。

我建立了抽象員工類別 Employee，包含姓名和薪資屬性，並定義了計算獎金的方法 calculateBonus。

```
public abstract class Employee {
```

```
    private int salary;
    private String name;

    public Employee(int salary, String name) {
        this.salary = salary;
        this.name = name;
    }

    public int getSalary() {
        return salary;
    }

    public String getName() {
        return name;
    }

    public abstract double calculateBonus();
}
```

Employee 有兩個子類別,分別是普通員工類別和管理人員類別。

普通員工類別 OrdinaryEmployee 的 calculateBonus 方法按照年薪的 12% 計算獎金。

```
public class OrdinaryEmployee extends Employee {
    public OrdinaryEmployee(int salary, String name) {
        super(salary, name);
    }

    public double calculateBonus() {
        return getSalary() * 12 * 0.12;
    }
}
```

管理人員類別 Manager 的 calculateBonus 方法按照年薪的 15% 計算獎金。

```
public class Manager extends Employee {
```

```
    public Manager(int salary, String name) {
        super(salary, name);
    }

    public double calculateBonus() {
        return getSalary() * 12 * 0.15;
    }
}
```

在用戶端程式中，首先建構一個 Employee 類型物件的列表，用於存放 OrdinaryEmployee 物件和 Manager 物件，然後迭代計算每個 Employee 的獎金。

```
List<Employee> employees = new ArrayList<>();

Employee rabbit = new OrdinaryEmployee(8000, "兔小白");
Employee panda = new Manager(10000, "熊小貓");
employees.add(rabbit);
employees.add(panda);

for (Employee employee : employees) {
  System.out.println(employee.getName() + " 獎金：" + employee.calculate-
Bonus());
}
```

程式輸出如下。普通員工和管理人員分別按照各自的比例計算獎金。

```
兔小白 獎金：11520.0
熊小貓 獎金：18000.0
```

你的程式是比較常見的設計方式，子類別實現父類別的抽象方法。這樣設計雖然不會出什麼差錯，但在一些特定的場景下，不一定是最佳的設計方式。現在我要增加新的需求，檢驗一下你的程式！比如，增加新的薪資項計算——電話費津貼。普通員工每月 100 元，管理人員每月 300 元。

你不按常理出牌呀！我以為你要增加一種新的員工類型，採用新的獎金計算方式。如果是這樣，我只增加 Employee 的子類別就可以了，完全符合開閉原則。

這樣就沒挑戰性啦！我要增加的是新的行為。

這樣只能先給 Employee 增加計算電話費津貼的抽象方法，就叫作 getTelephoneAllowance，然後它的兩個子類別 OrdinaryEmployee 和 Manager 分別實現該方法。

可是這樣會改動 Employee 繼承系統中所有的類別，嚴重違反了開閉原則。

沒有辦法，想要增加類別的行為，只能修改類別。

我有辦法既不修改類別，又能增加它的行為。

哦？這麼神奇！

26.3　行為可擴充的程式實現

你的設計角度是從行為的發出者入手，因此，增加行為必然要修改行為的發出者。我們換個角度，從行為出發，將行為抽象成物件。行為物件針對不同的發出者，執行的邏輯也不同。你來嘗試將計算獎金的行為抽象為物件，該物件為不同類型的員工提供個性化服務。

我覺得可以這樣修改，首先將薪資計算的行為抽象為 SalaryCalculator 介面，針對不同的計算物件類型定義兩個多載的 calculate 方法。

```
public interface SalaryCalculator {
    double calculate(OrdinaryEmployee employee);
    double calculate(Manager employee);
}
```

然後增加獎金計算類別 BonusCalculator，實現該介面。BonusCalculator 根據普通員工和管理人員計算獎金的演算法，實現這兩個多載的 calculate 方法。

```
public class BonusCalculator implements SalaryCalculator {
    public double calculate(OrdinaryEmployee employee) {
      return employee.getSalary() * 12 * 0.12;
    }

    public double calculate(Manager employee) {
      return employee.getSalary() * 12 * 0.15;
    }
}
```

很棒！你已經完成了改造的第一步，SalaryCalculator 支援擴充，也就是做到了行為可擴充。接下來，需要讓 Employee 使用 SalaryCalculator 完成薪資項的計算。我們可以在 Employee 中定義一個 accept 方法，讓它接收 Calculator 類型的物件，然後使用該物件計算自己的獎金。accept 方法的執行邏輯取決於傳入的 Calculator 的類型。

按照這個想法，我來改造 Employee 繼承系統。首先，為 Employee 抽象類別增加 accept 抽象方法。

```
public abstract class Employee {
    private final int salary;
    private final String name;

    public Employee(int salary, String name) {
```

```
    this.salary = salary;
    this.name = name;
  }

  public int getSalary() {
   return salary;
  }

  public String getName() {
   return name;
  }

  public abstract double accept(SalaryCalculator calculator);
}
```

OrdinaryEmployee 和 Manager 類別對 accept 方法的實現幾乎一樣，都是呼叫 SalaryCalculator 的 calculate 方法，將自己作為參數傳入。由於它們自身類型的不同，呼叫的是不同的 calculate 多載方法。

OrdinaryEmployee 程式修改如下。

```
public class OrdinaryEmployee extends Employee {
    public OrdinaryEmployee(int salary, String name) {
      super(salary, name);
    }

    public double accept(SalaryCalculator calculator) {
     return calculator.calculate(this);
    }
}
```

Manager 程式修改如下。

```
public class Manager extends Employee {
    public Manager(int salary, String name) {
        super(salary, name);
```

```
        }

        public double accept(SalaryCalculator calculator) {
            return calculator.calculate(this);
        }
    }
```

現在的程式結構使得 Employee 可以使用 accept 方法接收各種不同行為的 SalaryCalculator 子類別物件。我們可以為計算電話費津貼定義一個新的 SalaryCalculator 子類別 TelephoneAllowanceCalculator。

```
public class TelephoneAllowanceCalculator implements SalaryCalculator {
    public double calculate(OrdinaryEmployee employee) {
        return 100;
    }

    public double calculate(Manager employee) {
        return 300;
    }
}
```

在用戶端程式中，呼叫 Employee 的 accept 方法時，可以透過改變入參 SalaryCalculator 物件的類型來改變 accept 方法呈現的行為邏輯。

```
    List<Employee> employees = new ArrayList<>();

    Employee rabbit = new OrdinaryEmployee(8000, "兔小白");
    Employee panda = new Manager(10000, "熊小貓");
    employees.add(rabbit);
    employees.add(panda);

    for (Employee employee : employees) {
        System.out.println(employee.getName() + " 獎金："
            + employee.accept(new BonusCalculator()) + " 電話費津貼："
            + employee.accept(new TelephoneAllowanceCalculator()));
```

}

程式輸出符合預期。

```
兔小白 獎金：11520.0 電話費津貼：100.0
熊小貓 獎金：18000.0 電話費津貼：300.0
```

Employee 的 accept 方法很關鍵，這是一個「萬能」方法，它可以接收任何 SalaryCalculator 類型的物件，然後用該物件完成特定的行為。

accept 方法使用的是「雙排程技術」。它所執行的行為邏輯取決於兩個類型，一是 SalaryCalculator 的類型，二是 Employee 的類型。下面我們來詳細分析存取者模式。

26.4　存取者模式的優缺點及適用場景

我們先來看看存取者模式結構圖。

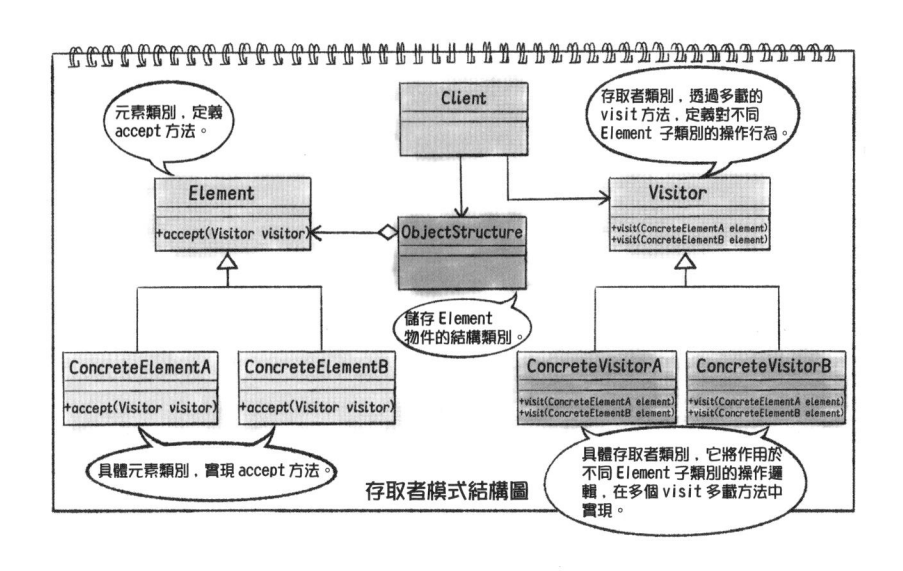

存取者模式結構圖

- Element：元素類別，定義 accept 方法。
- ConcreteElementA / ConcreteElementB：具體元素類別，實現 accept 方法。
- ObjectStructure：儲存 Element 物件的結構類別。
- Visitor：存取者類別，透過多載的 visit 方法，定義對不同 Element 子類別的操作行為。
- ConcreteVisitorA / ConcreteVisitorB：具體存取者類別，它將作用於不同 Element 子類別的操作邏輯，在多個 visit 多載方法中實現。

存取者模式中有兩套繼承系統：一套是 Visitor，對應練習中的 Calculator；另一套是 Element，對應練習中的 Employee。

Visitor 是存取者類別，透過多載的 visit 方法定義作用於不同 Element 子類別的操作行為。ConcreteVisitor 是具體存取者類別，它將在多個 visit 多載方法中實現用於不同 Element 子類別的操作邏輯。存取者模式的名字便來自這種實現方式，可以視為 Visitor 存取的 Element 物件類型決定了 Visitor 對該 Element 物件執行的操作邏輯。

Element 是元素類別，負責定義 accept 方法。ConcreteElement 是具體元素類別，負責實現 accept 方法。accept 方法接收一個 Visitor 類型的參數。ConcreteVisitor 的類型決定 accept 方法執行哪種操作行為，操作的具體邏輯又是由 ConcreteElement 的類型決定的。這就是我之前說到的「雙排程技術」。

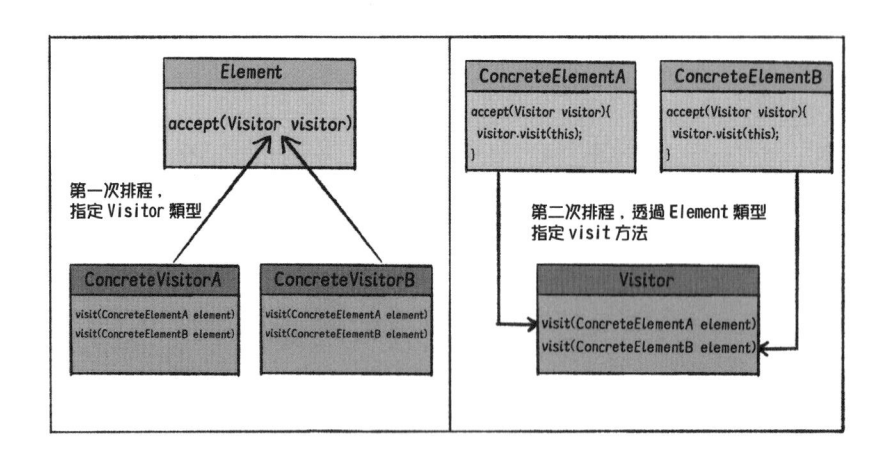

ObjectStructure 是一個儲存 Element 物件的結構類別，既可以是樹狀結構，也可以是清單等集合，當然還可以自訂。它提供了一個能夠存取每個 Element 的方法。ObjectStructure 對應練習中的 Employee 列表。

此外，Visitor 提供的 visit 方法可以接收任何類型的參數，也就是說，它存取的物件不一定在同一個繼承系統中。[*]因此，ObjectStructure 中儲存的 Element 物件也不一定具有相同的父類別。

存取者模式分離了元素和作用於元素的操作行為，在不改變元素的情況下，也可以定義作用於元素的新操作。存取者模式具備以下優點。

（1）作用於元素的操作行為可擴充。這是存取者模式的核心優勢，增加新的 Visitor 來增加新的操作，符合開閉原則。

（2）集中管理同類型的操作行為。Visitor 類集中管理作用於不同元素的同類型操作，避免同類型操作分散在各個 Element 子類別中，有利於程式的維護。

（3）符合單一職責原則。Element 類別負責資料維護，每個 Visitor 類別只負責對元素的一種操作，職責單一。

存取者模式的優點確實很多，但我覺得它對元素類別的擴充支援並不友善。

你說的沒錯，就像「魚和熊掌不可兼得」。存取者模式支援對操作的擴充，但是犧牲了 Element 的擴充性。在增加新的 Element 子類別時，需要為每個 Visitor 子類別增加 visit 多載方法，以匹配這個新的 Element 子類別。這是由雙排程技術決定的。

此外，Visitor 在執行操作時，常常需要了解 Element 的內部屬性，這在一定程度上破壞了 Element 的封裝。

為了揚長避短，適合使用存取者模式的場景一般具備以下特點。

（1）Element 的種類穩定。增加或減少 Element 子類別會影響所有已經存

---

[*] 《設計模式：可重複使用物件導向軟體的基礎》一書中的存取者模式結構圖沒有表現這一點，但在存取者模式的效果部分講解了這一特點。

在的 Visitor 子類別。因此，穩定的 Element 種類是使用存取者模式的前提。

（2）作用於 Element 的操作行為的種類不穩定。在這種場景下，存取者模式才能發揮它易於擴充操作的優勢。

🐜 簡單點說，「長」是 Visitor 的擴充性好，「短」是 Element 的擴充性差。

🐼 總結得不錯！使用設計模式的第一步一定是把問題分析透徹，想清楚你要的是什麼。如果草率地選擇一種設計模式，那麼程式設計和程式開發就會被框定在這種設計模式之中，只能刻意往上靠。最終寫出的程式不但難以理解，而且無法發揮出設計模式的優勢。

至此，我們學完了所有的 23 種設計模式。但這只是剛剛上路，在今後的工作中要多思考、多實踐，才能融會貫通、運用自如。加油，兔小白！

🐜 感謝熊老師的耐心指導，這段時間收穫頗豐！

🐼 先別急著感謝，我們需要再花些時間溫故知新，重新檢查一下這 23 種設計模式。

第 27 章

設計模式總結

27.1　回到設計模式的起點

學完設計模式，你有什麼感想嗎？

有了設計模式，程式設計師就如同站在巨人的肩膀上，軟體設計如探囊取物一般，只要匹配合適的設計模式就可以了。

如此說來，還要感謝物件導向語言。如果沒有這麼強大的程式語言，就不可能誕生如此一應俱全的設計模式。

設計原則也很重要！設計原則貫穿於各種設計模式中，是軟體設計不可或缺的準則。

物件導向的程式由物件和物件的關係組成。物件導向程式的設計本質上是設計物件及其之間的關係。高內聚、低耦合，再加上可擴充，就是設計的目標。設計原則無一例外，都是為了達成這個目標。

我有一個困惑，是先有設計原則，還是先有設計模式呢？

哈哈，這類似於「先有雞，還是先有蛋」的問題。其實二者都源於人們用程式解決問題時的思考，是從初步產生到長期共同演化，再到逐步完整的過程。

在設計模式的概念被提出前，開發者已經在反覆設計方案的過程中不斷總結經驗，提煉設計原則。有了初步的設計原則後，設計品質和速度得到提升，從而加快了程式設計的發展。隨著更多的設計原則被總結出來，更多優秀的設計方案也湧現了出來。

這時雖然沒有設計模式的概念，但被反覆使用的優秀設計方案已經被總結、沉澱下來，並在小範圍內傳播。直到 GoF 將問題分類映射為固定的解決方案，設計模式的概念終於得以在軟體領域從天而降。從此，設計模式被提升到理論的高度，並被高度規範化，設計模式的名稱及其涉及的各種概念也成為軟體設計的一套通用設計詞彙。這也是我們學習設計模式的目的之一，確保自己和其他開發人員在設計溝通上沒有障礙。

我的理解是，二者是對設計經驗在不同方向上的總結。設計原則是理論方向，設計模式是實踐方向。設計模式雖然好用，但初學者面對如此多的設計模式時難以做出選擇，甚至犯錯。

每種設計模式都有一個能夠直觀描述模式特徵的名稱，方便開發者快速匹配適合的設計模式。另外，我們在學習設計模式時，我為每種設計模式都找到了與現實場景對應的例子，例子反映的是這種設計模式對應的問題和解決想法。軟體中的問題大部分來自真實場景，有的雖然更抽象，但也大同小異。因此，熟記每種設計模式的例子，透過舉一反三的方式也能快速找到匹配的設計模式。

設計模式的數量雖多，但都是為了達到高內聚、低耦合、可擴充的設計目的。各種設計模式使用的手法*其實存在很多相似之處，當你了解了這些設計手法後，即使不刻意匹配設計模式，也能設計出可重複使用的軟體。

設計手法？這似乎是個新概念，你展開詳細說說吧！

---

* 這裡的手法指不考慮特定問題，達到設計目的的技巧。

27.2　10 種常用的設計手法

我在長期的軟體設計工作中，總結出一些實用技巧，並整理為 10 種設計手法。它們不涉及特定的問題，只是為了達到高內聚、低耦合、可擴充的設計目的。

我提前畫好了這 10 種設計手法的示意圖，你可以一邊聽我講，一邊對照示意圖理解。

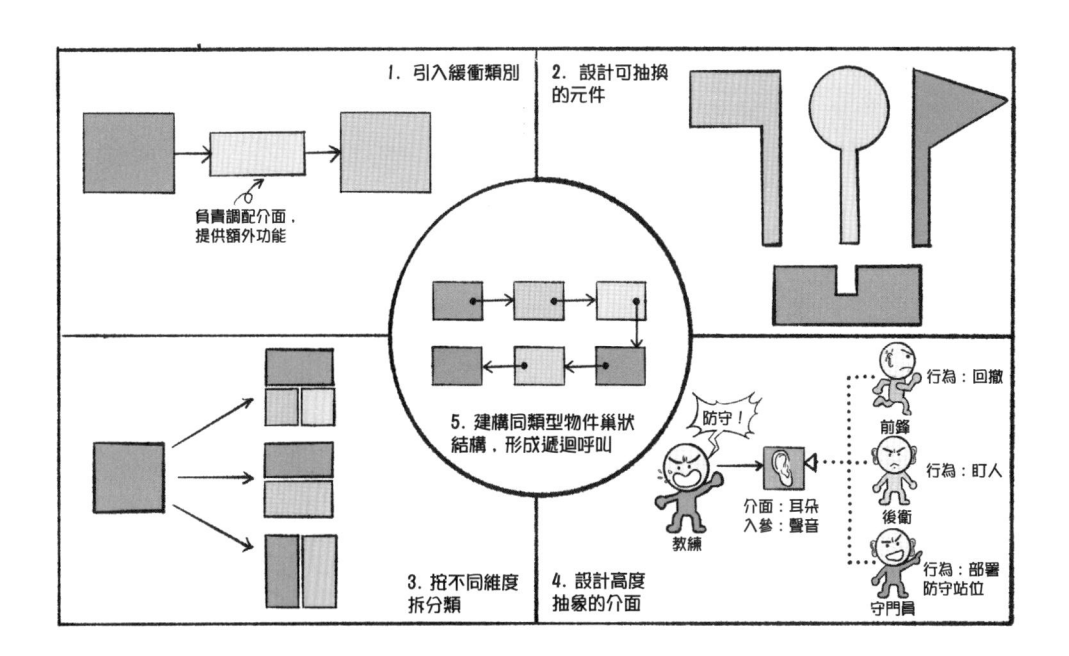

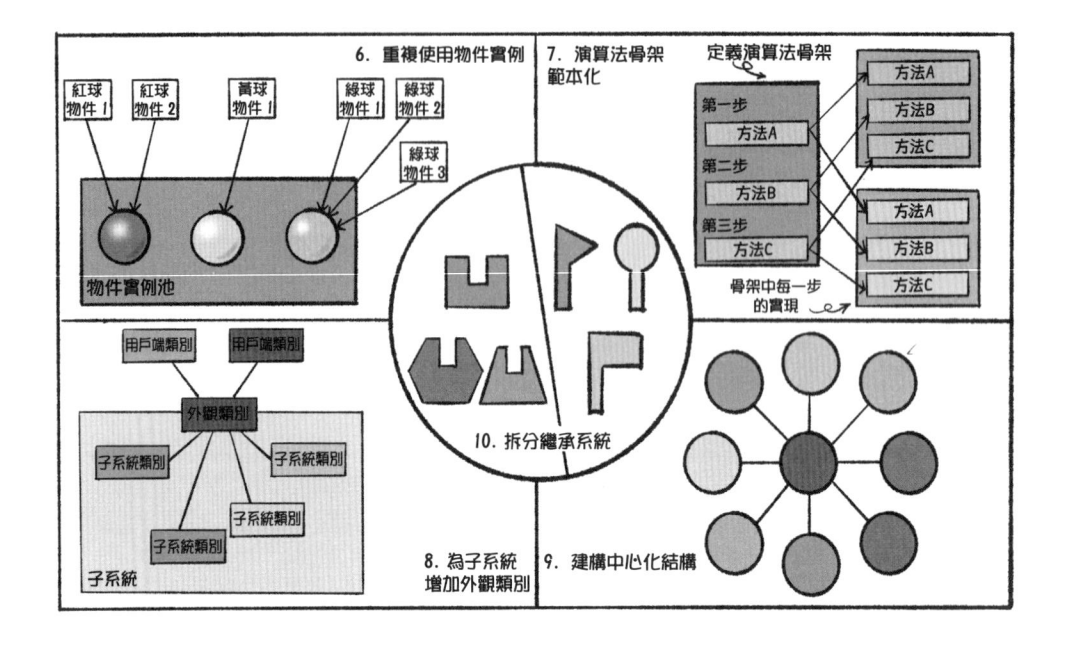

1. 引入緩衝類別

在兩個存在依賴關係的類別間引入一個新的類別，這個類別提供了緩衝空間，並帶來兩個好處：一是使兩端的主要元件類別能夠保持穩定，變化的部分可以放在緩衝類別中實現；二是能夠在緩衝類別上實現特性增強，比如提供額外的功能、介面調配等。

案例：

（1）轉接器模式。Adapter 是 Target 和 Adaptee 之間的緩衝類別，承擔介面對接的職責。Adapter 的引入使得 Target 可以呼叫到 Adaptee，而不需要它們雙方做任何改變。

（2）代理模式。Proxy 使得 RealSubject 可以專注於處理穩定的核心業務。多變的週邊業務或基於核心的增強業務都放在 Proxy 中實現。未來的變化將主要發生在 Proxy 上，從而保證了 RealSubject 的穩定。

（3）還有很多種設計模式都表現了這種思想。比如，命令模式使用

Command 類別，將不同的 Receiver 封裝成相同的介面，對外提供一致的呼叫方式。

2. 設計可抽換的元件

在程式中，透過對不同功能的類別進行組合，組成能夠提供完整功能的工具。組成工具的功能元件類別應該遵循依賴倒置原則，設計成可以替換的形式，以提升程式的擴充性。

案例：

（1）生成器模式。Director 和 Builder 類別協作完成建構物件的職責。Director 可以抽換不同類型的 Builder 實現物件，從而改變建構物件的行為邏輯。

（2）橋接模式。Abstraction 和 Implementor 共同完成某個功能。Abstraction 可以抽換不同類型的 Implementor 實現物件，從而改變自己的行為邏輯。

（3）其他的例子還有狀態模式，Context 可以抽換不同類型的 State 實現物件；在策略模式中，Context 可以抽換不同類型的 Strategy 實現物件。

3. 按不同維度拆分類

為了滿足單一職責原則和開閉原則，往往需要對類別進行拆分。我們基於來自現實世界的直覺，一般是按功能對類別進行垂直拆分。此外，還有以下幾個拆分原則可以使用：拆分穩定行為和不穩定行為；拆分數據和行為；拆分高層邏輯和低層邏輯。

案例：

（1）橋接模式。該模式將一個繼承系統拆分為兩個繼承系統。Abstraction 和 Implementor 這兩個繼承系統配合工作，獨立演變，互不影響。

（2）生成器模式。該模式將生產物件的職責拆分到 Director 和 Builder 兩個類別中。Director 負責高層、穩定的主流程實現。Builder 負責易發生變化的每個步驟的細節實現。

（3）存取者模式。該模式拆分了元素和作用於元素的行為。Element 主要負責元素的資料維護。Visitor 實現作用於元素的行為。

（4）其他例子還有很多。舉例來說，範本方法模式類似於生成器模式，分離了穩定的主流程和不穩定的各個流程步驟；備忘錄模式將物件的狀態分離成 Memento 類別，使用 Memento 儲存物件狀態的資料快照，而不必儲存整個物件。

4. 設計高度抽象的介面

介面的抽象程度越高，個性化程度便越低，由此帶來更高的通用性。高度抽象的介面可以將不同的行為統一成相同的介面，提供一致的呼叫方式。但問題隨之而來，由於要綜合不同行為的輸入參數，介面的入參會變得複雜；此外，介面命名不能準確反映業務邏輯，降低了程式的可讀性。解決辦法是透過建構單一職責的類別，透過類別名反映介面的真實業務。

案例：

（1）命令模式。命令模式將 Command 實現類別的呼叫方法統一為 execute。每種 Command 類別只實現一種命令，透過 Command 實現類別的命名來反映該命令的業務含義。

（2）觀察者模式。在該模式中，所有的 Observer 都透過 update 方法對外提供接收通知的介面。這是一個高度抽象的方法，完全忽略了觀察者業務的不同。不同的 Observer 所需的資料都要被定義在 Subject 中，並作為參數傳遞給 update 方法。

（3）其他例子還有組合模式，Leaf 和 Composite 類別的行為要保持一致；

在存取者模式中，無論 Visitor 子類別代表什麼行為，都統一對外提供 visit 方法。

5. 建構同類型物件巢狀結構結構，形成遞迴呼叫

這是一種去中心化的思想。該設計手法首先將職責細化，分解到每個單一職責的子類別中；然後運用抽換的思想，以巢狀結構的方式將若干個子類別物件連接起來。對外提供的呼叫方法以遞迴的方式，讓所有連接在一起的物件依次執行各自的邏輯。這種方式不但易於擴充職責，而且可以靈活組裝已有職責，從而組成新的職責物件。

案例：

（1）裝飾模式。裝飾模式是該設計手法的典型應用案例。Decorator 維護一個 Component 類型的物件，而它自己也是 Component 的子類別。因此，Decorator 物件間可以隨意抽換，串聯成鏈條。Decorator 以遞迴的方式依次呼叫鏈條上的每個 Component 類型物件的 operation 方法，完成職責的疊加。

（2）職責鏈模式。職責鏈模式是該設計手法的另一種典型應用案例。多個不同職責的 Handler 物件透過抽換的方式串聯成職責鏈，每個 Handler 根據自己的職責許可權對請求進行處理，對於非自己職責許可權的請求，則傳遞給下一個 Handler。

（3）其他例子還有組合模式和解譯器模式。舉例來說，在解譯器模式中，將 TerminalExpression 和 NoterminalExpression 的子類別物件組合成抽象語法樹，遞迴呼叫每個物件的 interpret 方法，完成敘述的解釋和執行。

6. 重複使用物件實例

該設計手法限制一個類別只能被建立出有限數量的實例，可能只有一個實例，也可能按照物件屬性值分類，生成相應數目的實例，以此達到節省儲存空間的目的。此外，某些場景有強制性需求，某些類別只允許存在一個實例。

案例：

（1）單例模式。Singleton 類別限制只能透過 instance 方法建立它的實例，instance 方法確保只會建立一個實例。

（2）享元模式。FlyweightFactory 維護一個享元物件集區，每類別享元物件只維護一個實例。舉例來說，圍棋的棋子物件只需要維護黑色、白色兩個棋子實例。

7. 演算法骨架範本化

該設計手法將職責分層。頂層是穩定的演算法骨架，將其範本化後以便重複使用；下一層是骨架中每一步的細節邏輯，變化相對頻繁，由子類別負責不同的實現。演算法骨架範本化既確保了演算法主流程的一致性，又使得演算法的細節實現具備擴充性。

案例：

（1）範本方法模式。父類別 AbstractClass 中的範本方法 templateMethod 定義了演算法骨架，骨架中每一步的 primitiveOperation 方法由子類別實現。

（2）生成器模式。Director 將建構物件的步驟範本化為 construct 方法。Builder 負責建立組成物件的每個元件。

8. 為子系統增加外觀類別

由多個類別組成的子系統可以透過增加類似外觀類別的方式，對外提供一致的入口和統一的呼叫方式。外觀類別隱藏了子系統內部的複雜性，將依賴關係侷限在子系統內部，降低了程式的整體耦合度。

案例：

（1）面板模式。Facade 類別為子系統提供一致的入口，它將用戶端的請求代理給適合的子系統物件，避免用戶端類別和子系統多個內部類別直接依賴。

（2）策略模式。Context 類別隱藏了 Client 和不同 Strategy 子類別的直接耦合。策略模式結合簡單工廠模式後，Context 作為策略元件的外觀類別，對外提供統一的呼叫介面。

9. 建構中心化結構

雖然去中心化已經成為主流，但是中心化也有其存在的價值。處於關係中心的類別負責轉發請求、連通其他類別。當系統中的類別之間的關係複雜且呈網狀時，可以用中心化結構簡化類別的關係。

案例：

仲介者模式。仲介者模式中的 Mediator 有著豐富的「人脈」，它整合了每個 Colleague 子類別，集所有 Colleague 的能力於一身。Colleague 間的互動不再需要直接呼叫，而是呼叫 Mediator，由 Mediator 負責對接合適的 Colleague。仲介者模式將依賴關係集中在 Mediator 身上，消除了 Colleague 之間的網狀依賴關係。

10. 拆分繼承系統

在大部分設計模式中，只需要一套繼承系統便可以獲得我們想要的擴充性。但在一些比較複雜的場景中，主體物件存在兩個不同維度的擴充方向，使用一套繼承系統不夠靈活。如果將一套繼承系統拆分成兩套繼承系統，那麼兩套繼承系統可以在不同的維度上獨立發展，互不影響。兩套繼承系統中的物件組成一個整體，配合工作，實現原有功能。

案例：

（1）橋接模式。橋接模式中存在 Abstraction 和 Implementor 兩套繼承系統。Abstraction 中那些變化頻繁的行為可以自立門戶，組成 Implementor 系統。Abstraction 和 Implementor 可以各自獨立發展。

（2）存取者模式。存取者模式將作用於 Element 的操作抽象成 Visitor 繼承系統。雖然存取者模式中存在 Element 和 Visitor 兩套繼承系統，但是要注意，Element 的擴充性並不好，在擴充 Element 時需要修改所有已存在的 Visitor。

27.3　實踐是唯一出路

　　我把全部的軟體設計經驗都毫無保留地傳授給了你，但是經驗屬於「只可意會、不可言傳」的知識，接下來還需要你自己用心體會。

　　你講的內容我都記錄下來了，回去一定好好研究！

　　研究不能停留在紙面上，掌握設計模式的唯一出路是大膽實踐，別怕犯錯。

　　放心，熊老師！我會努力將設計模式的思想和方法融入開發工作，設計出可重複使用的物件導向軟體。

27.4　尾　聲

　　兔小白和熊小貓學習設計模式的故事到此便告一段落了。在日後的工作中，兔小白更加重視程式設計，考慮問題也更全面。雖然他最初對設計模式的使用有些生硬，甚至還犯過錯誤，但他虛心聽取別人的建議，積極反思和總結，成長得非常快。現在他不但能夠靈活運用設計模式，還經常給同事提出設計建議。他一直保持著學習的習慣和追求技術卓越的熱情，在成為優秀架構師的道路上持續前進！

　　兔小白學習技術的旅程才剛剛開始，後面還會發生更多精彩的故事……